不同品种薄膜雾度对比情况

典型光周期调控

日光温室手动简易运输车

番茄早疫病发生在叶片时（病级为2级）

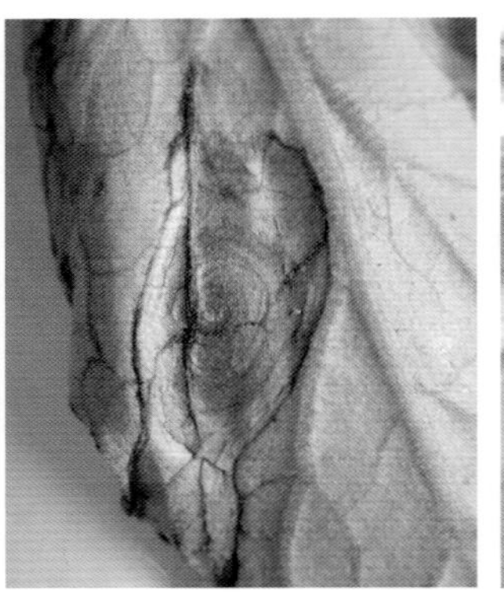

番茄早疫病叶片背面的样子（这个病级为3级，相当于中后期）

番茄早疫病在苗期的症状

番茄早疫病在苗期的症状——苗期茎秆基部的症状

番茄早疫病在茎秆上面的症状——整体症状

番茄早疫病在茎秆上面的症状——挂果膨大期茎秆上面的症状

番茄早疫病在青果上的症状——青果果柄部的危害症状

番茄早疫病在青果上的症状——青果果柄受害后腐烂长出青灰色霉层的症状

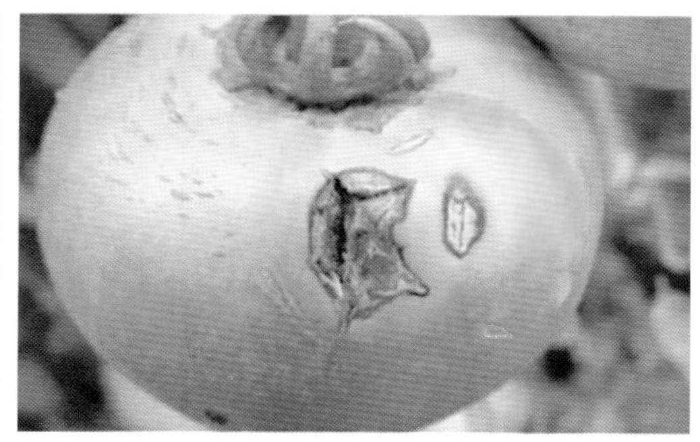

番茄早疫病还会造成起皱开裂，形成花皮果

番茄早疫病使花芽受害后的症状表现

烟粉虱危害造成的番茄煤污病

菌核病田间发病植株症状

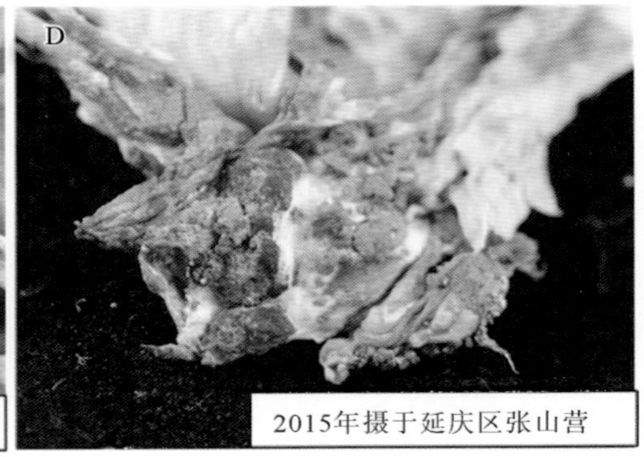

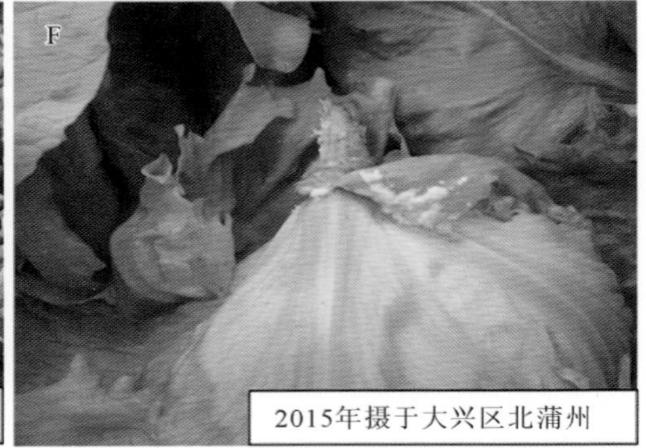

菌核病田间发病植株症状（续）

A. 芹菜菌核病　B、C. 芹菜白色絮状菌丝

D. 白菜鼠粪状菌核　E. 莴苣菌核病

F. 生菜菌核病

芹菜根腐病及其病原菌

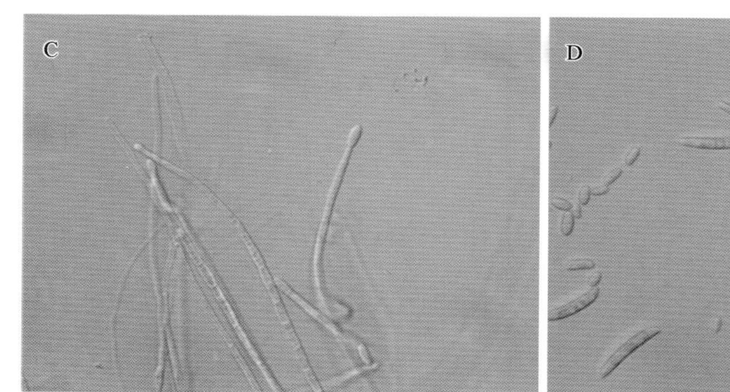

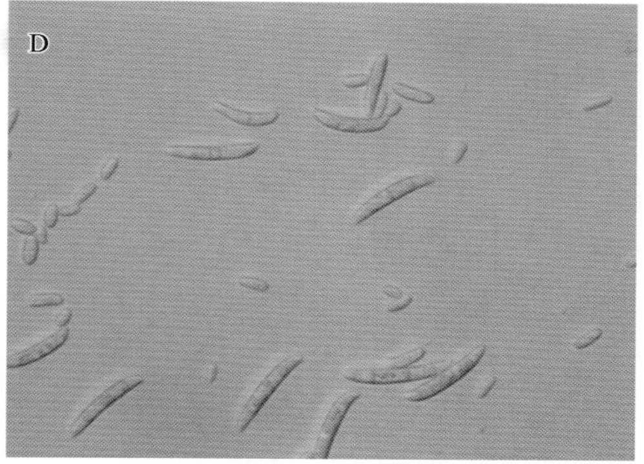

芹菜根腐病及其病原菌（续）

A. 芹菜根腐病地上症状　B. 芹菜根腐病地下症状　C. 产孢细胞（400 倍）

D. 小型分生孢子和大型分生孢子（400 倍）

韭蛆轻度发生时韭菜田间受害状

春季垄上双行东西向定植

秋冬季畦上 4 行东西向定植

设施番茄苗期与滴灌施肥

温室番茄东西向种植探索

液体氮肥 UAN 与液体氮肥抑制剂配合使用对生菜产量与品质的影响

服务整个园区生产的液体肥配肥站

常规人工采收每次运输 1～2 筐

滑轨车每次运输 9 筐

番茄花期授粉不足

自然界中的熊蜂为番茄授粉

日本农协和千叶大学的低段高密度番茄栽培

阿尔梅里亚典型地貌

设施农业与轻简高效系列丛书 >>>

SHESHI SHUCAI

设施蔬菜

QINGJIAN GAOXIAO ZAIPEI

轻简高效栽培

邹国元　杨俊刚　孙焱鑫　编著

中国农业出版社
北　京

编委会 Editorial Committee

主　　编　邹国元　杨俊刚　孙焱鑫

副 主 编　李贵桐　张鑫焱　刘彦泉

编写人员（按姓氏笔画排序）

王秋霞　王振虎　文方芳　吕名礼

吕振帅　刘　伟　刘文玺　刘本生

刘彦泉　刘继凯　刘雪萍　孙钦平

孙桂芝　孙焱鑫　李　鸣　李　超

李少华　李贵桐　李艳梅　李培军

杨俊刚　杨馥瑞　何洪巨　邹国元

张　涛　张白鸽　张京开　张宝海

张谊文　张鑫焱　金文卿　金洪波

胡　彬　贺冬仙　徐　茂　郭　斌

郭松岩　曹玲玲　谢　华　穆雪梅

魏书军

FOREWORD 前言

为什么要写这么一本书？市面上关于设施蔬菜栽培的书籍比较多，但这本可能和以前的不太一样。它看似杂乱，但仔细琢磨，却不是。因为本书有一个十分明确的主题“轻简高效”。设施蔬菜栽培发展到现在，虽然产量上去了，但用工越来越困难，生产效益也没有发生实质性的增长。广大种植园区和农户，对于设施蔬菜轻简高效栽培技术与装备的需求日益增长，这一需求已经成为新时代设施农业发展的一种呼唤。为了解决这一问题，京郊及周边设施蔬菜栽培相关方面的研究人员、技术人员、生产和管理人员，经常谈论如何实现设施蔬菜轻简高效栽培，内容涉及生产理论、实践，甚至管理，出发点不同，但是大家都有一个共同的愿望，那就是实现设施蔬菜轻简高效生产。迄今，积累的材料越来越丰富，越来越专业，越来越接地气。编者觉得，许多有价值的内容应该整理出来，因为那都是大家的实践经验、智慧总结，假如不及时整理和出版，惠及更多的人，实在是浪费了。因为是谈话式的写作方式，所以书中每一篇文章，看似相对独立，但各篇之间都是有联系的。

为什么要这么编排？本书每一篇文章各自成文，方便读者随时翻开阅读，希望读者看到感兴趣的标题就翻开读一读，文中可能就会有某一点涉及产业发展当中的痛点，假如能有这样的效果，那么编者的目的就达到了。实际上，当读者把全书读完之后，就会发现，这本书涉及设施蔬菜生产中的温室、装备、环境控制、技术管理等各个方面，是一个完整的体系。

本书要达到什么目的？希望通过阅读本书，读者能够获得最直接、最实用的设施蔬菜轻简高效栽培知识。所以，编者力求呈现的不仅包括理论与技术参数，更多的则是图表。让读者能够直观地去了解并掌握设施蔬菜栽培当中的一些理论操作要点和注意事项。

作者来自哪里？我们的作者都是来自生产一线的工作者，有专家、企业家、农场主和市场经营者。本书各章的编写分工如下：绪论：杨俊刚，邹国元；第一章：金洪波，张谊文，杨馥瑞，刘文玺，吕振帅；第二章：刘继凯，李培军，张京开，李超，刘彦泉；第三章：李贵桐，徐茂，孙桂芝；第四章：王振虎，吕名礼，李鸣，孙钦平，文方芳；第五章：郭斌，魏书军，王秋霞，谢华，胡彬；第六章：张宝海，杨俊刚，孙焱鑫，郭松岩；第七章：曹玲玲，张鑫焱，何洪巨；第八章：刘伟，张白鸽，贺冬仙，金文卿，张涛。

由于作者众多、水平不一，疏漏或不当之处在所难免，望广大读者多提宝贵意见，不吝赐教。

编 者

2019 年 3 月

CONTENTS 目录

下篇　高效栽培与产业技术

绪　论 | INTRODUCTION

发展设施蔬菜轻简高效生产的意义与必要性

我国设施蔬菜面积近 6 000 万亩*，种植规模居世界首位。环渤海湾及黄淮地区是我国设施蔬菜主要产地，占设施蔬菜总面积的 60%；长江中下游地区占设施蔬菜总面积的 20%；西北地区发展迅猛，目前已占设施蔬菜总面积的 10%。北京市属于环渤海湾主产区，随着城市功能调整，近几年北京市蔬菜播种面积和总产量逐年减少，但是利用技术优势促进蔬菜产业发展，保证菜农收入与蔬菜品质仍然是重要目标。

1. 北京市发展蔬菜生产的现状与主要问题

2014 年，北京市蔬菜播种面积为 85.5 万亩，产量为 236 万吨，蔬菜产值为 65 亿元，但面积和产量同比分别下降 9.7%和 11.5%。随着城市现代化进程加快，北京市蔬菜产业面临的主要问题：①民众普遍对绿色、有机等优质蔬菜有了更多的需求；②北京市农业劳动力高龄化趋势明显，用工成本较高，迫切需要机械化生产；③北京市受水资源和耕地资源双短缺的限制，已失去大宗农产品生产优势，发展优质安全、高效特色蔬菜生产成为必然。因此，单纯依靠规模经营来提高经济效益的传统道路无法适应北京市的发展，借鉴都市型现代农业的发展方式发展设施蔬菜，既有利于蔬菜产业可持续发展，又有利于生态环境的美化，更有利于农民收入的增加。

2. 发展蔬菜无土栽培，提高水肥资源与环境因子的智能化控制，促进无土栽培技术高效优质发展

与发达国家相比，我国设施蔬菜生产中化肥和农药投入相对较多，土壤普遍存在盐渍化加重、有机质含量低、硝态氮和速效磷积累等问题。其中氮肥的大量施用使得设施蔬菜，尤其是叶类蔬菜容易富集硝酸盐和亚硝酸盐，严重影响蔬菜的安全和品质。随着我国设施环境调控技术的不断完善，设施温、光、水、肥等环境调控正逐步向自动化、智能化方向发展。智能蔬菜温

---

* 亩为非法定计量单位，1 亩＝1/15 公顷。——编者注

室卷帘机、物联网的环境监控系统等已逐渐被采用。最近，国家启动了“药肥双减”科技计划，今后有必要在探明蔬菜养分吸收同环境关系的基础上，提出不同蔬菜不同栽培模式的施肥方式，起到减肥不减产的效果，其中一个重要的方向是基于蔬菜生长发育与环境互作的精量水肥一体化等技术。无土栽培是发达国家提高资源利用率的重要模式，也是国内设施生产发展的重要方向。荷兰采用基质栽培的番茄平均每平方米产量达到了 60 千克，甜椒每平方米产量达到了 35 千克，而黄瓜每平方米产量则达到了 90 千克。标准化的水肥管理、智能化环境控制以及先进的生产设备发挥了重要的作用。但这些技术在引入国内时，由于地理位置、环境气候、管理水平的差异，往往存在成本高、技术不达标、产出效益低等问题，需要根据当地具体情况发展高效实用的本地化生产模式。

3. 推进轻简化、机械化栽培，降低人工成本，提升产出效益

我国设施生产中温室大棚的空间相对较小，大多采用南北向栽培，不利于机械化操作。在劳动力资源充足时，靠人工生产完全可以满足需求。但随着城市化和人口老龄化进程加快，从事农业生产的劳动力越来越少，而且年龄普遍较大，依靠人工很难满足设施生产的需求。因此，发展轻简化小型机械和配套的栽培模式成为必然。当前开展的东西向栽培模式受到农民和专家的认可，在机械化起垄、移栽，以及精准滴灌施肥等方面的技术已比较成熟，但在北京的推广面积还十分有限。发达国家基于智能机器人采收蔬菜等农产品的技术已有应用，我国在这一方面的发展还十分落后。除机械化、智能化的管理外，省工省时的水肥管理模式也受到青睐。田间试验表明，基于缓控释肥的水肥管理技术在生长期较长的番茄、辣椒等作物上可以取得较好的农学与环境效益，同时可以实现节省劳动投入和提高产品品质的目的。

4. 提倡绿色生态的病虫害防治，加强农产品品质监控，实现优质高效生产

设施生产因环境高温高湿、通风性差、种植密度大等特点，更容易遭受病虫害的侵害。目前针对大多数病害防治，如生菜霜霉病和菌核病、芹菜叶斑病，依然完全依赖化学农药频繁加大施用量来防治，由此就带来了土壤及环境污染和农产品质量安全等一系列严重问题。近年来，针对蔬菜化学农药合理施用已开展了大量的研究，但仍存在防控技术针对性不强、应用效果不明显等问题。而有些病害，如目前设施果菜上尤为严重的根结线虫和叶菜上常见的软腐病，依靠常规的化学方法很难彻底消除，以有益微生物菌剂和菌肥为核心的绿色生态防控技术已开展多年，实践结果表明，该技术可显著促进根系生长，有效控制流行性和土传性病害，达到减肥减药增效的目的。虫害的防治也主要依赖化学农药，生产中每隔 5～7 天喷施多种农药是普遍现象。如何将生物防治与无害化防治技术协同高效应用是虫害防治的重点工作。目前，北京市农林科学院在北京的大兴、通州、昌平、怀柔、房山等地成功开展了烟粉虱、番茄黄化曲叶病毒病的绿色防控技术示范，以及芹菜、生菜、油菜等叶类蔬菜的害虫绿色防控技术示范，通过使用防虫网阻隔害虫、粘虫板早期监测和诱杀害虫、天敌昆虫和植物源药剂等多项生态防控措施有效控制了病虫害的发生，在不减产的同时大幅度减少了农药投入量，显著提升了蔬菜品质，对发展蔬菜高效生产意义重大。然而绿色生态防控技术在北京的推广面积还十分有限，但这是一条防治病虫害、降低环境污染、保持农业高效可持续发展的必由之路。

提升蔬菜的营养品质是北京现代农业发展的重要方向，产业逐渐由注重产量发展到营养与安全品质并重。蔬菜除含有丰富的维生素、矿物质、微量元素及膳食纤维等营养成分外，还含有丰富的生物活性物质。活性成分是蔬菜中天然存在的、含量较少的一类具有抗氧化、抗病、抗突变、调节肌体免疫系统或其他生理活性的物质，如类胡萝卜素、硫代葡萄糖苷、黄酮类、萜烯类化合物等。国际园艺界也开始把注意力转移到改善蔬菜品质上来，研究包括蔬菜营养品质形成的产前和产后影响因素、品质育种及蔬菜品种资源营养评价、生物活性物质与健康和代谢调控、有害成分与污染物风险评估、快速测定等。现代分析技术与设备，如高分辨质谱（Q-exactive）、气质联用（GC/MS）、核磁共振（NMR）、红外光谱（IR）已应用到蔬菜营养品质指标的鉴定中。将品质快速检测技术在核心园区和周边地区展示推广，将对高营养、安全蔬菜品种的筛选及蔬菜产业优质高效发展具有重要的意义。

综上，设施蔬菜生产技术正朝着智能化、机械化、专业化方向发展。采用基于蔬菜养分吸收利用的水肥一体化技术、无土栽培本地化技术、病虫害绿色防控技术，建立健全蔬菜品质检测技术规程，提高从业人员技术水平，构建适合当地环境条件的设施蔬菜轻简高效发展模式，进而促进蔬菜产业快速、健康发展，增加农民收入将是当前及未来一段时期内设施蔬菜生产技术发展的一个重要方向。

上篇 温室光温管理与轻简化设计

WENSHI GUANGWEN GUANLI YU QINGJIANHUA SHEJI

第一章 CHAPTER1 光温调控

导读：光照决定作物的产量与品质，温室棚膜决定了光线透射量的多少。棚膜防流滴技术是怎么发挥作用的？如何根据雾度值和透光率选择棚膜？目前市场上有哪些主流的棚膜材料？

第一节 设施棚膜的应用现状和发展

农用棚膜是设施园艺中的一个组成部分，在设施中起关键作用，而且棚膜技术日新月异、发展迅速，但任何一款产品都有它的优点和缺点，如何发挥其特点、避免缺点，是生产应用中应该注意的问题。本文主要探讨农用棚膜市场情况，为下文探讨农膜技术问题做好准备。

一、历史进程

20世纪70年代末，全国塑料大棚设施栽培面积达到了9万多亩，主要应用在东北、华北和西北地区；1975年，塑料大、中、小棚在大中城市郊区蔬菜生产上普及；80年代，吹塑法PE膜逐步取代吹膜法PVC膜，并开始向宽幅发展；90年代，宽幅薄膜由单层开始向三层共挤方向发展。

2000年开始，国产设备逐步取代进口设备，“北菜南下”使得华东和华南地区棚膜市场有了较大增幅。2010年设施栽培由沿海向内地发展，如新疆、湖北、四川、湖南、江西、贵州、云南等。近几年来，棚膜设施有向偏远地区发展的趋势，如青海、西藏等地。

我国农用棚膜市场在2005年以前处于高速发展阶段，2005—2016年处于缓慢增长阶段，2017年以后处于饱和稳定状态（图1-1）。

经过近30年的积极探索，全国的设施园艺基本形成了三大特色区域：冬春季节日照百分率在50%以上的“三北”、黄淮和青藏高原地区为日光温室园艺区；以塑料大中棚避雨、防寒、遮阳降温周年多茬生产为主的长江流域设施园艺区，包括长江流域、洞庭湖和鄱阳湖灌区以及粤北、桂北地区；

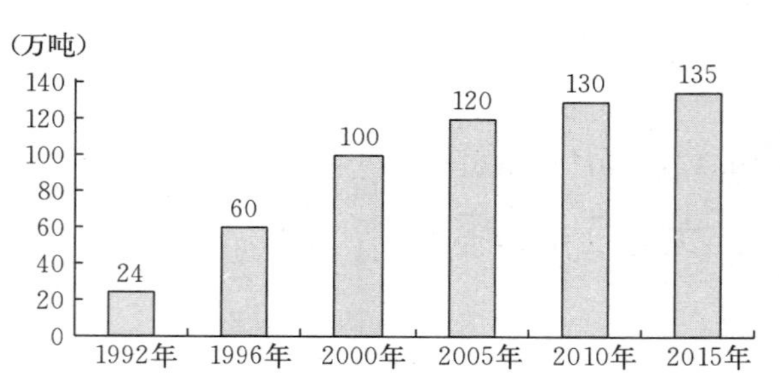

图 1-1　中国农用薄膜市场发展状况

数据来源：全国农业技术推广服务中心

以塑料大棚避雨和加大昼夜温差生产反季节优质瓜果、花卉及养殖为主的华南设施园艺区。

二、功能性棚膜介绍

1. PE 普通膜

PE 普通膜主要材料是由乙烯和高级 α-烯烃共聚合而生成的。这种材料属于高分子聚合物，是大分子结构，具有极强的疏水性。PE 膜表面张力是 3.1×10^{-4} 牛顿，水的表面张力是 7.2×10^{-4} 牛顿，当棚内外温差出现时，膜的内表面就会出现水滴现象（图 1-2 和图 1-3）。当在薄膜中添加流滴剂，薄膜表面张力上升，形成水膜，水蒸气被水膜吸收后沿着膜流下，产生无滴状态，这一现象被称为“流滴”。

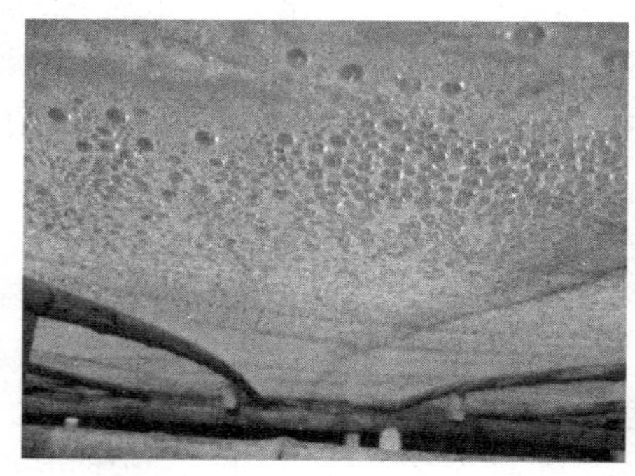

图 1-2　普通薄膜的水滴状况

图 1-3　有滴膜透光差、棚温低

在干燥环境时，农用薄膜防滴效果有滴膜和流滴膜的光线透过率差距极小；在湿润环境时，有滴膜和流滴膜的光线透过率差距极大。光线穿过水滴时产生许多折射和反射，这些取决于接触角（图 1-4），加入流滴剂增加薄膜表面临界湿润张力，接触角减小。不同环境下有滴膜和流滴膜的光线透过率不同（图 1-5）。

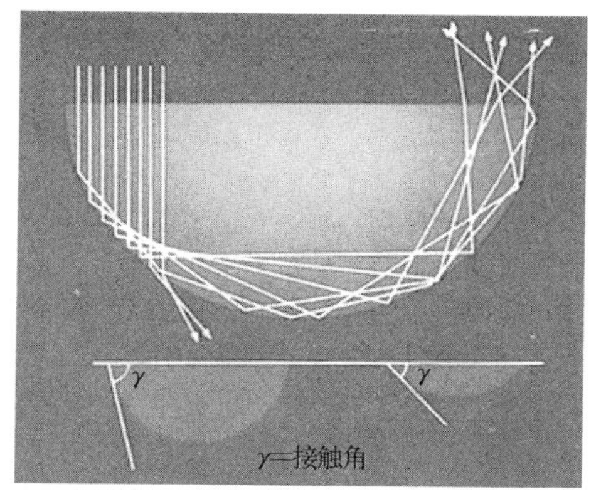

图 1-4 光线穿过水滴时的影响

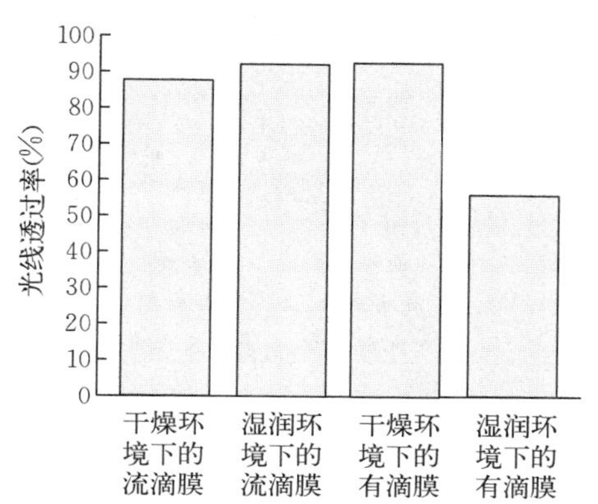

图 1-5 不同环境下的光线透过率

有滴农膜对果菜类农作物影响是非常大的，水滴影响作物开花授粉，并易携带病菌；水滴易造成作物叶、茎、花、果的病害；长期光照不足影响农作物生长，长期 10%光减少对农作物收成的影响很大，春季番茄减产 10%～15%，秋季番茄减产 4%～13%，春季黄瓜减产7%～12%，秋季黄瓜减产 4%～8%。流滴膜和有滴膜在同等条件下对比情况如图 1-6 所示。在湿度较大的环境下，有滴薄膜表面产生了水滴，当薄膜中加入流滴剂后水滴消失。

图 1-6 湿润环境下的流滴对比情况

2. PE 多功能膜

PE 多功能膜基本性能与其他功能膜性能对比（表 1-1）：透明性一般；拉伸强度较好；耐撕裂性较好；使用期一年；流滴期 3～4 个月；减雾效果不稳定，取决于棚内湿度和温度控制状况。

表 1－1 多功能农膜性能对比

品种	推荐星级					
	消雾性	流滴性	耐候性	机械性	透明性	保温性
PE 单防			★★★★	★★★	★★★	★☆
PE 双防		★★	★★★★	★★★	★★	★★★
PE 三防	★☆	★★	★★★★	★★★★	★★☆	★★★
半 EVA	★★★	★★★	★★★★	★★★★	★★★☆	★★★☆
全 EVA	★★★★	★★★★	★★★★	★★★☆	★★★★	★★★★
PO	★★★★★	★★★★★	★★★★★	★★★★★	★★★★★	★★★

不同品种薄膜有不同的雾度值，图 1－7 从左到右的三张雾度不同的图分别是：①高透光的 EVA 膜；②具有一定雾度的 PE 膜；③带有白色颜料的反射膜。它们的雾度情况用肉眼是可以辨别的。

图 1－7 不同品种薄膜雾度对比情况

透光率取决于薄膜的雾度值，透光率是指透过材料的光通量与入射材料的光通量的百分比，光线照射薄膜后的透射、折射和反射的情况如图 1－8 所示。透明度则表示透过一个薄膜看一个物体时的失真度。

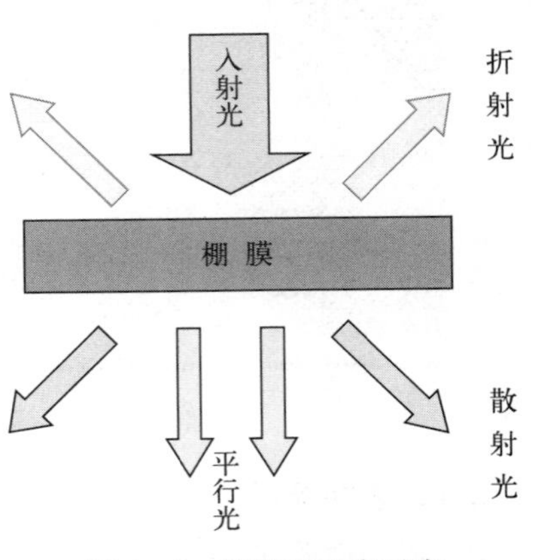

图 1－8 薄膜透光率示意

3. EVA 功能膜

乙烯—醋酸乙烯共聚物（EVA）是个有极性的高分子聚合物。醋酸乙烯（VA）含量越高，EVA 的弹性、柔软性、相溶性、透明性等也越高；当 VA 的含量减少的时候，EVA 的性能接近于聚乙烯(PE)。VA 含量在 5%以下的 EVA，其主要产品是薄膜、电线电缆、LDPE 改性剂、胶黏剂等；VA 含量在 5%～10% 的 EVA 产品为弹性薄膜等。

EVA 功能膜具有良好的透光性能，红外光透过率大、增温快、露点高、消雾快、辅助功能强、消雾效果显著。在气候寒冷、外界极限温度低时，EVA 功能膜远红外阻隔能力强，既做到增温速度快，又能做到保温效果好。特别是在北方的冬季，日照时间短，日光入射角度低，EVA 功能膜能提供比较多的光通量和直射光，保证植物生长的需要。EVA 功能膜耐候性好，被广泛应用于甜瓜、油桃、草莓、番茄和黄瓜等果菜类的冬季种植。

三、主要农膜产品应用情况

主要农膜产品有东北、华北和西北地区日光温室暖棚（水果、蔬菜、养殖）：东北的水稻育秧膜（图 1－9），寿光蔬菜种植基地用膜，甘肃武威瓜果、蔬菜种植和畜牧业养殖薄膜。长江流域的大中棚及砀山油桃专用膜，浙江黄岩西瓜、金华葡萄、南汇伊丽莎白专用膜。广东的水产养殖膜和广西金橘种植专用膜，云南地区的花卉专用膜和海南哈密瓜专用膜。

图 1－9 黑龙江省八五零农场第四管理区水稻育秧温室

1. 水稻育秧膜

水稻育秧膜（图 1－10）宽度主要为 7～10 米，少量为 12 米，厚度为 0.12～0.14 毫米。要求防老化12～18 个月，每次使用 3～4 个月，可用 3～5 次，也就是 3～5 年。所以插秧基本从 5 月 10 号开始至 5 月 23 号结束。

透明度高，可以增加光照和提高温度，拉力较大能提高抗风能力，耐低温性能好，可以防低温脆化。

2. 蔬菜棚膜

山东省的蔬菜大棚应用棚膜数量巨大。寿光市以盛产蔬菜闻名国内外，设施栽培面积国内领先，大量应用温室棚膜。

图 1－10　水稻秧苗起运

山东省昌乐县是著名的保护地瓜菜之乡，保护设施以大拱棚为主，一年种植收获两茬，形成了特有的大拱棚“春季西瓜＋秋季辣椒”栽培模式，为昌乐农民带来了可观的经济效益。同样，山东聊城莘县的设施种植棚区面积巨大，消耗了大量的塑料棚膜。

安徽省最北端的砀山县是中国著名的砀山酥梨自然保护区，所产的砀山酥梨闻名于世，同时还盛产苹果和桃。近几年来，大棚油桃种植成为当地新的效益增长点。设施棚膜的应用为油桃生产提供了较好的技术支持（图 1－11）。

图 1－11　砀山地区油桃种植大棚

每年 12 月中旬扣棚至翌年 5 月，使用期限 3 次（年），棚膜宽度 10～14 米，厚度 0.10 毫米，透明性好，防老化期 18 个月，流滴防雾期 4～5 个月。产品名称：EVA 高透光高保温长寿流滴消雾膜。

3. 广西桂林阳朔金橘专用膜

阳朔金橘主要产地的极端低温主要分布在 12 月至翌年 1 月，11 月或 3 月也曾出现 0℃以下极端低温和霜冻。这种情况一旦出现，危害很大，金橘的主干、枝叶遭受不同程度的损伤，轻则叶黄脱落，影响产量，重则造成树体死亡。因此，需要放置塑料薄膜保护树体抵御低温冻害（图 1－12）。

金橘每年 11 月上棚，翌年 4 月下棚，薄膜厚度 0.06～0.08 毫米，薄膜宽度 4～10 米。产品要求：拉力好，透明性高，开口性好，柔软度好，单剖，每卷重 50 千克或 60 千克。金橘专用膜的应用（图 1－13）使阳朔地区金橘质量和产量有了保障，经济效益显著提升。

图 1－12　桂林阳朔地区金橘种植覆盖薄膜

图 1－13　金橘专用膜使用情况

四、农膜的发展趋势与展望

1. 当前农膜行业发展存在的一些问题和面临的挑战

人才匮乏，缺少市场开发和新产品研发人员。创新意识差，低成本扩张，使企业自我造血功能减退，长期运作力不从心。团队意识差，企业内部组织结构不合理，不能形成各部门联合团队作战，质量稳定性差，素质和技能参差不齐。随着国际形势的变化，以及我国市场经济改革和发展，国内农膜市场也面临着严峻挑战。市场对多功能农用棚膜的主要要求：高透明性（玻璃化效果），最好的拉力和强度，良好的寿命，持久的防滴、防雾性，良好的保温性，低的销售价格，良好的防尘性。多功能农用棚膜的效果是创造标准环境（人造环境），主要控制温度、湿度、日光照射三大指标。多功能棚膜对农业方面的影响是提高作物收成，提高作物质量，促进作物早熟，有效地利用水和肥，保护作物免受自然灾害（风、雨、霜冻、冰雹、大雪），反季节栽培提高农民收入，可以控制害虫和鸟侵入。

2. 我国农用棚膜发展的预期

技术发展包括几个方面：漫散射技术的推广与应用，有色棚膜对光的选择，紫外线的控制技术，PO 膜技术与应用，五层共挤设备在棚膜中的应用，大棚降温方法和遮阳网应用。我国 PO 膜用料 95％还是 PE 类的，即高压、线性和茂金属加工而成，只有 5％是 EVA 类的，而日本 PO 膜用料 85％是 EVA 类的 PO 膜，只有 15％是 PE 类的 PO 膜，农民在使用过 PO 膜后，会逐渐发现 PE 类的 PO 膜存在的问题和缺陷，所以今后 PO 膜的发展趋势一定是 EVA 类的。

3. 应对策略与科技创新方向

利用日益发达的现代塑料工业产品，大力开发推广农膜在农业中的应用技术。我国的 PO 农膜技术已经进入快速发展渠道，行业内竞争将会更加混乱，五层共挤技术将成为发展趋势，五层共挤设备操作简便、性能先进，五层配方设计灵活，体现了低成本高效果。另外，光选择与光控制农用棚膜将成为未来农膜的发展趋势之一。

大力创新农用薄膜科技应在以下 5 个方面着手：①在基础树脂技术方面创新；②在功能助剂技术方面创新；③在加工工艺技术方面创新；④在加工机械技术方面创新；⑤在农业应用技术方面创新。产品创新应注重商业价值和市场需求，而不是只追求技术上的领先，思想、观念或理念的改变必然导致市场营销和管理的变革，将会导致农膜市场格局转变。

导读：光照与作物的生长有密切的关系，温室大棚生产设施蔬菜如何根据生产实际情况来选择灯具？在补光过程中应该注意什么？

第二节 温室营养补光与光源选择

温室补光分为光周期调控和营养补光，其中营养补光是为了补充日照不足。太阳光光谱丰富，日照不足的时候所有光谱都是缺乏的。因此，理论上温室营养补光可以采用任何灯具，只要以很低的成本能够发出一定量能产生光合作用的有效光，且不带来其他明显负面影响的灯具就是可以采用的。因此，温室营养补光用户应该以系统造价、运行成本、明确的可量化的补光效果为考虑依据。

钠灯，以每个平方厘米每秒每瓦发光量（植物有效光，PPF）大、设备价格相对较低、工作稳定寿命长，被温室生产行业大量采用。另外，钠灯产生的近红外光已经被温室农业生产比较充分地利用，这部分能量是温室生产特别重要的部分，主要用于提高叶片温度和降低微环境湿度，从而抑制和低温高湿相关的病害。

LED，以冷光源著称，但其特点被市场误读，主要是过度强调了光谱，而轻视了总量；另一方面，LED 补光灯具、补光系统和植物生理、农业生产需求之间存在重大关联，相关研究和发展比较滞后。这些原因导致现阶段 LED 植物灯在温室生产应用中推广不利。

一、温室植物补光的照度设计

温室植物补光造价，是以植物光合有效光（PPF）为基础，根据当地日照水平、植物 PPF 需求、作物产出全年价格曲线，来计算一年 52 周中满足多大比例的时间范围内的光照需求，达到温室补光投入产出比最高，从而确定照度（图 1-14）。照度设计或者选择，不能只做简单估计。

生产实际数据如下：历史经验显示，在云南种植红掌花，每年约有 79%的周数，即 40 周日照不足。通过反复核对，采用 50PPFD 的人工光照系统，能够使得日照不足的时间缩短到 9%；而完全满足日照要求，则需要 75PPFD 的人工光照系统。从经济角度考虑，是否接受 9%的日照不足的照度设计，需重点看明显减少的日照不足的时间带来的经济效益是否足够好。

图 1-14　典型光周期调控

二、选择钠灯还是 LED

从表 1-2 对比中，可以得出如下结果。

（1）LED 的发光效率（PPF）不比钠灯高多少，相反，目前中低端的 LED，其发光效率大多比钠灯低。

（2）LED 的价格目前较高。

（3）LED 容易导致遮光率过高。一般温室植物补光系统，要求遮挡日照小于 2%，确保开灯 30 分钟发出来的光能够抵消当天补光系统遮挡的太阳光。未来，LED 可以做到在更小的面积内发出更多的光，灯具可以很小，而发光量很大，遮光率就容易做到满足要求。

（4）LED 热利用率很低，而钠灯热利用率高。专业的 LED 植物灯和钠灯效率相差在 20%左右，没有转换成 PPF 光的电能，全部转换成热能。不同的是，钠灯的热以近、远红外线为主，可以穿透空气落到植物叶片上，使得叶片升温；LED 的热通过散热器加温周边空气，不能把热辐射到植物叶片上。

有学者认为这是 LED 的优势，但在温室生产中，LED 无法发挥这个优势。因为，番茄种植需要大量的光，因此都采用大功率 LED 灯具。尽管 LED 光谱中没有远红外，但距离大功率 LED 灯具很近的叶片，将发生光饱和现象，也会因光饱和而被灼伤。

表 1-2 电子钠灯和 LED 的比较

	电子钠灯	LED	备 注
发光效率	1.9～2.02	1.0～2.3	微摩尔/焦
价格	100 元	300～800 元	照度 50 微摩尔/（米^2·秒），每平方米工程造价
遮光	2%左右	10%左右	遮挡日照的比例，照度 50 微摩尔/（米^2·秒）
热利用率	80%左右	20%～40%	灯具发出的热可以被利用的比例
寿命	10 000 小时故障率 10%～30%	10 000 小时故障率 10%～30%	灯具元件中，影响使用的主要是电容

（5）行业严重误读了 LED 灯具的寿命。灯具的寿命都是受限于灯具必不可少的电容，而不是 LED 芯片或者钠灯灯泡。目前灯具中使用的电容，最好的也不会超过 2 万小时（灯具存活率 50%），一般来说，灯具内电容寿命约 1 万小时。

三、光谱的重要性

光谱对于植物生长非常重要。在温室生产中，一年中缺光的时段，日照通常只能满足需求的 30%～60%，即和夏天日照充足时相比，光照缺少的比例是很大的。这种情况下，应当考虑以量为主，即高压钠灯光谱不够好，但相对便宜，能够在遮挡日照比较少的前提下，发出大量的光，而且还有红外辐射增加光合作用所需要的叶片温度和明显降低叶片微环境湿度。因此，现阶段，钠灯是冬季补光的最佳选择。

但是，在春秋季，或者在和钠灯混合使用的情况下，LED 灯具在温室补光中的效果会明显提升。春秋季，温室内湿度适中，不需要考虑降低湿度来规避相关病害，因此钠灯光谱中的近红外光没有特别优势。而 LED 光谱中，有效光谱比例高，光谱结构容易做到合理，能够实现更有针对性的补光，如实现根系发达、叶片厚实、节间距短、茎秆粗壮，都可以通过选择不同光谱结构，实现对生产的有益影响。在冬季温室生产中，尽管现阶段已经有成熟的钠灯使用模式，可以充分利用其特性，但在白天日照相对不足但温、湿度合适的情况下，LED 可以发挥很好的补充日照不足的作用。

四、光总量（day light integral，DLI）才是最重要的

所谓“增加1%的光，增加1%的产量”，这一点在理论和生产实践中被广泛应用。在相当大的范围内，植物的光合积累量与每天光照总量（PPF）成正比。

在温室生产中，缺光后的第一步不是采用补光系统，而是采取如下措施。

（1）提高温室透光率，包括清洗玻璃或者更换透光率更高的薄膜。

（2）尽可能减少温室内遮光的设备，或者使得这些设备变得更小。

（3）尽可能采用CO_2气肥，提高植物的耐热性，从而减少遮阳网的使用。

（4）温室内可以涂白的地方，尽可能涂成白色，以加大反光能力。

这些改善措施，常规上可以提高日照利用率，其效果超过采用100微摩尔/（米^2·秒）的补光系统每天补光4小时。简单地讲，平均每天日照10摩尔/米^2，当温室总透光率从60%提高到80%后，可以多利用2摩尔/米^{2}的日照。

进一步讨论补光系统。

可以通过延长补光时间、降低补光系统光照强度，同样能够达到每天所需要的光总量。多数植物适合每天16小时光照时间。现阶段温室补光，在缺光时间段，多数温室补光时间只有4～6小时，严重降低了补光系统的利用率并导致获得同样的补光效果，补光系统造价很高。理论上，大多数植物可以用一半的照度，通过延长一倍的补光时间，达到同等甚至更好的补光效果。这样补光系统的造价可以明显降低。

五、提高光合积累是营养补光的根本目的

光合积累的影响因素很多，从环境影响因子的权重看，依次可以是温度、湿度、CO_2浓度、光照；从各因子的成本排序，从低到高依次为CO_2浓度、温度、湿度、光照。

容易看出，补光的前提条件依次如下。

（1）温度　最主要是根系温度。

（2）CO_2浓度　成本低很关键，通过提高CO_2浓度可以更好地利用太阳光。有足够数据证明，CO_2浓度对光合积累的影响程度与光照相当。

（3）湿度　多数植物在大湿度环境中，蒸腾速率明显下降，代谢不活跃，抗病能力明显下降。但是，太阳光能够降低相对湿度，钠灯也能有效降

低相对湿度，这是钠灯能够广泛应用的重要原因之一。在工程实践中，高压钠灯的电功率消耗的80%被视为有效加温能量，这部分能量中，直接作用于叶片导致叶片温度升高的部分是生产者最重视的，它能够直接降低叶片周围微环境湿度，对提高光合速率的影响很大。

六、总结

照度设计、灯具选择、每天光总量目标和实现，以及补光的前提条件是设计优秀的温室补光系统所必须考虑的，更是温室生产者要理解的，而不应该在没有理论支持下“凭感觉”做出选择。

导读：日光温室通风设计是实现温室内适宜温度、湿度的重要基础。日光温室是如何进行昼夜内外热量交换的？通风换气的影响因素有哪些？什么是合理的温室开关风口方式？

第三节 日光温室智能放风的设计与实现

近些年，我国设施农业迅速发展，日光温室也崛地而起。山东地区和辽宁地区发展较早，吉林、黑龙江、内蒙古、新疆、青海等地区也大量建设日光温室改善蔬菜水果生长所需自然环境，抵御自然灾害；其他区域如山西、陕西、北京、天津、河北等地也形成本地特有的日光温室农业产业，如大荔冬枣、庄河樱桃、寿光蔬菜等。

日光温室的发展，产生了新的种植技术要求。其中温、湿度是日光温室环境控制重要的因子。那么，在已有的日光温室中，如何更加快捷有效地通过调控风口进行空气热交换，使棚内尽可能达到作物生长所需要的温度呢？随着日光温室建设长度、高度的增加，以及合作社形式的发展，日光温室的放风自动化问题成为继卷帘机之后，另一个重要而又亟待研究的课题。

我国在互联网、物联网、云计算等技术上的迅猛发展也为日光温室智能放风的发展提供了前所未有的机遇。

一、日光温室棚结构基本环境

日光温室是节能日光温室的简称，又称暖棚，是我国北方地区独有的一种温室类型。

日光温室利用围护墙体、后屋面、前屋面组成一个空间，将作物生长所需的光照、温度、湿度、二氧化碳等因素集中到一个固定的环境中，如图 1-15 展示的是一种日光温室模型。日光温室创造的温室环境可提早栽培或延后栽培，延长作物的生长期，达到早熟、晚熟、增产、稳产的目的，并能抵抗自然灾害，防寒保温，抗旱，深受生产者的欢迎，因此在北方发展很快。

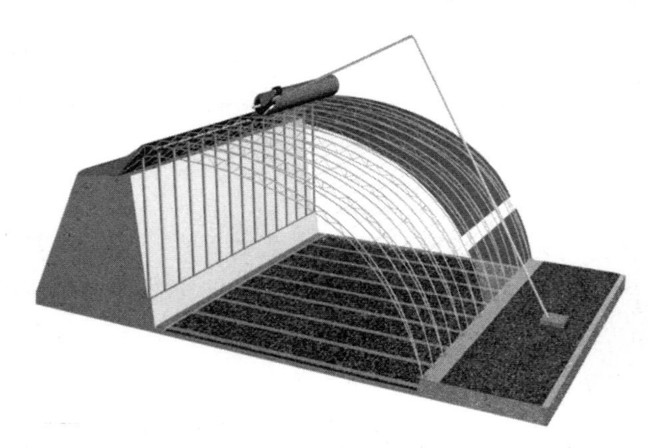

图 1-15　日光温室模型

日光温室白天吸收热量，晚上抵御低温、释放热量。材质选择上，围护墙体和后屋面主要有土墙、红砖、空心砖，还有部分选用多层保温被覆盖，既有稳固性，又具有保温功能。前屋面一般使用薄膜覆盖，作为温室的唯一采光面和主要热量吸收面，同时，前屋面在夜晚也会成为主要的热量释放点。

那么，日光温室如何进行白天夜晚棚内外热量交换呢？

白天太阳辐射前屋面，温室内吸收热量，棚内进行热交换，在棚内形成不同层次的温度分布规律，越靠近地面，温度越低，棚顶温度最高。薄膜具有较强的气密性，其中土壤水分蒸发、作物蒸腾水汽凝结及地面土壤的固体蓄热与横向传导等都会参与到棚内的热交换。图 1-16 所示为白天温室热量交换平衡。

当棚内温度不适宜作物生长时，就需要散热。日光温室建设的结构与材质一定程度上决定了白天不加温条件下日光温室内的吸热主要依靠前屋面的薄膜或其他材质，其次是北墙、后坡。各部分所占比例具体如图 1-17 所示。其中，后坡、北墙、侧墙等兼具稳定温室结构的功能。一方面，白天日光温室内温度分层，基本遵循由下而上，温度不断升高，故风口最佳位置选择应是温室的棚顶部分；另一方面，后墙等一般选用保温效果好的材料，坚硬且不易变形，薄膜则不同，其具有轻薄、易操作的特点，可进行顺畅的开合运行且不影响其他，因此薄膜通风换气成为最简单有效的降温方式，据统计，通过风口换气散热约占整个日光温室吸热量的 96%。

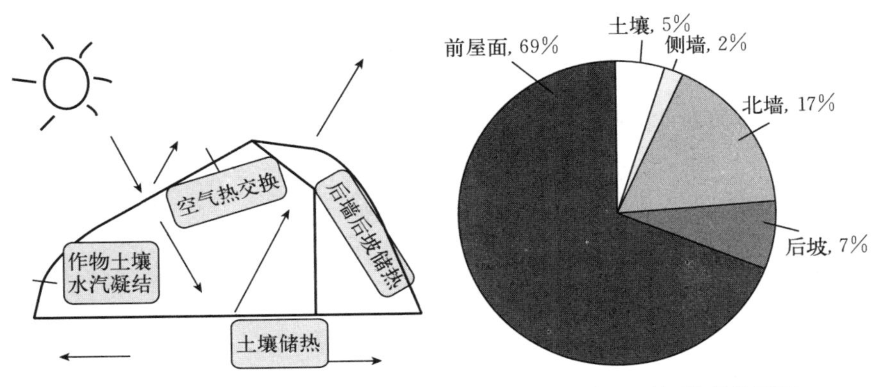

图 1－16　白天温室热量交换平衡

图 1－17　白天不加温条件下日光温室内的吸热分布

夜晚外界温度降低，棚内依靠棉被和围墙保温，土壤和后坡后墙放热，作物蒸腾蒸发及水汽凝结放热，形成如图 1－18 所示的夜晚温室内的热量平衡。

而在冬春生产中，作物生长需要保持一定的夜温，若在棚体现有条件下不能满足温度时，可选择不同种方式进行加温。夜晚人工加温条件下日光温室内的放热分布如图 1－19 所示，北墙和侧墙会成为主要的吸收放热源。

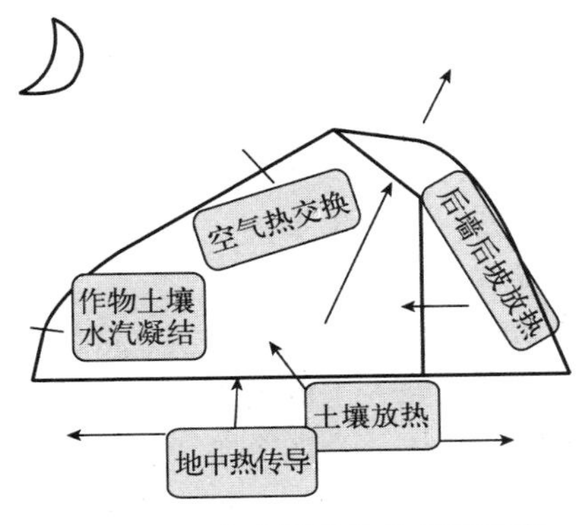

图 1－18　夜晚温室热量交换平衡

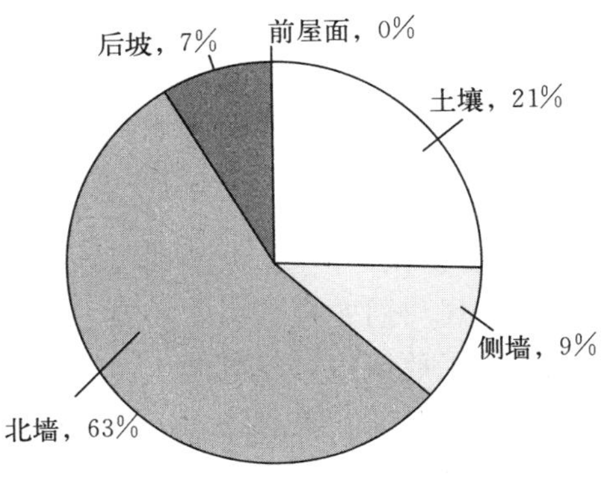

图 1－19　夜晚人工加温条件下日光温室内的放热分布

二、温室风口进行通风换气的影响因素

我们已经了解到，白天参与温室热交换的因素有棚外温度、太阳光照、风速、风向等，而温室结构、温室建筑材料、种植作物、土壤等都会对棚内热交换产生影响。这些因素的影响，也造成日光温室内温度存在明显的水平差异和垂直差异。

那么如何通过调节风口大小，对棚内进行降温，达到种植所需的温度呢？

（1）关注棚内不同位置、不同时间段的温度，进行合理开关风口。

（2）了解气温与风速，把控打开风口后棚内的降温速度。

（3）关注棚内作物所需微量元素，分步骤开关风口。

三、温室更合理开关风口的方式

若要达到作物生长所需温度，则需在温室更合理地开关风口。根据不同的风向、位置，分时段、分步骤开关风口，充分考虑各风口影响因素。

设想一下：晴天，一个百米棚分两段调节风口：早晨大棚起棉被一小时后打开风口，20分钟开合一次风口，往返200米；随着温度升高，初次打开风口10厘米，先东后西，往返300米；午时温度继续升高，往返200米；下午两次关风口，再次往返超过500米。这样温室每日基本放风需要在棚内行走上千米。若再加上去温室内三个固定的地点查看温度计，跑动次数与路程远超百米，除消耗体力外，占用的时间和精力会让繁重的田间劳动加重。从种植人员的年龄、温室内作物劳动强度上看，这种正确的放风方式不具较强的可操作性。

近两年，种植户的温室越建越长，数量也在增加。天气因素的多变性更让放风工作繁重。另外，假如种植户忘记打开风口，导致温度骤升，造成焖棚，一年的劳动成果将毁于一旦。

因此，有些人选择了简单粗放的方式，减少开关风次数，一天开关一次或者使用棉被开关找风口。事实也证明了这种方式是不可取的。此方法对温室优势的发挥、作物温度的调控功能都有所减弱。

那么风口对于日光温室的温、湿度调节功能如何才能更好地实现呢？市场上出现了放风机。以机械代替人工，可以实现按照人工的处理方式（查看温度—自我判断开关风口大小）进行开关风口。具体分为四个阶段：①快速查看整个棚内不同位置的温、湿度（图1-20）；②机械代替人工开关风口（图1-21）；③远程遥控开关风口（图1-22）；④综合考虑实现自动开关风口，如考虑风向、雨季等。

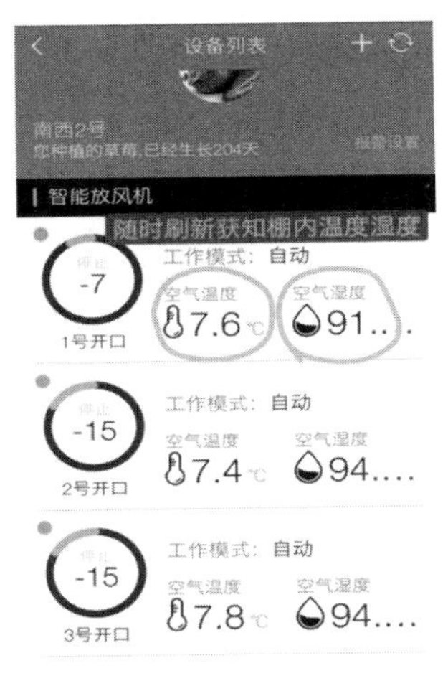

图 1－20　棚内不同位置的温、湿度

图 1－21　机械代替人工开关风口

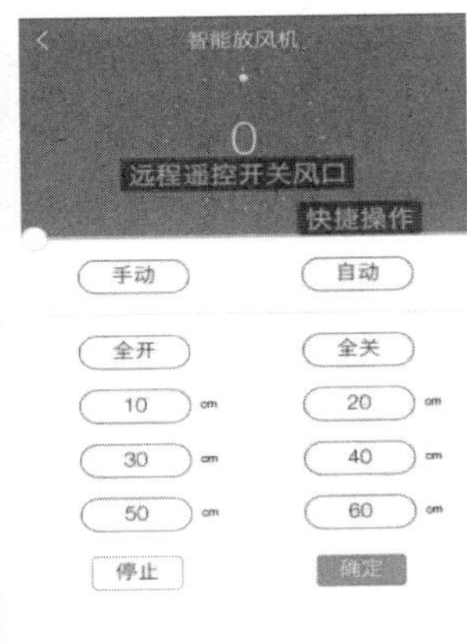

图 1－22　远程遥控开关风口

四、实现简单机械帮助后，如何才能最大限度代替人力

由于开关风口影响因素很多，实际操作中，得到这些数据进而进行处理的成本较高，普通种植户难以承受且不必要。

针对这个问题，智能放风机（神农棚博士第三代放风机）可将所有因素综合在温度统计上，利用大数据，在自动控制策略算法上做一些智能处理，将此设备检测到的温度3～5分钟内的数据做处理，预测未来3～5分钟是否会达到设置所需温度，从而进行开关风口。

加上提前开风程序设置，预开搭边距离等一些细节的处理，可最大限度地将温度控制在所需范围内。

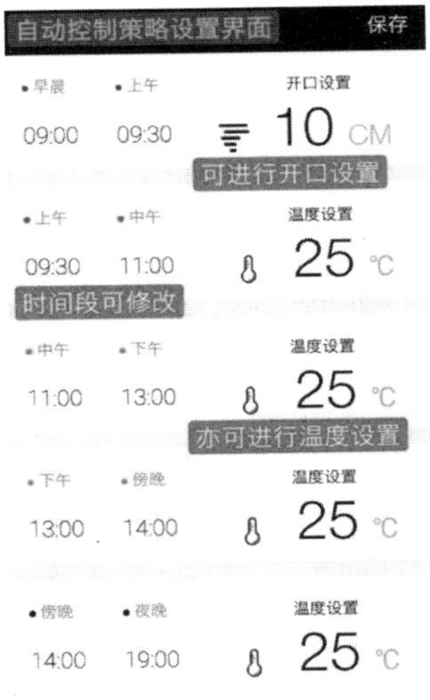

图 1－23　自动控制策略设置界面

图 1－23 所示是神农棚博士第三代放风机自动控制设置的界面，可提前安排，也可随时修改。

举例说明：图 1－24 和图 1－25 是神农棚博士第三代放风机用户在某一时间段内设置所需温度为 28℃，随着外界温度的变化调节开风口大小，将温度通过开关风口的方式，最大限度地控制在 28℃左右（图 1－24），同时达到开关风口的频率较少（图 1－25），减少因放风、忽冷忽热而不利于作物生长的外界影响因素。

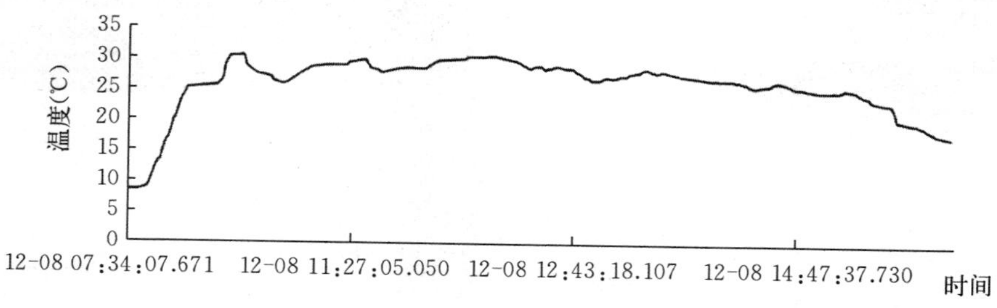

图 1－24　温度曲线

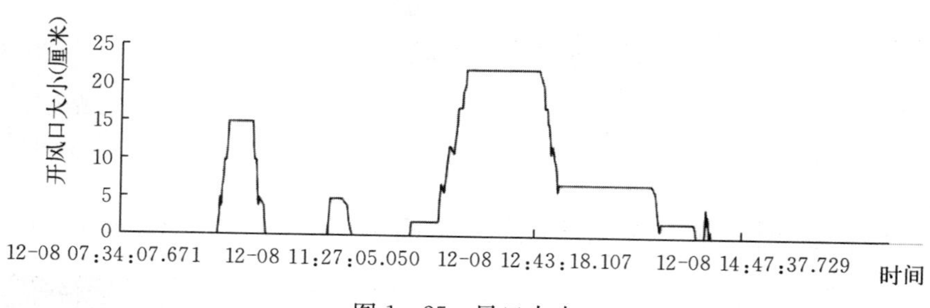

图 1－25　风口大小

五、小功能，大作用

（1）作物知识库，给用户作为参考。如图 1－26所示，标注番茄在发芽期、幼苗期、生长期、开花期、结果期适宜的温度，同时应用于自动控制策略中，为用户提供种植温度参考。

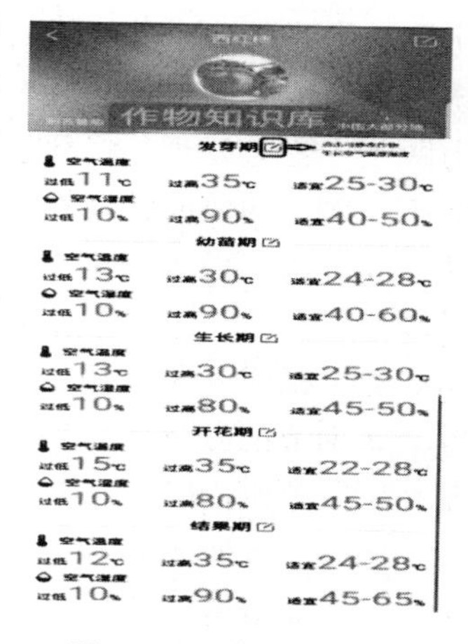

图 1－26　作物知识库

（2）报警设置，超过所设置的温度会接收到报警信息，并在行程范围内进行自动打开风口或者关闭风口，避免造成不必要的损失（图 1－27）。

（3）采用简便的联网方式，实现远程遥控。插电设备就可以实现远程遥控功能，方便偏远的农村棚内使用。

（4）考虑棚内温室的环境，放风机本身全部做成防水一体机，增加产品使用寿命和使用的安全性（图 1－28）。

（5）操作方式多样化。在手机、遥控器、电脑上皆可操作。

（6）用户可查看一个月内的温度检测点的空气温、湿度数据（图1-29）。

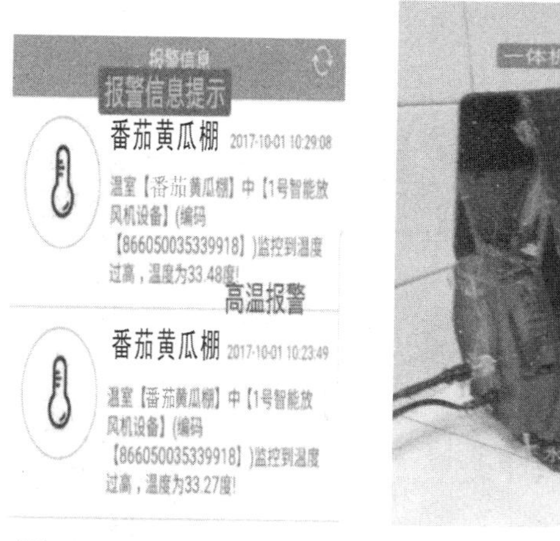

图1-27 报警信息提示

图1-28 防水一体机

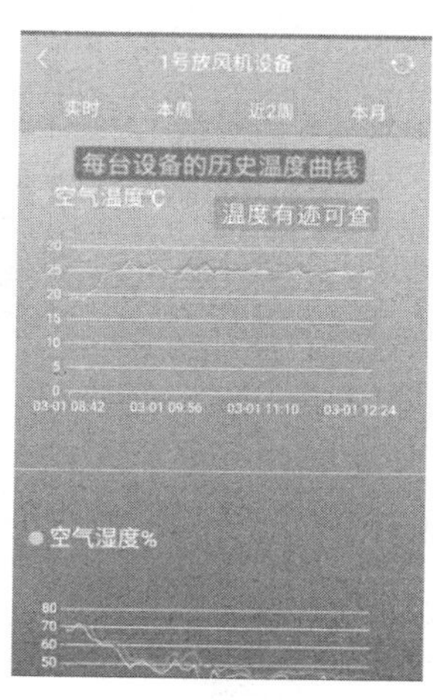

图1-29 历史温度曲线

六、风口膜的相关问题

（1）关于上膜 有些种植户的不正确安装导致风口兜水严重，甚至漏水或者膜损坏严重。在无风条件下上膜，顶膜绷紧后用铁丝固定在棚上。头顶膜穿拉绳或者钢丝，东西方向拉紧。顶风口位置选用恰当，在放置棉被后还留有至少一米的宽度，大膜和顶风口膜的重叠部分宽度建议为20～30厘米；贯穿顶风口的穿拉绳，不能为了省事就不穿，若百米内棚可选用绳子固定，超过百米棚建议使用钢丝拉紧。

（2）防兜水问题 建议对棚体结构稍做处理。若使用铁网，会增加膜开动的阻力，需选用质量好、网孔比较大的铁网，且铁网的防止位置需要长于上膜的下边缘，否则会增加开关阻力，容易造成刮破薄膜等问题（图1-30）。

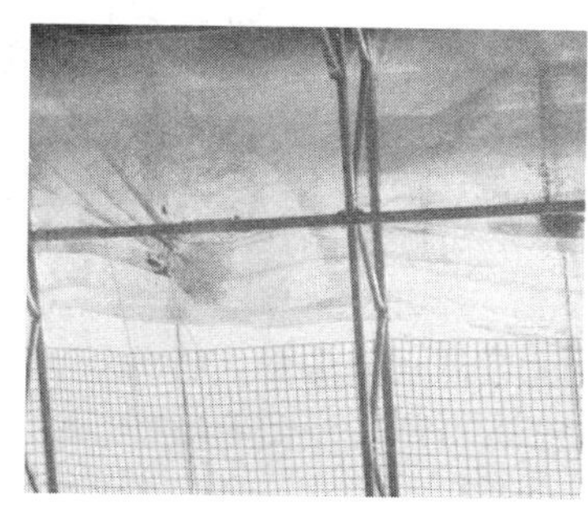

图1-30 防兜水处理方法

兜水问题补救小方法，如图 1－31 所示，在棚结构上稍作修改，每个横梁中间加上四分或者六分钢管（注意长度要超过顶膜宽度），能够起到防兜水的作用。

图 1－31　兜水问题补救小方法

七、结语及展望

关于日光温室自动放风的问题，生产上也在不断探索更多更优的方案。目前生产上的放风形式基本分为外卷膜和内拉绳两种形式，内拉绳可分为使用链条拉和钢管拉。每种方式有利有弊，适用于不同类型的日光温室。

也有人尝试在温室结构上改变，如在顶风口安装窗户、将风口留在后坡位置、使用阳光板代替薄膜采光及通风等。

本文介绍的是其中一种钢管内拉绳形式，利用物联网信息技术，在产品工艺上精益求精，功能上实现稳定可靠的手机远程遥控和自动化开关风口的一种形式。

温室内复杂的环境变化、区域的气候变化及不同的温室结构等，皆为实现智能放风的影响因素。要实现更多温室的自动化放风问题，还需要继续探索出更多的解决方案。

导读：温室保温是作物反季节生产的重要基础。那么温室保温应从哪些方面考虑？设施内储能、循环和通风如何一体化设计？未来的保温技术与温室设计如何发展？

第四节 新型日光温室的保温储能设计

日光温室的出现为反季节种植提供了必要的生长环境。但随着科技发展，日光温室设计也日新月异，由简单的薄膜土棚发展到节能环保、综合性能高的科技温室。

温室的设计是为种植服务，是为作物打造一个适合生长的环境。因此，根据不同的地理环境、不同的种植要求、不同的管理模式及不同的使用对象，依据实际情况设计和建造最贴近需求的温室。温室的建造没有最好只有最适合。本节将从如下几方面介绍保温储能日光温室的设计和建造。

1. 日光温室的保温

保温对日光温室是至关重要一个环节，包括墙体保温、整体密闭保温、保温被保温、多层膜覆盖保温。

（1）*墙体保温* 包括地下和地上保温。地下保温根据地理特征首先确定土地冻层厚度和地下土壤性质，用保温材料隔断冻层，通常新型保温材料都可以达到保温效果，但设计过程做到整体封闭，避免出现裂缝或者透气导致热量对外传导。部分地区采用真空纸质隔热材料或压缩草砖等作为保温材料，时间久了容易出现虫、蚁、鼠害等。地上保温采用一体化设计，结构密闭，俗话说“针尖大的窟窿斗大的风”，就是指密闭的重要性。

（2）*整体密闭保温* 温室各个结构环节都科学合理地衔接，包括后墙和两扇，以及棚膜与后坡及地面的密合；进出棚的员工通道都要做到尽量少的冷空气进入。

（3）*保温被保温* 保温被设计需要做到柔软、隔热、防水，厚重适中，衔接方便。

（4）*多层膜覆盖保温* 生产实践表明，在同等可使用的温室条件下，双层膜比单层膜可提高棚内温度 2～5℃。但多层膜会影响光的入射量，可通过收放形式设计在夜间或者特定气候条件下使用。

中科兆阳（北京）光暖科技有限公司（下称“中科兆阳”）通过自有骨架和前后墙设计，可有效地避免温室冷区，整体保温做到无死角。温室各种设计中如果保温不能做到最好，那么再多的努力都将是无用功。

2. 日光温室的储能

储能是指在正常保温条件下，温度不能达到最佳种植环境时采用的一种补热方式。现有的储能方式有水储能、墙体储能、土壤储能、地下秸秆发酵储能、新材料储能等。顾名思义，储能是将热通过各种方式储存起来，在温度低到一定程度时进行释放。经过长期研究，根据不同棚体，中科兆阳采用了综合的储能方式，新设计内循环储能墙体加上高性能吸热材料（碳纤维吸热材料）运用自动化控制，可在0:00～7:00依据室内环境需要有策略地进行释放（图1－32）。合理利用储能对长期冷天和持续无正常光照下温室保温有着积极作用。

图1－32　后储能墙及吸热材料

3. 日光温室的骨架

温室骨架发展由早期竹条、钢结构、型材到现在新型组装材料，尽管每种骨架还都在沿用，但整体发展是逐渐追求稳定性、高强度、大跨度、装配式。对现有骨架进行研究，中科兆阳新设计了一种骨架（图1－33）。该骨架采用“V”形结构，装配式安装，大大增加了整体强度，棚膜压膜线放置在“V”形架中间，稳固性好，透光率明显提高，对光合作用和棚内提温有着明显改善。全程无焊接，防止因镀层破坏导致骨架在高温高湿条件下氧化腐蚀。

4. 日光温室的循环系统

循环系统对温室具有辅助功能。通过空气对流循环特别是温室内负压循环，不但能补充二氧化碳，还能降低湿度，减少细菌孢子，从而达到减少病虫害发生概率的目的。在设计中，中科兆阳考虑到热对流效应，白天通过风机强行循环，存储棚内热能（图1－34），夜间形成自循环，缓慢释放墙体热量（图1－35）。

图 1 - 33　三根镀锌管形成“V”形可装配式骨架

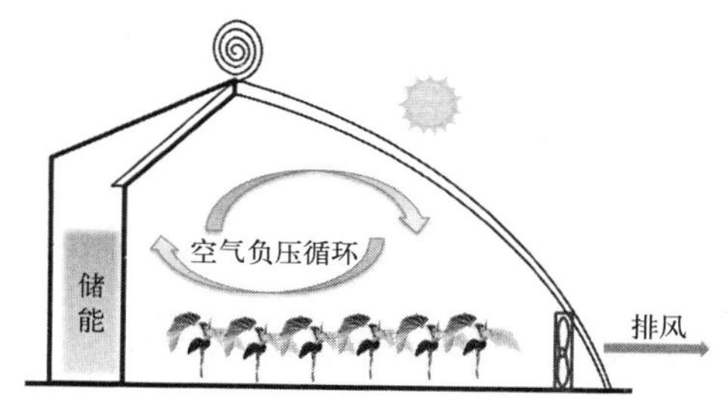

图 1 - 34　白天循环原理

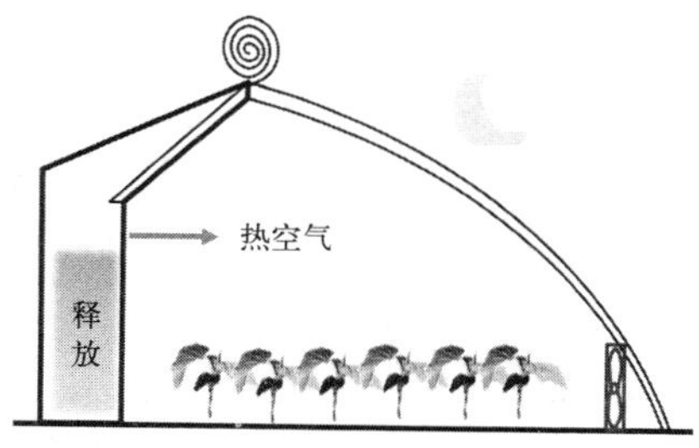

图 1 - 35　夜间循环原理

好的循环系统可以打造出更接近植物生长的自然环境。

5. 日光温室的通风系统

通风系统又称放风系统，不但具有换气功能，同时还具有降温和除湿等效果。通风系统设计不但要在冬季合理置换空气，还要考虑夏季快速降温，同时不影响作物生长。好的通风系统具有操作方便，控制简单，对作物无伤害的特点。传统通风系统多为人工拉膜，近几年通过技术的不断改进来避免兜水，防止冷风伤害作物，但效果不够理想。市场上也有自动化通风系统，采用连栋温室通风系统原理，但在实际应用过程中造价高，环境改善不明显。中科兆阳一个温室设置了两种通风系统，冬季采用前墙预热通风廊道循环（图 1 - 36），外部空气从一端进入预热廊道，另一端通过负压引入棚内，空气在廊道行进过程中可被外界阳光照射加热，从而达到预热目的，这样可以保证空气在低温环境下依然能以较高温度进入棚内进行循环。夏季采用后坡通风系统（图 1－37），可根据温度控制风口大小，对快速置换空气有着明显效果。温室升温容易降温难，但后置风口设计巧妙地解决了这个难题。

图 1－36　冬季通风预热廊道

图 1－37　夏季后坡开窗系统

6. 日光温室的控制系统

随着科技发展，现代化自动控制系统越来越智慧化，在非人工干预的情况下能自我实现最大限度调节环境。日光温室的控制系统包括通风系统、补光系统、水肥药一体化、控温系统、物联网系统、可追溯系统、微量元素监测补充系统等，但笔者认为不管控制系统如何自动化、智慧化，都需要有责任心的人去干预、去监管，因为所有系统都有故障率。中科兆阳对自动化控制系统均采用人工干预为主、自动控制辅助的综合管理模式设计。

7. 日光温室的热源补充

热源补充就是指在正常情况下无法满足植物需求的人为补充加温。常用的加热方式有火炕加热、地源热泵、烧煤、烧煤油、烧燃气、水暖加热、地暖加热、碳晶板加热，在新的环保要求下又出现了无烟炭加热、热风机加热等，这些方式无疑都会增加运行成本，很多都是普通种植户无法接受的。

8. 日光温室的应急系统

应急系统又称农业“999”。天有不测风云，当出现极端天气或者长期无光照气候时就是对日光温室的致命打击。中科兆阳设计急救加温系统——中科兆阳温室速热装置（图 1－38），可以在极端天气快速给温室加热，保证作物不被冻死、冻伤。这一装置也许一年或者几年都不用，但是一旦使用就可以挽回重大损失。笔者认为日光温室应急系统是日光温室发展中的必备设施。

9. 日光温室的发展方向

日光温室的发展方向：传统陆地种植—覆地膜—拱棚—土棚—钢结构—新型温室。随着发展，必将有更多更好更先进的日光温室走进农业反季节种

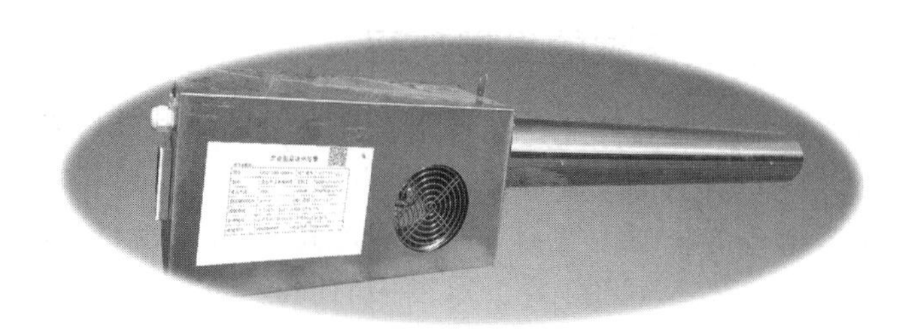

图 1－38 应急速热装置

植中，但将来低成本、大跨度、高性能温室会逐渐走向主导位置。低成本是指老百姓用得起，大跨度是指适合机械化种植，高性能是指节能环保更贴近种植最佳环境。中科兆阳正在设计和研发单个温室面积可以达到 3 600 米^{2}的日光温室，用连栋温室的设计原理结合日光温室的保温储能技术，打造一个在中原及华北地区不需要人工补温下生产反季节果菜的日光温室。该温室的应用将大大提高土地利用率，降低运行成本和实现现代化农耕设施的使用。

10. 结语与展望

本节浅谈了日光温室的设计。随着物流行业快速发展，以及冷链技术的完善，适地种植才是最节约成本和经济效益最大化的种植方式。日光温室作为特殊农业设施，在特定环境下通过反季节种植有效补充了部分地区部分时间的生产需求。因此，一定是因地制宜，根据实际环境、种植要求，科学合理地设计最适合本环境需求下的日光温室才是生产需要的。

导读：保温被是温室保温最主要的手段，也是最经济可行的保温技术，用好保温被需要注意哪些环节？如何高效地发挥保温被的保温效果？

第五节 温室保温被的发展、选择和使用保养

温室是设施农业重要的生产载体，肩负着保障和丰富人民群众“菜篮子”的艰巨使命。适宜的温度是植物生长的重要指标之一。使用保温被则是保证温室可以达到作物生长适宜温度的重要手段之一，尤其在北方寒冷地区，保温被的保温作用更加突出，使蔬菜、水果、花卉等作物的反季节生产成为可能，在改善人民生活品质的同时提高了农民收入，甚至起到了脱贫致富的作用。

一、温室覆盖保温被的发展历程

外保温覆盖材料的保温性能，在评价日光温室整体性能以及实际生产中具有重要意义。1995年以前，我国广大北方地区的日光温室外覆盖保温材料均以草苫、蒲席等传统覆盖材料为主，存在的问题主要有产品一致性差、质量不均衡、重量大、不防水、卷放难度大时间长、严重污染棚膜、降低采光性能等，随着我国农业的快速发展，研制开发替代产品的需求迅速显现。针对传统温室外保温覆盖材料存在的突出问题，广大农业科技工作者展开了积极的探索和研究，新型日光温室保温被应运而生，其中北京市农业机械研究所和北京市农林科学院的研究成果是比较具有代表性的。

随着新工艺、新材料的发展和使用，有针对性地解决问题的保温被很快被推向市场，并大致形成了两个不同的方向：一是以涤纶布为内外面、以PE发泡材料为芯，双面黏合成为保温被，大致的结构形式为涤纶布＋黏合剂＋PE发泡材料＋黏合剂＋涤纶布；另一是采用多层材料叠加复合绗缝做成保温被，其结构形式由外到内大致为防水抗老化层＋隔热层＋保温层＋增重层＋内保护层。具体如图1-39～图1-41所示。

图1-39　温室外保温被加工

图1-40　温室外保温被半成品

图 1-41　温室外保温被成品

第一种保温被具有显著的防水性和实验室保温性，但由于重量轻，在夜晚有风的情况下容易随风起浮，影响实际保温效果。第二种保温被则由于加工工艺的问题，在加工过程中会形成缝合针眼，虽然涂胶填塞，但在整体防水性上仍存在一定问题。此后市场上主流保温被的研发，基本上是沿着这两种思路延伸开展，逐渐形成各种不同保温材料优化搭配组合而成的各种不同表现形式的保温被，但基本上都没有脱离上述两种框架结构。

随着材料科学的发展，目前的保温被应用了多种形式的保温材料，如无纺布、化纤棉、珍珠棉、微孔发泡材料、防水编织膜等，形成不同的组合形式。同时借鉴温室反光幕的原理，在保温被内层（接触棚膜层）加入镀铝膜反射层，其主要作用是在夜间将温室向外辐射的红外线反射回温室内部，提高保温性能。

时至今日，保温被作为替代传统草苫、蒲席的日光温室覆盖材料，具有质量轻、保温性好、防水性好、使用寿命长、易于机械化操作等优点，使用保温被可以避免草苫等传统保温覆盖材料对薄膜等采光材料的污染，延长薄膜等采光材料的透光性和使用寿命。机械传动卷放保温被可以大大降低使用者的劳动强度，显著延长温室的采光时间和采光的一致性，提高日光温室的总体性能和产量。但目前市场上的各种保温被绝大多数的保温性能一般，与草苫相比尚没有量级的提升，保温性能和综合使用性能还不够理想。另外，保温被造价普遍偏高，广大用户尤其是农民难以广泛接受。由于保温被重量轻、体积大，物流成本的逐渐提高也约束了生产厂家的销售半径，也间接增加了综合成本，提高了市场推广的难度。

二、保温被使用范围的延伸拓展

随着能源使用的限制和能源价格的提高，从目前保温被的使用范围来看，已经完全突破了传统日光温室前屋面使用的范畴。一方面，日光温室的室内保温（包括二次保温）已经出现了大量的应用，以保温被（软性保温材料）代替传统保温墙体也正在探索，包括春秋拱棚使用保温被延长生产周期的应用已经出现（图 1－42、图 1－43）。

图 1－42　保温被全覆盖日光温室外景

图 1－43　保温被全覆盖日光温室内景

图 1－44　风机保温罩

另一方面，连栋温室开始大量使用保温被提高保温性能、降低能耗，比如在湿帘窗防护、风机处保温（图 1－44）、北立面外覆盖保温（图 1－45）、整体保温等，而连栋温室内保温系统的应用正在快速兴起（图 1－46～图 1－49）。北京中农富通园艺有限公司在连栋温室大量使用内保温系统的成功经验为整个行业提供了有益的借鉴。

连栋温室内保温系统一般配合遮阳保温系统共同作用，在需要加强保温的时间段，展开顶部保温被，放下侧部保温被，在原遮阳保温系统下方形成了一个单独的封闭空间，利用自身的保温性以及四周、顶部形成的空气隔离层，显著减缓热量散失，使整个温室的保温性得到明显提高。

图 1-45　连栋温室北立面外保温覆盖

图 1-46　连栋温室上部内保温系统

图 1-47　连栋温室上部内保温被

图 1-48　连栋温室侧面内保温系统

图 1-49　连栋温室上部和侧面内保温系统

三、保温被的选用建议

保温被的选择应以经济适用为原则，比如厚度，并不是越厚越好，目前一般使用保温被都会同时使用卷被机，在兼顾保温性的同时要考虑卷被机械的操控性，保温被一般以 1.5 厘米左右的厚度为宜。由于保温被变湿后保温性大大降低，因此防水性也是重点考虑的因素之一，同等条件下一定要选择防水性好的产品。目前市场上的保温被使用寿命大多在 3～5 年，选择时不必刻意要求延长使用寿命，一方面寿命越长价格越高，会明显增加用户成本；另一方面随着材料科学的迅猛发展和技术工艺的快速进步，数年后一定会研发出性能更优、质量更好、价格更低的换代产品。因此，5 年左右的使用寿命是比较合适的。

保温被不论是用在日光温室还是连栋温室，均应选择正规厂家的产品，并根据具体使用情况包括温度要求、风速风向、降水情况、作物种类等因素做出选择，切不可贪图便宜，也不可盲目照搬，有可能的话多听取专家、生产技术人员和使用者的意见，做出最合理的选择。

四、保温被的维护与保养

保温被的保养其实十分重要，却往往最容易被忽略。举例说明：2015年，笔者到西藏自治区农牧科学院青藏高原药用植物国家级示范园调研，发现园区内85栋日光温室的保温被有部分残破，感觉应该更换了，跟工作人员了解后得知，此批保温被为2003年从正规厂家购买，实际使用已经超过12年了，绝大多数还可以继续使用，而当初厂家的承诺只有5年。笔者听到后很是诧异，原来园区从运营以来成立了专门的维护队伍，专人负责园区内所有硬件设施的维修维护，就保温被及卷被机而言，均按照厂家的要求严格维护保养，夏季不使用时将保温被及卷被机全部拆卸，保温被晾干、卷被机保养后置于库房存放，遇有小问题及时维修处理，由于这一项日常工作的严格执行，园区花了小费用却换来了大节省。

五、结语与展望

理想的温室保温被应该同时具有良好的保温性、防水性，以及利于机械操作（收放）、使用寿命长、价格低等特点，因此，未来保温被的发展趋势和技术创新也将围绕着这些关键点而逐一突破，并达到各性能指标的协调平衡。未来的保温被也将在材料、工艺、外观的多样性和针对不同设施类型的专用性上取得突破，以适应不同的设施建造技术、使用区域、种植领域、种植工艺的要求。

保温被为北方及高寒地区设施农业生产做出了重要的贡献，从制作材料的更新到使用方法的变化，不断提高设施农业的生产效率。虽然还存在成本高、总体保温性能低、缺乏技术突破、维护成本高等问题，总体而言，保温被在设施农业领域（包括日光温室、连栋温室等设施类型）的使用是大势所趋，但技术和产品的提升仍存在巨大的空间，需要农业科研人员、专业企业和广大一线用户的共同努力。

第二章 CHAPTER2 机械化生产

导读：温室生产轻简化是设施农业发展的必然要求，适合育苗温室使用的小型机械有哪些？温室内的运输车如何工作？双层温室是如何实现高效保温的？

第一节　基于机械化、轻简化要求的温室设计

温室是现代农业的一个重要标志。近年来，随着我国现代农业的不断发展，2017 年温室的建筑面积已近 370 万公顷，居世界首位。但是温室的建造质量参差不齐，温室内的机械化水平还相对较低。随着国内建筑材料价格的上涨，尤其是人工成本的上涨，温室机械化、轻简化的需求越来越受到关注。

一、温室内轻简化机械的使用与规划

现代温室中，引入了越来越多的机械设备，以减少人工的投入，解放劳动力，但是多数的机械设备的使用或者配套必须在温室设计中就得考虑进来。

1. 育苗温室内机械的应用

（1）温室育苗灌溉设备　移动喷灌机等（图 2－1）。

a

b

图 2－1　温室安装移动喷灌机

a. 连栋膜温室安装移动喷灌机　b. 日光温室安装移动喷灌机

这些自重较轻且需要吊挂在温室钢骨架上的设备，不再另行考虑它的支撑问题，可降低整个温室的建设成本。但连栋膜温室钢骨架原本偏小，安装完移动喷灌机后，许多膜温室水平横杆会有下沉变形，故而在增加移动喷灌机的连栋膜温室中，温室钢骨架或支撑需要重新设计。

（2）温室运输设备　温室运输车（图 2－2）。

a

穴盘苗运输车

移动苗床　移动苗床　移动苗床　移动苗床

卵石区　硬化地面

b

图 2－2　温室运输车

a. 日光温室手动简易运输车　b. 连栋温室穴盘苗运输车

① 日光温室内部手动运输车（图 2－2a）。布置在温室北侧走道，可以做吊挂式，也可以做轨道式（也可以改造成电动控制），较为简单方便。尤其是对于东西长度较长的日光温室来说，在果实采摘期，手动运输车是比较节省人力的。

② 连栋温室穴盘苗运输车（图 2－2b）。需要考虑选用的育苗穴盘的宽

度以及两个移动苗床的支腿之间的宽度（两个苗床支腿之间的宽度＞运输车的宽度＞穴盘的宽度），这样，在播种时或者在出苗时，就不用一盘一盘地人工往外运，可用一个多层的穴盘苗运输车来代替，方便快捷！

2. 现代种植型温室内机械的应用

在现代种植型连栋温室中，必不可少的机械应当是电动升降采摘车（图2-3），其平稳运行离不开轨道。在温室设计中，一般将其与温室暖气相结合。采摘车轨道一般选用DN40或DN50热镀锌钢管，间距在0.5米左右，其轨道可充当温室暖气的散热器，可以降低温室建造的费用。

3. 科普或观光型温室内机械的应用

科普或观光型连栋温室中，可能会有一些自重较大的大型设备，这些设备尽量不要与温室骨架相连接，应考虑独立承重，例如：中粮智慧农场的植物追光系统（图2-4）。

图2-3　电动升降采摘车和暖气轨道

图2-4　中粮智慧农场的植物追光系统

在温室结构的设计上，连栋温室出现事故的原因，多数是温室内部部分节点失稳导致的（图2-5）。故而，在结构上保证温室荷载的前提下，应着重考虑加强温室内部关键节点（图2-6），要有强节点、轻构件的思想。

图2-5　立柱被螺栓拉穿

图2-6　与端部复合梁连接的立柱外侧加装垫板

4. 加强温室与栽培一体化设计

温室内部设备布局上，要加强与栽培的一体化设计，提高轻简化水平。

例如：湿帘风机方向的设计。湿帘风机的方向要与温室内栽培设备或种植作物的方向相一致，不要造成温室内部设备或作物阻挡湿帘风机气流的现象。

以草莓育苗温室（图 2－7）为例，其内部布置草莓三角育苗栽培架。草莓三角育苗栽培架由于其自身特性的限制，只能为南北方向布置，而这个温室的湿帘风机却为东西向布置（风机布置于温室的东侧，湿帘布置于温室的西侧）。

图 2－7　草莓育苗温室

这样，当湿帘风机开启后，冷空气在温室内流动时，由于经过三角架上部的草莓苗的阻力，空气流动速率会越来越小，最终不能造成或较少造成草莓苗叶片摆动，较大地降低了草莓苗生长处空气的降温效果，造成三角架栽培之间局部温度偏高的现象，对草莓苗的生长造成不利的影响。

在这个温室内，湿帘风机的布置最好是南北方向的。在夏季高温时，开启湿帘风机后，冷空气会较多地沿着三角形草莓栽培架之间流过，促进草莓叶片的蒸腾作用及光合作用，进一步地降低温室内草莓种植处的空气温度，降低了温室通风降温的能耗。

在温室规划前期，尤其是园区温室群规划前期，就应该考虑温室内以及几个温室之间的机械设备的行走路线，包括温室内幼苗、成苗、果实、废弃物、常用肥料等物流仓储，方便后期使用。

二、新型高效温室设施应用

当今我国的连栋温室造价及冬季取暖费用普遍较高，对花卉及蔬菜种植企业造成很大的经济负担。如何降低温室造价并提高温室的保温性能，成为生产上普遍关心的问题。

新型双层膜温室（图 2－8）就能够基本解决这个问题。其跨度 7 米，开间 2 米，顶部覆盖双层薄膜，四周覆盖双层或三层薄膜或保温被。新型双层膜温室从实际生产需求角度出发，单体面积较大，基本放弃了温室四周的采光。

图 2－8　新型双层膜温室

新型双层膜温室骨架（图 2－9）需要加工的构件比较少，多数为定尺钢管，用连接件连接，可从钢材厂直接发到施工现场，加工周期短，造价相对较低。

新型双层膜温室可以设置成多层保温或遮阳系统，每增加一层保温或遮阳，骨架部分仅需要在每个开间方向增加一道六分管，新增骨架成本很低。其内保温采用了新型管绳式驱动系统（图 2－10），保温幕选用喷胶棉保温被。保温被由上下两层 200D 的牛津布、一层 1 毫米厚的珍珠棉（防水）、一层 300 克/米^2 的喷胶棉、一层无纺布（防集露）组成。保温被总重约 600 克/米^2，保温性能堪比日光温室外保温被。该保温系统由两侧向中间合拢，

图 2－9 新型双层膜温室骨架

并且合拢后会有一定程度的重叠部分，极大地增大了温室的密封性能，提高了温室的保温性。

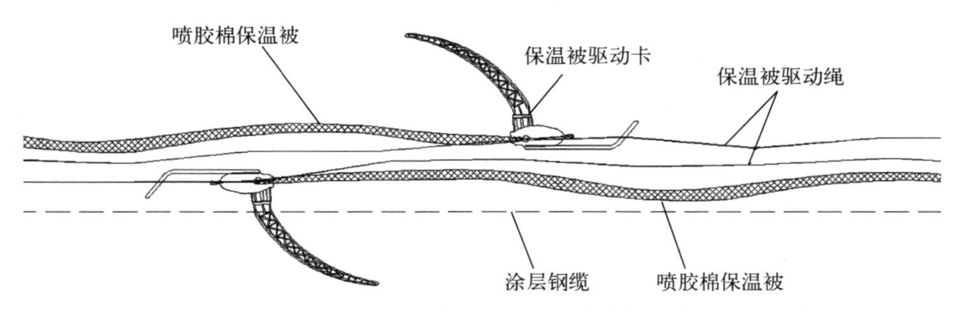

图 2－10 新型内保温驱动系统合拢示意

温室水槽采用了复合镀铝锌卷板，整个水槽无接头，有效避免了传统温室由于安装问题而出现的漏水现象。

三、结语

目前，我国温室建设规模巨大，但由于设备造价、种植农产品收益以及信息推广等原因的限制，温室整体的机械化水平不高，地区间机械化水平差距较为明显。

在当前农产品种植的收益状况下，要想提高我国温室整体的机械化水平，就不要过分地去追求“高大上”机械设备，要从我国广大的种植户的需求入手，去解决他们在实际生产中遇到的一些问题，设计出适合我国国情的造价低、使用方便并且适合推广的机械设备。

导读：设施蔬菜种植密度高、种植指数大、用工成本高，迫切需要轻简化技术，来提高土地产出率、资源利用率和劳动生产率。本文从叶菜生产过程入手，展示所使用的机械化技术。

第二节　温室小农机轻简化应用技术

一、叶菜耕、整地机械化技术

1. 耕地机械化技术

驱动耙和灭茬旋耕机两种机型具体参数见表 2-1。

表 2-1　机具主要技术参数简介

序号	机具名称	配套动力	结构型式	规格型号	转子数或总安装刀数（个）	最大作业深度（厘米）	工作幅宽（米）	适用范围
1	驱动耙	30 千瓦（22 马力*）及以上拖拉机	中间齿轮箱转动	1BQ-125	6 个转子（根据幅宽要求有 4 个、6 个、8 个、10 个等多种选择）	25～29，可调	1.5	设施、露地
2	灭茬旋耕机	25.7 千瓦（35 马力）及以上拖拉机	中间齿轮箱转动	1GQ-145	36 把旋耕刀	20～25，可调	1.45	设施、露地

参照 GB/T 5668—2008《旋耕机》的检测方法进行试验，对试验地的含水率，两种机具作业速度、油耗、耕深、耕深稳定性、碎土率及耕后地表平整度等指标进行了测定。由表 2-2 可知，两种耕地机耕深、耕深稳定性、碎土率和耕后地表平整度均满足标准要求。其中，灭茬旋耕机的作业速度、油耗、耕深、耕深稳定性均比驱动耙高，耕后地表平整度比驱动耙低 0.92 厘米，碎土率仅比驱动耙低 0.5%，说明灭茬旋耕机的作业质量好、作业效率高、性能较优，但油耗稍大。机具作业见图 2-11、图 2-12。

* 马力为非法定计量单位，1 马力≈0.735 千瓦，下同。——编者注

表 2-2　两种耕地机作业质量

机具类型	作业速度（公顷/小时）	油耗（升/公顷）	耕深（厘米）	耕深稳定性（%）	碎土率（%）	耕后地表平整度（厘米）
驱动耙	0.17	16.5	21.5	94.5	99.5	1.36
灭茬旋耕机	0.20	18.0	26.84	95.7	99.2	0.44

图 2-11　驱动耙作业及作业效果

图 2-12　灭茬旋耕机作业效果

2. 深松耕地机械化技术

深松机有微耕机配套、大棚王配套两种，具体参数见表 2－3。微耕机配套深松机（图 2－13）以 6.6 千瓦（9 马力）及以上的微耕机为动力，配备专用深松部件，可以一次完成 30 厘米左右的深松作业；大棚王配套用深松机（图 2－14）以 25.7 千瓦（35 马力）及以上拖拉机为动力，可一次完成深度达 30 厘米的深松作业。两种机具均可对一般日光温室内及小面积露地多年形成的“犁底层”实现破层作业。

表 2－3　旋转式深松机主要技术参数简介

机具名称	配套动力	旋耕深度（厘米）	旋耕幅宽（厘米）	整机尺寸（厘米）	刀组类型	适用范围
微耕机配套用深松机	6.6 千瓦（9 马力）及以上微耕机	8～26	115～122	161×115×108	弯刀组、刨刀组、凿刀组	设施
大棚王配套用旋耕式深松机	25.7 千瓦（35 马力）及以上拖拉机	≤30	130	1 060×1 540×1 130	16 把刀螺旋配置	设施、露地

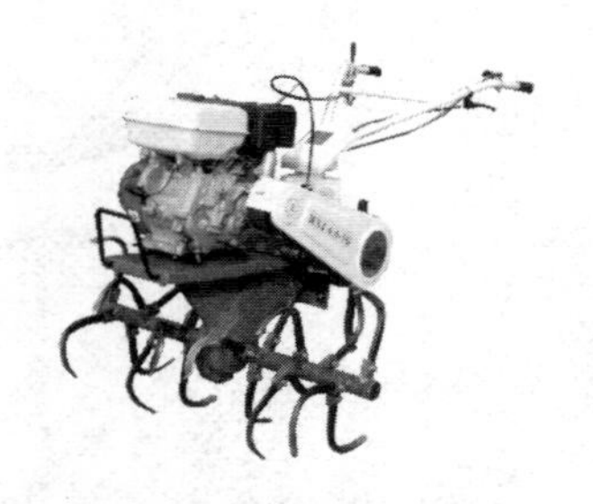

图 2－13　微耕机配套用深松机

图 2－14　大棚王配套用施耕式深松机

3. 起垄整地机械化技术

科研人员以普通的大棚和东西方向种植的日光温室为切入点，通过调研、筛选、引进，调整了成型板的结构。改进后的机具设备体积小，转向方便，起垄质量较好，起垄机扶手方向可以转动，提高了操作人员的舒适感。该机起垄高度、宽度可调，可完成宽（80～90）厘米、窄（50～60）厘米两种垄型起垄作业，大大提高了劳动生产率。机具及作业效果见图 2－15。

图 2-15　起垄机及其作业效果

主要技术参数：①配套动力：5.1 千瓦（7 马力）；②起垄底宽：60～90（厘米），可调；③起垄顶宽：30～60（厘米），可调；④起垄高度：10～30（厘米），可调；⑤作业速度：≥0.3 米/秒。

机械起垄与人工起垄对比结果如下。

（1）人工起垄　需要 45 人/公顷，日工资按 100 元/人，每日人工费 4 500 元/公顷。人工起垄作业效率为 0.002 8 公顷/小时。

（2）机械起垄　生产率 0.301 公顷/小时，是人工起垄作业效率的 107.5 倍。油耗 6.7 升/公顷，油价按 7.77 元/升计算，油耗成本 52.06 元/公顷；机手人工费按 100 元/天，人工费 42 元/公顷；机具折旧和维修费 30 元/公顷。合计 330 元/公顷。使用机械起垄不但省力、垄形整齐，而且克服农忙时劳动力紧张问题，作业效率高，作业成本可降低 3 475.94 元/公顷。

4. 起垄铺带覆膜及膜上盖土机械化技术

起垄铺带覆膜及膜上盖土一体机为北京市农业机械试验鉴定推广站叶菜

创新团队研发的产品，分为单行、双行起垄铺带覆膜及膜上盖土两种类型。单行机与13.2千瓦（18马力）及以上拖拉机配套使用（图2-16），双行机与29.4千瓦（40马力）及以上拖拉机配套使用（图2-17），一次进地可分别完成生菜单行或双行起垄、垄上铺滴灌带、带上覆膜、膜上压土作业。具体参数见表2-4。

图2-16 单行起垄铺带覆膜及膜上盖土一体机

图2-17 双行起垄铺带覆膜及膜上盖土一体机

表2-4 机具的具体参数

机具名称	配套动力	垄顶宽度（毫米）	垄底宽度（毫米）	起垄高度（毫米）	铺膜宽度（毫米）	适用范围
单行起垄铺带覆膜及膜上盖土机	13.2千瓦（18马力）及以上	600	700	200	600	露地
双行起垄铺带覆膜及膜上盖土机	29.4千瓦（40马力）及以上	550	860	260	550	露地

二、叶菜播种育苗机械化技术

1. 播种机

根据油菜、菠菜种子特点，筛选出两种效率较高的播种机，即精密蔬菜播种机和电动播种机，见图2-18、图2-19。精密蔬菜播种机以汽油机为动力，采用自然充种法，一次进地可完成10行及以下的开沟、播种、覆土、镇压等工序作业，比传统手工播种节约种子79.7%，减少90%人工。电动播种机以蓄电池为动力驱动电机，采用自然充种法，根据机型不同一次进地可完成2行、4行、6行的开沟、播种、覆土、镇压四道工序。具体参数见表2-5。

图 2-18　精密蔬菜播种机

图 2-19　电动播种机（6行）

表 2-5　机具的作业参数

机具名称	播种行数	行距（厘米）	株距（厘米）	适用范围
精密蔬菜播种机	1～10 行可调	9～90 可调	2.5～51	设施、露地
电动播种机	2 行、4 行、6 行	在一定范围内可调	5～30	设施、露地

对 10 行精密播种机和 6 行电动播种机开展播种比对试验表明，两种机具的用种量、各行播种量一致性变异系数等指标接近。具体结果见表 2-6。

表 2-6　两种机具作业质量

机具名称	用种量（千克/公顷）	播种均匀性变异系数（%）	各行播种量一致性变异系数（%）	播种速度（公顷/小时）
精密蔬菜播种机	1.55	28.5	7.99	0.20
电动播种机（6行）	1.65	30.5	8.04	0.19

2. 穴盘育苗播种机（器）

手持式穴盘育苗播种器是针对异形小粒针状种子研发的（图 2-20）。该播种器由吸种盘、真空吸力发生器和连接管路、密封开关等组成，换用不同的吸种盘可完成不同穴数的苗盘播种；可完成生菜、芹菜等小粒异形种子的苗盘播种作业。育苗量大的园区可采用半自动小型穴盘育苗播种机（图 2-21）。该播种机以高压气为动力，手动摆放穴盘，自动完成逐行压穴、播种作业，主要用于工厂化育苗；设计简易、操作灵活、故障率较低。

手持式穴盘播种器主要技术参数：①单粒率：≥80%；②穴盘规格：105、128、200 等穴盘。

图 2-20　手持式穴盘播种器

图 2-21　半自动小型穴盘播种机

半自动小型穴盘播种机主要技术参数：①额定工作气压：0.6 兆帕；②空气压缩机最小功率：1.8 千瓦；③最大穴盘规格：400 毫米×600 毫米×120 毫米；④最快播种速度：30 排/分钟。

试验表明：以大速生生菜种子为试验品种，使用手持式穴盘播种器播生菜种子，单粒率可达 83%，双粒率为 8%。与人工播种相比，手持式穴盘播种器播一盘（200 穴）所需时间平均为 28.71 秒，比人工播种效率提高 6 倍。而半自动小型穴盘播种机播种一盘需要 15.68 秒，比手持式穴盘播种器效率提高 0.8 倍。

三、叶菜移栽机械化技术

按照叶菜苗的生长特点，经过前期调研和实地考察，筛选出 3 种蔬菜移栽机进行叶菜移栽，具体参数见表 2-7。

表 2-7　机具的具体参数

移栽机型号	配套动力	移栽行数	机具尺寸（毫米）	行走方式	株距（毫米）	行距（毫米）	移栽深度（毫米）	适应垄宽（毫米）
OVER-PLUS4	65 马力以上	4 行	-	牵引	21～29	≥32	-	1 200～1 300
PVHR2（井关）	无	2 行	-	自走	30～60	30～50	-	550～600
自走乘坐式蔬菜移栽机	13 马力 3 600转/分钟 汽油	6～8 行	2 100×1 800×1 295	牵引	1～800 可调	最小 14～15	45（20～80 可调）	1 200

自走乘坐式蔬菜移栽机是新购机型，所以未进行田间试验测定，其他移栽机性能如表 2-8 所示。经过试验发现，OVER-PLUS4 适合在不铺膜的条

件下作业，其栽植合格率达 81.7%，而 PVHR2（井关）适合在铺膜条件下作业，其栽植合格率达 87.2%，但其栽植深度合格率有待进一步改善。

表 2-8　移栽机性能测试

机具名称		栽植合格率（%）	漏栽率（%）	伤苗率（%）	栽植深度合格率（%）
OVER-PLUS4	铺膜	64.2	5.4	0	84.2
	不铺膜	81.7	4.4	0	89.2
PVHR2（井关）	铺膜	87.2	10	0	3.3
	不铺膜	75.4	9.6	0	3.3

利用移栽器栽植不同高度生菜，生菜苗栽植质量如图 2-22 所示。该移栽器对平均株高 6.5 厘米的生菜苗栽植效果好，其次是株高 5.1 厘米，再次是株高 2.3 厘米。生菜苗株高一致，有利于提高移栽效果。移栽机如图 2-23、图 3-24 所示。

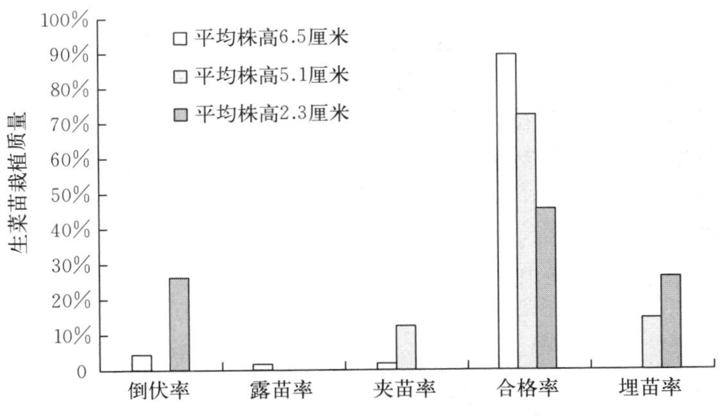

图 2-22　移栽器对不同株高生菜的适应性

图 2-23　OVER-PLUS4 移栽机

图 2-24　PVHR2（井关）移栽机

四、叶菜管理机械化技术

1. 自动控制水雾烟雾两用机

功能特点：该机主要由控制系统、弥雾机和遥控车组成。通过手机APP遥控前进、后退、转向，设定前进速度、后退速度，操作简单。为提高设备的通用性和使用效率，弥雾机和遥控车可以分开使用，遥控车还可以运输蔬菜、肥料等，承载能力较强。遥控技术使操作人员远离弥雾机喷出的农药，减少药液对施药人员的危害，提高了施药的安全性。设备见图2-25。

图2-25　自动控制水雾烟雾两用机

主要技术参数：①外形尺寸：1 000毫米×400毫米×310毫米；②遥控车电池电压：48伏；③最大遥控距离：50米；④烟雾机额定喷雾量：90～110升/小时；⑤药箱容积：15升；⑥遥控车最大承重：200千克。

2. 智能通风地温加热系统

功能特点：该系统由温控开关、进风口风机、地埋管道、出风口等组成。可将晴天日光温室内产生的多余热气，导入温室耕种层土壤以下，夜晚再将土壤蓄积的热量抽出散发到温室内，实现土壤蓄热、提升地温等目的。系统具体见图2-26。

图2-26　智能通风地温加热系统

主要技术参数：①散热管深度：0.8米；②进风口距地面高度：2米；③出风口距地面高度：0.5米。

3. 可远程设置的自动灌溉系统

功能特点：该系统主要由远程灌溉控制平台、现场控制箱、灌溉执行机构和现场监测传感器四部分组成，可通过远程灌溉控制平台和现场控制箱设置灌溉时间，并可查询灌溉用水量、空气温度和湿度等实时信息以及历史记录。该系统可以有效解决设施农业中灌溉智能化、自动化程度低的问题，提高工作效率，节约设施农业水资源，提高蔬菜种植经济效益。系统具体见图2-27。

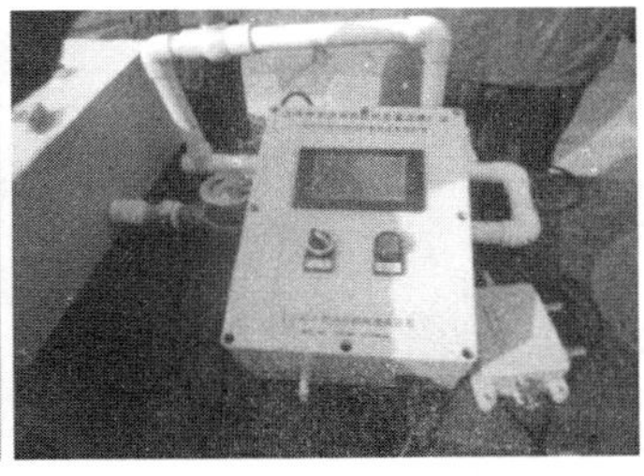

图2-27　可远程设置的自动灌溉系统

主要技术参数：①最大灌水量：3吨/小时；②工作电压：24伏；③最多可控制棚数：4个。

4. CR型二氧化碳发生器

功能特点：该设备通过燃烧液化石油气产生二氧化碳来调节补充设施内的二氧化碳浓度，从而促进作物的生长和有效代谢。设备见图2-28。

图2-28　CR型二氧化碳发生器

主要技术参数：①外形尺寸：460毫米×460毫米×560毫米；②重量：12千克；③额定电源：220伏，50赫兹；④点火方式：脉冲电子点火；⑤排气方式：大气式；⑥使用燃气种类：液化石油气；⑦燃气消耗量：0.6千克/小时；⑧二氧化碳产量：1.8千克/小时；⑨温室使用面积：300～800米^2。

5. GEN－10 型二氧化碳发生器

功能特点：该设备可通过自动点火来燃烧液化石油气产生二氧化碳来调节补充设施内的二氧化碳浓度，从而促进作物的有效代谢。设备见图2－29。

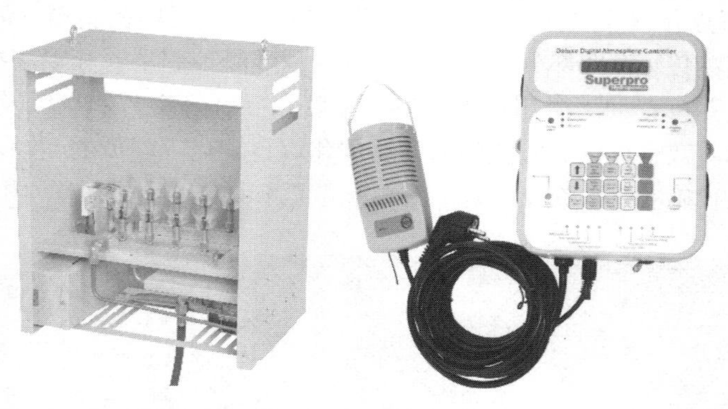

图 2－29　GEN－10 型二氧化碳发生器

主要技术参数：

①外形尺寸：250 毫米×380 毫米×460 毫米；②工作电压：24 伏直流电；③温室使用面积：170～283 米^2；④控制器传感线长度：5 米；⑤二氧化碳设定范围：350～2 000 毫升/米^3；⑥二氧化碳分辨率：1 毫升/米^3。

6. 新型节能二氧化碳施肥技术

功能特点：该二氧化碳施肥装置是利用太阳能将装置腔内的空气加热达到一定温度后，通过自动控制风机系统将热的空气输送到温室内，同时将室外的凉空气补充到腔内再加热，通过室外的空气与室内的空气交换的方式向室内补充二氧化碳，达到二氧化碳施肥的目的。在施二氧化碳的同时，由于补充进去的是被加热的空气，对温室有一定的加温作用。设备见图 2－30。

图 2－30　新型节能二氧化碳施肥技术

主要技术参数：①工作模式：自动；②工作电压：220 伏交流电。

五、叶菜收获机械化技术

1. 韭菜收获机

功能特点：该机以蓄电池为动力源，采用高速贴地自动平衡收割刀片，集收割、传送、收集于一体。设备见图 2-31。

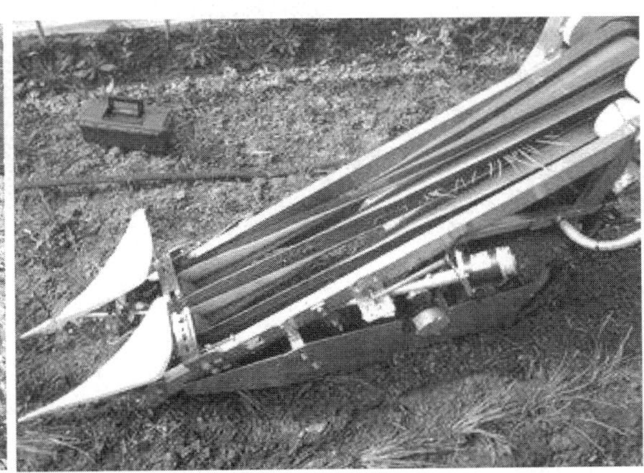

图 2-31　韭菜收获机

主要技术参数：

①驱动电机：24 伏直流电，200 瓦；②收割宽度：25 厘米；③切割长度：1～5 厘米；④传送速度：0.2～0.6 米/秒；⑤适应行距：≥30 厘米。

2. MT-2001 型叶菜收割机

功能特点：主要用于蔬菜栽培撒播种植后地上部分的收割。采用 24 伏直流电机为动力，避免了传统的汽油机在作业时对作物造成的污染，达到无污染收获的效果。设备见图 2-32。

主要技术参数：①外形尺寸：250 毫米×100 毫米×100 毫米；②收割宽度：700 毫米；③驱动电机：24 伏直流电，150 瓦，2 700 转/分钟；④留茬高度：10～70 毫米。

3. 自走式生菜收获机

功能特点：该收获机以 37 千瓦（50 马力）的汽油机为动力，液压控制，铁履带行走，行进速度 0～6 千米/小时，最小行距 25～26 厘米，一次作业四行，适宜于散叶生菜和球型生菜的收获作业。设备见图 2-33。

图 2－32　MT－2001 型叶菜收割机

图 2－33　自走式生菜收获机

六、其他机械化技术简介

1. 设施及果园开沟（埋管、施肥）机

设备见图 2－34。

图 2－34　设施及果园开沟（埋管、施肥）机

主要技术参数：①配套动力：504 大棚王（爬行挡，双作用离合器，双液压输出）；②开沟深度：30～80 厘米；③开沟宽度：30 厘米。

2. 叶菜揉搓粉碎机

该机（图 2－35）以 11～13 千瓦的电机或汽油机为动力，可对鲜叶菜、果菜的藤蔓、中小树枝进行揉搓粉碎，通过添加专用菌剂进行堆集有氧发酵，从而达到有机废弃物无害化处理效果。

图 2－35　叶菜揉搓粉碎机

3. 手机遥控无轨道运输车

该机为手机 APP 控制的遥控式无轨道电动运输车，在水泥路面可承载两人的情况下过载一定的货物；在草地上可承载一人前行；适合日光温室、大型温室中运肥、运货、代步；可遥控转向、前进后退速度可随意调节。设备见图 2－36。

图 2－36　手机遥控无轨道运输车

主要技术参数：①外形尺寸：1 000 毫米×45 毫米×31 毫米；②配套电池：48 伏，20 安培·小时；③电机：600 瓦；④一次充满电可行驶 10 千米左右。

4. 可远程设置的全自动智能卷膜器

功能特点：该设备可实现现场和远程两种设置，现场优先，可定为自动和手动两种模式。自动模式时，可实现远程参数设置，卷膜器可实现温度上、下限的现场或远程设置，根据温度自动分段开、关风口。温室内气温、湿度可现场显示，同时可远程传输到数据库。

技术参数：①工作电压：220 伏；②卷膜器电机功率：100 瓦（24 伏）。

全自动卷膜控制器可实现温度上、下限的现场或远程设置，根据温度自动分段开、关风口。设备见图 2-37。

5. 远红外热辐射电热板

设备见图 2-38。

主要技术参数：①发热管温度：750～850 ℃；②外表面温度：320～420 ℃；③加温面积：80 米^2，2 小时可升温 3～4 ℃；④功率：3.6 千瓦。

图 2-37 全自动智能卷膜控制器

图 2-38 远红外热辐射电热板

6. RPS 太阳能集热供热系统

室外安装 24 块 48 米^2 的太阳能板并加以固定，室内按照一定距离开挖 45～60 厘米深管沟，铺设管路，配以水箱及自动控制装置，实现冬季晴天室内不低于 10 ℃的增温效果。设备见图 2-39。

7. 日光温室太阳能集热及供热系统

该系统主要由太阳能集热器、水箱、辅助加热装置、地埋管路、自动控制装置等组成。冬季晴天不用辅助加热可保证温室内温度不低于 10 ℃，使用辅助加热可保证温室内空气温度不低于 15 ℃，土壤温度则可维持在 18～25 ℃。设备安装情况见图 2-40。

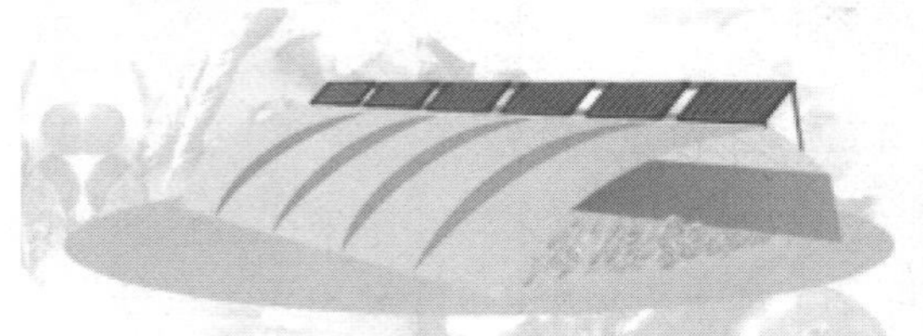

图 2-39 RPS 太阳能集热供热系统

图 2-40 日光温室太阳能集热及供热系统

8. 卷帘机防过卷智能控制系统

功能特点：适用于已安装的中卷式、侧卷式和在温室顶部拉卷式三相电卷帘机，可实现手动、遥控、定时卷（放）帘。当保温被到达指定位置，卷帘机自动停止，保证保温被不会过卷。不仅降低劳动强度，而且又提高了卷帘速度，由原来的每次8～10分钟卷起或铺放一个温室，降低为不到30秒一个温室。设备控制箱见图2-41。

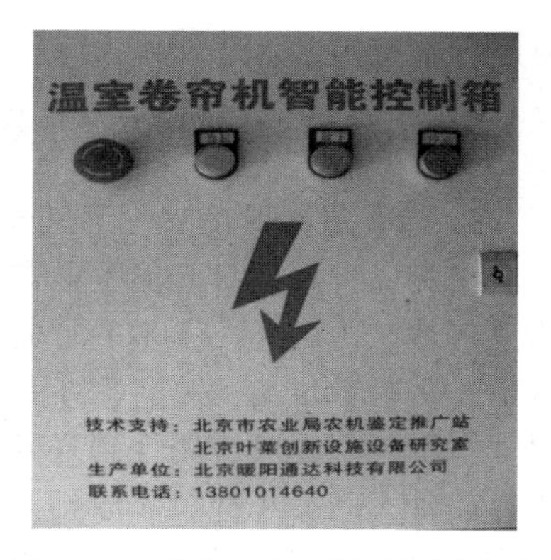

图2-41　卷帘机防过卷智能控制系统

主要技术参数：①遥控范围：50～100米；②操作方式：定时自动、手动均可。

导读：设施蔬菜机械化生产对传统温室提出新的挑战。为什么要发展大温室？大跨度温室适合北京设施生产吗？如何设计和建造适合机器运行的大温室，核心技术有哪些？

第三节　京郊大跨度日光温室设计与发展

目前京郊地区蔬菜生产设施模式以成熟完善的7～12米跨度日光温室和钢架大棚为主，属于自然光型设施，推广部门在这类设施中投入了大量资源。随着高新技术不断进入京郊农业产业，近两年农业设施领域通过整体技术引进打造出的工厂化智能玻璃连栋温室和配套设施技术最为突出。该类设施是集成水肥一体化的高效利用、无土栽培技术、自动化环境调控为一体的人工光型连栋温室，科技含量高，温室面积一般在1公顷以上，属于工厂化蔬菜生产模式。京郊地区因引进荷兰工厂化生产模式快速实现了设施现代化，但设施不够完善、不能因地制宜，同时也产生了许多新的问题。除该生产模式较高的建设成本和冬季加温运行成本外，缺乏因地制宜的生产调控策略、品种、技术管理人才和设备熟练应用程度低等问题逐渐浮出水面。在解决这些问题和摸索现代化设施有效合理应用的工作背景下，笔者以大兴区设施蔬菜产业设施发展情况为基础进行分析，以设施生产应用者的角度提出发展“尺寸介于常规日光温室与常规连栋温室之间的符合京郊地区生产特色的大跨度日光温室”，从另一方面帮助缓解国外工厂化设施技术在国内出现问题所带来的压力，帮助常规日光温室向现代化设施平稳过渡。下面就大跨度日光温室提出几点想法供设施蔬菜等领域同仁探讨。

一、适合京郊地区的大跨度日光温室

1. 什么是大跨度日光温室

在定义大跨度日光温室前首先确定什么是常规尺寸的日光温室，笔者认为京郊地区跨度7～12米的日光温室都属于常规尺寸。常规尺寸设施要具备两点：一是数量比例高，据统计大兴区超过80%以上的日光温室属于这个尺寸范围；二是可应用性高且具有代表性，业界普遍认定的日光温室相关技术、品种、产品和绝大多数日光温室环境管理策略均是指在这个尺寸范围的温室内应用，田间操作人员也同样熟悉在这个尺寸范围的设施内工作，各项工作和操作方法在这个尺寸范围内得以正常施展，不受较大影响。值得一提的是京郊地区的常规尺寸日光温室发展成熟，以大兴示范站应用各常规尺寸日光温室的种植结果来看，温室性能最佳的当属10米跨度日光温室，其环境温度性、蓄能效果、保温性、空间性均有兼顾，种植效果最佳。

明确了常规尺寸日光温室之后再谈笔者心中的大跨度日光温室，其同样需要符合两点：一是能够承载农业机械在其中顺畅应用。旋耕机、起垄机、移栽机、播种机等常用农机体积一般不超过350马力拖拉机的大小，有些需要拖拉机牵引，那么温室内可以让最大尺寸为7米长、3米宽的机械能够完成前进和转弯等行驶路线，就可以实现机械化操作。常规尺寸中10米（包括10米）跨度的日光温室能够保障完成上述操作，在12米跨度温室内农机完成操作更为顺畅。所以大跨度温室跨度尺寸应大于12米，且实际生产区域地面距拱架最低点应高于180厘米（保障农机操作范围能够覆盖前拱架下方区域）。二是具备装配当下蔬菜生产配套产品的空间条件。近年来为应对雾霾等极端天气，京郊地区大力推广了补光灯等相关设备产品，也有轨道车等轻简省力化栽培设备帮助生产操作人员降低采收期间的劳动力，这些较为实用的技术产品在京郊蔬菜设施内越来越普及，加之京郊地区日光温室水电系统覆盖齐全，具备相关设备的装配所需动力源，所以这些配套产品只要温室内留有装配安放空间便能应用。达到12米跨度尺寸的日光温室基本具备装配当下全部主流产品设备的空间，内部空间越大各设备之间布局越合理美观。

2. 什么是适合京郊地区的设施

确定了大跨度日光温室的概念再谈符合京郊地区生产需求的设施概念。首先需要说明的是凡不因地制宜、不考虑符合京郊地区生产需要的大跨度日光温室肯定不具备在京郊发展的条件。以山东寿光为代表的寿光式日光温室，为全国推广最早的日光温室，为反季节栽培蔬菜生产做出了巨大贡献，如今寿光式温室跨度能够轻易达到 17 米以上，20 米以上跨度的日光温室比比皆是，但不符合北京地区生产需求。一是因为寿光式温室后墙占地面积过大，土地利用率低，寿光式温室后墙为土墙，呈梯形堆砌而成，后墙下端进深一般在 4 米以上，当然也正是因为这种结构，后墙力量承载性也极大，才能够承载 17 米乃至 20 米以上的日光温室拱架带来的压力；二是因为随跨度的增加，寿光式温室的脊高会成比例增加，很容易超过 6 米高度，然而因温室特性储蓄的热量加热空气，热空气将停留在温室上层，超过 6 米的空间高度会形成差异明显的温度层，蔬菜作物从根部向上生长，日光温室生产一般控制果类蔬菜最大直立高度在 2.2 米左右，温差层不仅会影响作物生长且严重影响种植管理策略的有效实施。所以，笔者认为符合京郊地区生产需求的大跨度日光温室要符合四点：一是温室内无立柱支撑，能保障农业机械及其他农业设备的使用和装配；二是跨度大于 12 米，后墙不超过 0.7 米，且温室脊高最高不超过 6 米，能够符合植物生长特性，不影响配套技术的使用效果；三是在不使用消耗高成本能源提供加温的运行模式下达到越冬生产果类蔬菜的环境标准；四是使用塑料薄膜这类低成本材料，控制建设成本不超过同等内部生产面积的寿光式日光温室。但符合以上四点标准的大跨度日光温室受技术限制，很难超过 16 米跨度。主要建设难点在于前拱架支撑对后坡后墙的压力过大、保障温室采光入射角度的同时不过多提高脊高（脊高控制在 6 米内）以及保障温室蓄能和保温性等方面。笔者认为符合以上四点要求的日光温室跨度目前最大可建设跨度在 16 米。另外，考虑研发和建设成本都不值得再建造大于 16 米跨度的日光温室，如果需要超越 16 米跨度的温室使用空间，建议选择连栋温室。

二、建议京郊地区考虑发展大跨度日光温室

为什么笔者提出建议考虑京郊地区发展符合当地特色的大跨度日光温室？主要是基于当下京郊设施发展成两种趋势：一类设施蔬菜生产是以常规尺寸日光温室为主体，是“一家一户”生产经营方式为结构的生产模式，是京郊乃至全国地区设施的主要类型；另一类设施蔬菜生产是整体引进国外技术，以玻璃连栋温室为主要特征的工厂化设施生产模式。这两者之间技术差异较大，不能因地制宜，产生的矛盾点较多。一是玻璃温室硬件建设标准较高，布局设计应为定制，整体复制难免只重其表，不得其精髓；二是国内人员对蔬菜工厂化生产设施标准化了解程度低，操控设备控制环境能力较差；三是无土栽培专用品种急需引进及筛选；四是无土栽培核心技术尚未落实；五是缺乏科学有效的病虫害综合防治技术体系；六是专业技术人员及操作工人缺乏，专业化服务有待进一步提高；七是产后加工技术不完善，销售价格

偏低，产投比倒挂限制发展。这些都是有待解决的问题。除了直面、解决这些问题，笔者认为可以从中总结经验，研究发展符合京郊地区生产需求的新型本土化设施——大跨度日光温室。从而搭建由常规尺寸日光温室向现代化农业设施进化的桥梁，形成常规日光温室→大跨度日光温室→小型连栋温室→工厂化连栋温室的平稳过渡。从实际出发，使每个发展阶段的技术和人员都能够得到充实和完善。

三、建设符合京郊地区的大跨度日光温室需要的核心技术

1. 蓄能保温系统

在温室后墙总厚度不超过 0.7 米的标准下，传统气泡砖体、土砖结合、水泥整体浇筑等方式的保温性能都很难达到果菜越冬的生产要求。大跨度日光温室后墙保温应选择技术含量更高的蓄能型后墙设计。需要在建设温室地基后把后墙和两侧山墙打造成中空墙体，内部选择用砖等材料搭建空气流动通道，温室内后墙增加蓄热层，在温室前端设封闭式双层薄膜加温空气预热，利用循环风机与两侧山墙、后墙形成热能循环蓄能系统（图 2-42、图 2-43）。区别于传统日光温室仅仅起保温作用的后墙，也区别与寿光式较厚的土蓄热保温后墙，用最小的空间实现最大程度的自然光增温蓄能，保障温室性能。

图 2-42 前端蓄能部分

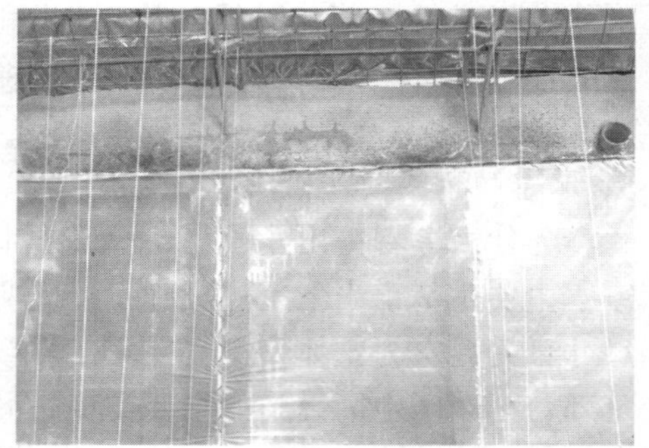

图 2-43 后墙热能循环蓄能部分

2. 空气循环系统

与蓄能保温系统配套，通过温室内山墙、后墙与前端风口设空气循环管道，形成外界空气由温室前端进入预热→内部→后墙→山墙→环流风机排出的循环。一方面增加热能循环利用，另一方面排除温室内湿气、促进作物良好生长（图 2-44）。

3. 薄膜完整性技术

图 2-44 空气循环系统

温室薄膜完整性技术（图 2-45）是大跨度日光温室中与蓄能保温系统同样重要却最容易被忽视的技术，该技术实际上是改变传统“几”槽式骨架和普通圆柱骨架，使用“Y”形骨架（图 2-46）保障温室塑料薄膜贴合，同时降低大风等强气流流动造成薄膜与骨架间的磨损，减少压膜绳压膜区域因热胀冷缩造成的薄膜延展，形成应用无损伤的薄膜完整性技术，与蓄能保温系统和空气循环系统相配套使用。三项技术相结合打造的日光温室完整性可使其开启循环后内部形成负压状态。

图 2-45 薄膜完整性技术

图 2-46 “Y”形钢骨架

4. 光热转换设施

保障大跨度日光温室温度，除了以后墙蓄能保温系统等技术为主的光热转换设施设备外，还可添加其他类型的光热转换设施，如太阳能水热蓄能等，帮助提供热能保障果类蔬菜的越冬生产。

四、京郊发展大跨度日光温室的优点

1. 土地利用率高

以符合京郊地区生产需求四点标准的大跨度日光温室对比常规日光温室在土地利用率上预计可提高 30%左右。除温室内空间利用率提高外，更重要的是通过技术手段扩大温室跨度且控制住温室后墙厚度和脊高后，日光温室需要预留的棚间露地面积不会成比例增加，从而提高土地利用率。

2. 便于机械化操作

以 16 米跨度日光温室为例，温室内实际生产区进深可达 14 米左右，完全可支持拖拉机、旋耕机等农机具在内部顺畅工作。

3. 环境稳定

温室空间的合理提升提高了内部环境的稳定性，对种植管理有一定帮助，管理容错率有所提高，对作物抗逆性要求降低。

4. 配套栽培技术十分成熟

我国农户多年积累的传统种植技术、经验和管理调控策略可直接在其中应用，无需调整配套管理技术。

5. 建设成本不高

大跨度日光温室在建设上依旧选择低成本的塑料薄膜作为采光保温材料，大跨度只通过优化结构和部分技术创新获得更大生产面积，建设材料种类上无需增加成本，从而决定了建设成本不会过高。

五、展望

在北京市农业生产整体规划发展方面，京郊农业区域内近年来虽然发展出很多大型园区，但仍没有改变以农村地区“一家一户”类型开展设施蔬菜生产为主的现状。单一户的耕地面积一般在 3～10 亩，不能满足农业生产园区和工厂化玻璃温室的用地面积需求，在这个面积区间想要优化栽培模式，实现轻简化栽培创新，提高土地利用率，降低京郊地区生产地块分布的规划设计难度，发展大跨度日光温室就是有效办法之一。

发展符合上述四点标准的大跨度日光温室，据笔者分析，目前技术可实现的最高跨度并且能够快速发展成型并投入使用的应是 16 米大跨度日光温室。在此基础上寻求更高的土地利用率应直接过渡到连栋温室，连栋温室超高的土地利用率依旧是最终发展趋势。

京郊地区因地制宜发展大跨度日光温室是填补常规日光温室与工厂化连栋温室之间的设施空白，降低处理工厂化设施矛盾和问题所带来的发展压力，让现代化农业设施更好地落地应用。不论是让国内生产人员了解蔬菜工厂化生产设施标准，拥有熟练操控设备控制环境的能力，或是掌握和培育出适合我国气候条件的无土栽培专用品种，还是建立科学有效的病虫害综合防治技术体系，培育专业技术人员及操作工人，提高专业化服务，都需要时间来解决，需要大跨度日光温室这样因地制宜的产物搭建技术进阶桥梁。在各行各业都在飞速发展的当下，现代农业技术已经让蔬菜生产脱离了土地的束缚，但更需要努力夯实每一步的发展道路。

中篇 水、肥、药综合调控

SHUI FEI YAO ZONGHE TIAOKONG

第三章 CHAPTER3
有机肥高效施用

导读：有机肥在设施生产中不可或缺，在现代都市农业发展中有机肥与蔬菜品质形成的关系怎样？如何看待有机肥的优、缺点？如何高效利用这种养分资源？本文将逐一回答。

第一节 设施生产中的有机肥：从废弃物到养分高效利用

一、有机肥的概念及养分特点

1. 什么是有机肥

源于我国古代厩肥、土杂肥等具有“养地”作用的朴素观念，在实践中把具有培肥地力和一定养分供应能力的肥料称为有机肥。土壤学已经明确，“养地”“土壤肥沃”“培肥地力”等概念的核心是提高土壤有机质含量，因此，把在通常用量下能提高土壤有机质含量并可供应一定养分的肥料称为有机肥。这样一来，两种情形可以被区分：①只能提高土壤有机质含量的，如风化煤、锯末等，因养分含量极少，不能称为有机肥；②貌似有机肥，但实质上只提供养分的，如氨基酸、高养分含量的“有机肥”，在常规用量下几乎不能增加土壤有机质，也不能叫有机肥，实质上是有机形态养分肥（主要指氮素）。另外，也不能从字面上理解有机肥，即养分形态是有机的叫有机肥，那样的话尿素是标准的有机化合物，其中的氮是有机形态养分，但在实践中人们从不把尿素称为有机肥。

2. 培肥地力的有机肥中的有机碳应同时具有可利用碳和稳定态碳组分

土壤中的氮（N）至少95%以上是有机形态的（即使频繁施用化肥，土壤中的N在绝大多数时间内也是以有机形态N为主的），菜地土壤中的磷（P）也至少有50%是有机形态的，而植物对N、P的吸收主要以无机形态为主（比例至少在95%以上）。因此，有机形态的N、P必须转化为无机形态才能被植物吸收，这种转化主要通过微生物活动进行。而在土壤介质中，从微生物活动角度讲，易利用碳是缺乏的，是控制土壤微生物活动的首要因素。因此，有机肥中必须要存在一定比例的易利用碳，才能发挥有机肥供应养分的作用，这也是锯末、风化煤等不具有明显供肥能力的原因。但是，仅有易利用碳也不行，必须还同时存在一定比例的稳定态碳进入土壤，促进土壤团聚体的形成。尽管易利用碳在微生物利用过程中会有一部分转化为稳定态碳，但数量太少，作用微小。

3. 有机肥中 N 养分的释放有时间性

第一，平均意义上，有机肥在一个生长季内约释放其含 N 量的 30%，但这个平均值对于任意一个具体的有机肥品种而言意义不大。第二，有机肥中的 N 主要以有机形态为主，即使是鸡粪等所谓有“快劲儿”的有机肥，其中的 N 也以有机形态为主（至少 95%以上）。因此，必须经过转化为无机形态（铵态 N 和硝态 N），才能被植物吸收。第三，有机肥中碳的可利用性不同，碳（C）和氮（N）的相对含量不同，导致有机肥中 N 释放的速度不同。所有有机肥品种 N 的释放方式可归纳为三种（图 3－1）：“∧”形、“∨”形和“—”形。“∧”形是指有机肥施入土壤后几天之内迅速提高土壤无机 N 含量，然后又迅速降低土壤无机 N 含量，再缓慢增加土壤无机 N 含量的肥料，如烘干鸡粪、豆饼、豆科作物秸秆等；“∨”形是指施入土壤后在几天之内迅速降低土壤无机 N 含量，然后又逐渐恢复土壤无机 N 含量，再缓慢增加土壤无机 N 含量的肥料，如新鲜玉米秸秆肥、新鲜小麦秸秆肥等；“—”形是指施入土壤后一直以缓慢、稳定的速度增加土壤无机 N 含量的肥料，主要指绝大多数腐熟程度较高的肥料。需要注意的是，上述关于时间概念的描述，均会因肥料品种的不同而不同，因此，有机肥中 N 的释放方式虽然可分为三类，但具体的释放时间、动态都不尽相同，更不用说不同的土壤类型和季节了。

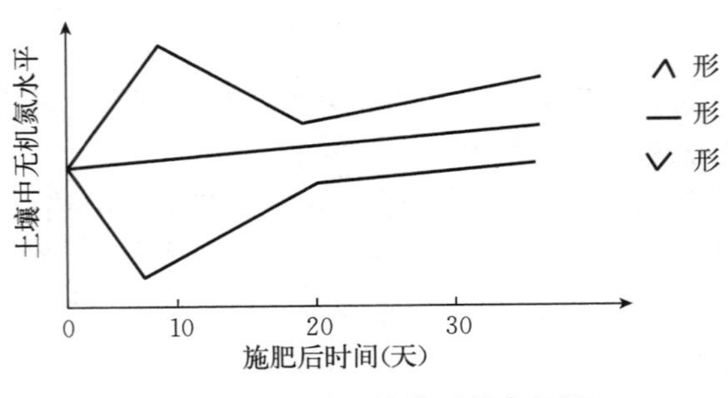

图 3－1 三种释放类型的有机肥

二、有机肥与有机农业、有机食品的关系

1. 有机农业

有机农业历史悠久，含义随不同时代而变迁。今天所说的有机农业开始于20世纪70年代的世界性石油危机，针对的是高度依靠石油能源的农业模式，包括高度机械化、化肥化、农药化、除草剂化等，倡导农业生产中能源减少，实际上这与低碳农业十分相似。所以从这个本质看，有机农业的出发点并不在于生产高品质的农产品，国内这样认为是对有机农业本质的“修正”。第一，为了减少农业中的能源消耗，有机农业倡导使用有机肥、生物防治、轮作等生产方式，而这些生产方式“恰好”生产出了高品质农产品，所以人们才把这个附带出的“好处”误认为是有机农业的本质。第二，使用有机肥、生物防治、轮作等生产方式，出发点不同，名称也就各异：比如有机肥，从降低能源消耗角度讲，它就是有机农业，从养分循环角度讲，它就是循环农业，从其来源讲，它就是自然农业……。第三，为何称“有机”农业？机械、化肥、农药、除草剂等完全不相干的东西用于农业，这种农业是机械性的、互不联系的，意为“无机的”“机械的”；与之对应的，采用相互联系的、整体性的方法步骤，称之为“有机”的、“相互联系”的，意即“有机整体”的意思（即organic的本意）。

2. 有机农业的本质内涵

有机农业是个宏观概念，是区域性的和多行业性的，因此每个具体的园区或养殖场只是整个有机农业的一个环节（当然，就某个具体单位而言可称为有机园区或有机养殖）。区域性有机农业或具体的某个有机生产单位，必须满足以下标准，才能称之为有机：①最大限度并可持续地利用当地资源；②最小限度地使用外购商品，只用于当地资源的补充（而不是替代）；③确保土壤—水—营养—人区域性链条中的基本生物功能；④建立以动、植物多样性为基础的生态平衡和经济稳定；⑤营造当地居民满意的整体景观；⑥通过作物轮作、农林复合和种养结合途径提高当地动植物生产能力。对照上述有机农业的本质内涵，可以评价当前众多有机农业模式的真实度。

3. 有机肥生产中的有机农业偏差

对照上述有机农业的本质内涵，看有机肥生产和使用中是否“有机”：①主要从外地购买原料生产有机肥，肯定不“有机”；②大量使用商品有机肥，肯定不“有机”；③有机肥使用量过少或不当，不能维持当地（土壤）的基本生物功能，也是不“有机”；④当前，仅仅通过有机肥生产和使用就

能做到生态平衡和经济稳定吗？显然不能；⑤通过消纳废弃物，美化环境，有机肥生产能在一定程度上营造当地景观，是“有机”；⑥循环种植业、养殖业废弃物中的养分，可以提高当地动植物生产力，是“有机”。因此，即使生产和使用了有机肥，从本质上看，一个农业模式也可能不是“有机”的。

三、土壤中的微生物

（1）如果说一个普通人的身高是1.75米，一个普通细菌的大小是1微米，那么参照人和地球的大小关系，相当于这个细菌生活在一个直径7.25米的土壤球中。在这个球中，有一半体积是大小和形状都不规则的孔道，大的直径有3厘米，相当于双向8车道带护栏的高速公路，普通人无法直接跨越；小的孔只有几个微米，相当于城市里的胡同，人可自由行走。湿度大时这些孔的墙壁上挂满水膜，细菌就生活在其中。

（2）细菌在这个直径7米多的球里最大可移动的距离是2厘米，因此，可以认为土壤中的细菌几乎不动。当然如果细菌随着土壤大孔隙中的水流动，则另当别论。

（3）这个土壤球上生长着一棵小树，紧靠树根的土壤资源丰富，地理位置优越；球内部没有水分和养分，缺乏氧气；有的地方有小块有机物，就像肥沃的平原。

（4）VA真菌，本来是普通真菌，但因和树根“联姻”，彼此相互利用，各得好处。VA真菌可以不断地从土壤中吸收营养供给树根。某种细菌，因长期挨饿，练就了自力更生艰苦创业的本事，可以以其他细菌不能利用的氮气为食物。但把它转移至新环境，发现环境优越、食物很多，于是不再利用氮气，就沦为普通的微生物。

四、有机肥的肥效

1. 为什么有机肥料的氮肥肥效不稳

设施栽培中，经常遇到这样的情况：施用有机肥，这茬蔬菜没利用上，下茬反而用上了；或这次用上了，下次又变了。这些情况主要是因为有机肥料中氮的有效性不同造成的。不管什么样的有机肥，其中氮主要以有机形态存在，而植物吸收的氮主要是无机形态，因此，有机肥料中的氮必须转化为无机形态才能被植物吸收。这种转化所需时间的长短主要由有机氮形态、碳源有效性和土温决定（设施栽培中土壤水分基本处于优良状态，不是限制因素），因此，当所用有机肥中有机氮形态不同、肥和土壤中有机碳活性不同、土壤温度不同时，有机肥料的“肥劲儿”就在不同时间发挥。

2. 如何控制有机肥的“劲儿”

目前还没有可行的办法。基于有机碳、氮转化的同步关系，以碳调氮是一种技术方向。有人注意到土壤是少碳环境，应加强对碳转化的研究，提出“碳肥”概念，认为碳是直接养分。实际上，提出这个概念是因为不了解碳、氮转化的同步关系，所谓“碳肥”的效果实际上绝大多数是氮有效性提高的效果。毫无疑问，高等绿色植物吸收的碳元素主要通过叶片的光合作用，根系吸收极少量的有机碳化合物，不可能成为碳元素的主要来源。对于异养微生物旺盛活动需要的能源而言，绝大多数农田土壤处于碳缺乏状态，特别是土壤中的易分解有机物质，基本处于极度缺乏状态。因此，当易分解有机物大量加入土壤中时，土壤异养微生物活性增强，分泌各种胞外酶和代谢物质，促进了土壤中有机物质的分解，使有机态氮、磷、硫等转化为植物直接利用的有效态；分泌有机酸溶解固态磷酸盐、含钾矿物及含微量元素的盐类进而提高植物有效磷、钾和微量元素的含量，从而提高了土壤整体的养分供应能力。其中，由于氮素转化与碳素转化的密切关系，碳源活性的提高促进了土壤中有机氮的分解，是施用易分解有机碳后最重要的效应。

3. 尊重经典，突破经典

土壤中有机碳、氮同步转化的理论被称为“矿化/固持周转”理论（MIT 理论），是 20 世纪 50 年代初提出的。但随着研究的深入，利用这一理论对土壤氮供应时间进行调控越来越成为可能。这涉及有机肥料的生产和施用，是一次变革。在有机栽培日益扩大的趋势下，相信新型有机肥料和新型施肥技术会很快得到发展。

五、有机肥的腐熟度与肥效

1. 关于有机肥腐熟

有机肥需要完全腐熟，越腐熟越好，这是当下主流认识。这个认识实际上来源于有机废弃物处理，让有机废弃物最大程度上减量化和稳定化，这对于废弃物处理当然是合理的。然而对于有机肥料而言，这却是值得商榷的。其中最重要的一点是，腐熟程度越高的有机肥料，其中的易代谢碳含量越低，这对于土壤这样一个寡碳环境而言，对其生命特性的发挥是非常不利的，因此其养分转化功能大打折扣。

2. 关于有机肥制造中的碳氮比

当前普遍认可的适宜碳氮比为（25～30）：1，这是建立在作物秸秆、动物粪便等常见材料的可分解性基础之上的，是有机物料合成微生物体过程所需要的。如果堆肥材料比较特殊，如硬质木屑、蜡质层厚的材料等，其碳源可利用性大大降低，再单纯计算碳氮比就不可行了，极端的例子是由金刚石和硫酸铵组成的碳氮比为25∶1的材料，这种材料不可能进行发酵。

3. 发酵程度

经过7～10天的高温发酵，可以杀死大部分的病菌和虫卵。这时只有少量（约10%）的易分解碳被消耗了，绝大多数碳还在。如果此时工艺设计恰到好处，原材料中少量的氨已经转化完成，则不会出现烧苗现象。在一定量（每亩2～3吨，翻入20厘米土层）下，不会引起土壤温度的显著变化而影响苗生长。总之，如果以生产有机肥（而不是废弃物处理）为目的，今天的有机肥生产工艺和评判标准，有许多需要重新认识。

六、有机肥与土壤疏松

1. 理想的土壤结构

对于绝大多数旱生植物而言，生长在土壤中的根系既需要吸收氧气，又需要吸收水分，但不幸的是在土壤中氧气和水分含量是矛盾的，因为二者共同占据土壤孔隙，空气多了水就会少，反之亦然。因此，理想的土壤必须具有这样的结构，能够同时容下空气和水分（图3-2、图3-3）。这种结构就是团粒结构，即单个土粒逐级团聚，形成一系列大小不同的团粒，则大团粒之间的孔隙较大，用于通气；小团粒之间的孔隙较小，用于存水，水和空气相得益彰。

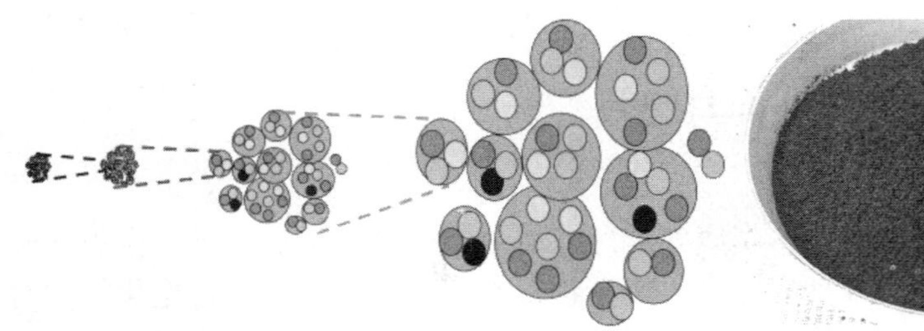

图3-2　土壤团粒结构示意

图3-3　土壤团粒实物

2. 有机肥在土壤团粒结构形成中的作用

主要是两方面：一是起到“胶水”作用，将土粒黏在一起，形成团粒；二是间接作用，有机肥料为细菌和真菌提供食物，细菌生长分泌胞外黏液，将土粒黏在一起。真菌的菌丝把土粒缠绕在一起，形成团粒。当然，这些作用都是临时的，当这些胶结物质被分解后，团粒结构就不存在了。所以，土壤要维持一定数量的有机质。当然，如果土壤中有很多有机质，比如超过20%，那依靠有机质本身疏松多孔特性，也可以解决水气矛盾，如草炭土或育苗基质。

3. 土壤有机质的综合作用

土壤有机质除了提供养分作用外（特别是氮营养），还具有维持土壤结构、稳定化学环境等作用，是土壤肥力的灵魂。基质或水体栽培，可以不需要有机质，但必须具备有机质提供的功能，而这一功能是靠大量外部能量消耗实现的，如泵气和营养液循环、酸度调节等。

七、有机肥料的生物防治病害作用

（1）有机肥料具有的生物防治病害作用，主要指预防作用，如果已经发生了菌害，则不可能指望有机肥料具有杀菌作用。

（2）有机肥料对菌害的预防作用，主要的机理包括：①提供好的生长环境，使植物生长健壮，防病能力提高；②使土壤微生物数量大增，降低病菌相对数量，减少发病，因为病菌只有达到一定数量水平才发病。需要强调的是，土壤中的微生物，有益的和有害的可能只占1%，而99%是中性的，既无益又无害。但这一大群体的存在，无时无刻不在与有益的和有害的菌群发生营养、位点等的竞争，也包括分泌抗生素去抑制其他菌群，这些都是客观评价有益和有害菌群发挥作用必须要考虑的因素。正是由于土壤中存在极其巨大数量的微生物，有益或有害微生物要有显示度，必须达到相当的程度，而外源加入往往达不到这个程度。

（3）一般认为，高度腐熟的有机肥料的生物防治病害作用小，适度腐熟的作用大，而在这方面的研究远远不够，这是土壤微生物生态学的研究内容之一。

八、土壤和有机肥供氮能力

（1）土壤中全氮的2%～3%存在于轻组有机质中，该数量与一年内土壤的供氮量大体相当。如果20厘米土层含氮0.1%的话（大部分是这样），每年基础供氮量约为每亩3千克。

（2）秸秆等草本植物残体分解释放氮的周期一般为3年，3年后基本转化为稳定有机质，几乎不再供氮；豆科作物秸秆含氮量高时可在50天左右开始供氮，而含量低时需要7个月才开始供氮；蔬菜秸秆含氮量较高，氮素释放较快；农家肥（包括新鲜粪肥）中的氮约1/4是速效态氮，自然存储6

个月后降为1/10。新鲜猪粪中的氮约1/2是直接有效的。

（3）好氧堆肥过程一般损失1/3的氮，堆肥后约1/20的氮是直接有效的；好氧堆肥中的氮，3年内约1/10被植物吸收，厌氧堆肥的氮约1/5被吸收，新鲜粪肥的氮约1/4被吸收。

九、有机肥料中的有机碳

1. 定义

农业上把植物直接吸收后用于合成自身生物大分子物质的元素称为营养元素，如碳、氮、磷、钾等，把含有这些元素的物质称为肥料，其中与营养元素共存的其他元素称为载体，因为营养元素基本不能独立存在（如尿素中氮是营养元素，氧和氢就是载体）；把协助植物吸收而本身不被吸收的物质或环境称为条件（如土壤良好的通气性）；把促进植物生长的物质称为生长调节剂（如激素）。

2. 有机肥中的有机碳是什么

有机肥中的有机碳一般指有机质或腐殖质，现在有人称之为“肥料”，因为施用有机肥料能促进作物生长。其实这个问题早在1840年就有了答案：植物吸收养分遵循矿质营养学说，而不是腐殖质营养学说。腐殖质或绝大部分有机质（>99.9%）是不能被植物根系直接吸收的。

3. 植物对有机形态养分的吸收

植物确实存在对有机形态养分的吸收，但只限于小分子物质，尤其是氨基酸，但植物根系竞争不过土壤微生物，所以只是在偶然的情况下（土壤中氨基酸浓度较大时）才吸收一些氨基酸分子。至于腐殖酸，最小的分子量（富里酸）也上千，远远大于氨基酸分子量，所以不可能被直接吸收。

4. 腐殖酸的作用何在

一是低量时具有刺激生长的作用（天然激素）；二是络合金属元素，增加其水溶性；三为微生物提供能量，增加生物活性，释放酶。所以，有机肥料中的有机碳是养分吸收的有利条件，而不是养分本身。至于植物的碳营养，其主要来自于空气中的CO_2。

十、小议有机营养

（1）在“有机种植”概念满天飞的今天，宣传有机营养的不在少数，但这种宣传的科学依据仍是非常薄弱。毫无疑问，截至目前为止，只有氮营养存在有机形态，主要指氨基酸分子，磷、钾、钙、镁以及微量元素还不存在有机营养形态。

（2）所谓有机营养是指营养元素是以有机分子形态进入植物细胞，目前仅在模式植物拟南芥的根上发现 3 种载体可以将氨基酸分子转运进细胞内，是真正的有机营养。其他元素尚未找到转运有机分子进入细胞的载体。

（3）植物吸收无机氮更方便，效率更高，是植物吸收氮营养的主要形式。自然土壤中小分子有机氮数量很少，处于产生和分解的平衡中，因此其贡献率不会很高。如果刻意供应这类化合物让植物吸收，代价也很大，因为将小分子化合物转运进细胞的能量代价要高于离子。氨基酸形式进入细胞唯一的好处是直接参与蛋白质的合成，而离子态氮要先形成氨基酸再合成蛋白质。但是，植物是需要不同种类和比例的氨基酸来合成不同的蛋白质，人为添加的氨基酸不一定合适，也需要再进行转化。

（4）在大多数农田土壤中，无论是否施用有机肥、用多少有机肥，土壤中无机氮含量都比小分子有机氮含量高出至少 1 000 倍，氨基酸分子的移动性又不如离子，所以，农田土壤中仍以无机氮营养为主。当然，叶面喷施氨基酸的其他作用另当别论。

十一、有机肥的生产原则

1. 原料的重要性

有机肥的质量与原料的质量关系十分密切，用高氮含量的材料（如鱼粉）可以生产高氮肥料，价格也很高。

2. 微生物的重要性

有机肥生产过程中物质的转化依靠众多种类的微生物。

3. 过程控制

有机肥生产先是高温发酵，原料中易分解物质（多糖、蛋白质等）被利用产热，这些物质消耗完后，纤维素等开始分解，中温微生物成为主体，腐殖质开始形成。

4. 工艺很重要

有机肥生产中的工艺对产品品质影响明显，关键工艺是技术核心。将不同特点的有机肥调配，也可以打造不同功能的有机肥。

十二、商品有机肥生产技术需要颠覆性创新

商品有机肥生产中的奇怪现象，就是生产产品的目的不在于产品的功能而在于其他。当下有机肥的生产目的，最主要的还是处理有机废弃物，而处理废弃物与生产有机肥存在很大的方向性差异，因此导致今天有机肥的效果不尽如人意。试想，如果生产化肥的本意不是肥效而是为了消耗原材料，那

化肥的效果能好到哪里去？

这样的直接后果就是对有机肥产品评价指标的设计不科学，尤以腐熟度为甚。要求产品腐熟、稳定，实际上是对废弃物处理“减量化、稳定化、无害化”的要求，而不是肥料的必然要求。现实中的秸秆还田、国外的机械化液体粪便直施、我国古代的人粪尿浇园等都说明未腐熟有机材料可以直接使用（注意数量和时间），而理论上腐熟材料中有机碳可分解性大大降低，为微生物提供能源的能力大大降低，因而有机肥中养分的转化速度大大降低，不利于肥效的发挥。同时，有机材料在土壤外腐熟对土壤团聚体形成的积极作用也不如其在土壤中腐熟的大。

因此，以有机肥中碳、氮耦合效应为出发点，研究以肥效为核心的有机肥生产技术，辅以低碳排放和环境友好的辅助技术，是今后有机肥生产的方向，符合有机肥料的本质属性和社会发展的需要。

十三、有机肥的供氮过程

按有机肥中含氮2%计算，1吨含水量30%的有机肥中含氮15.4千克，其中至少约14千克为有机形态氮，需要转化为无机氮才能被植物吸收。

有机形态的氮在生物酶的作用下，在微生物细胞外逐级降解，大分子变成小分子，小分子（氨基酸或多肽）进入微生物细胞，在细胞内发生脱氨作用，胺基（$—NH_2$）一部分被微生物利用合成新生物分子，多余部分变成NH_3分子排出菌体。在体外，NH_3夺取H_2O分子中的1个H，变成NH_4^+，产生1个OH^-（所以有机肥供氮会使土壤具有碱化的趋势）。因此，有机肥供氮是由微生物控制的，供的氮其实是微生物吸收不了的氮。

微生物为什么会有多余的氮？这就是熟知的碳氮比理论。一般将各种微生物体内碳和氮的质量比平均为5∶1，即5份碳配1份氮，但要形成这些细胞物质，需要耗能，这些能量也来源于有机物，每份进入细胞的碳需要4份碳提供能量。因此，5×4=20，加上进入细胞的5份，计25份。所以形成微生物体最适合的有机物碳氮比为25∶1。小麦、玉米秸秆的碳氮比大于25∶1，氮不足，因此补加氮源，使之成为微生物的适合食物。

十四、氮营养的新作用

农业中关于氮营养作用的认识已经经历了三个阶段，先是确认氮是植物营养的首要元素，再是确定氮用量以求最佳产量，三是考虑氮对环境不良影响以求平衡施肥。

在关注食物品质的今天，氮素营养研究与应用进入第四阶段：氮与食物品质。氮作为植物营养首要元素，其作用与植物性食物的品质有密切关系。这里的品质既包括糖酸比、维生素C之类指标，还包括具有生理保健功能的指标，如黄酮类、番茄红素、多酚类。

适当数量和适当时间调控土壤供氮，可以在保证产量的同时，提高品质，这方面的研究还很不系统，也许会因作物不同而形成不同的原则，因为作物品质千差万别。但根本问题是一致的，即协调植物初级代谢与次级代谢的关系，实现产量与品质双赢。实际应用上则必须等待优质优价市场局面的真正到来才行，高端园区可以先行。

通过有机肥调控土壤氮供应过程是复杂的，主要应用到氮的土壤生物化学转化过程的原理。这是有机肥生产工艺的核心，应该也是有机肥的重要品质指标。未来有机肥生产工艺和品质指标，必定以其在土壤生物化学过程中的表现为标准，而非现在以处理有机废弃物为标准。

十五、有机肥与土壤磷营养

磷是除氮之外的第二重要营养元素，虽然其土壤和植物中含量都低于钾元素。土壤中的磷只有磷酸根和磷酸氢根能被植物根系吸收，其他形态必须转化为这两种形态才能成为有效形态。不幸的是土壤中很多成分都降低磷的有效性，如钙镁离子、铁铝离子等，所以磷肥有效性只有15%左右（基质栽培，尤其是有机基质，其对磷的固定小，磷的有效性就高）。

施用有机肥可以提高磷在土壤中的有效性，因为有机肥分解中间产物与磷结合，降低磷的固定，增加磷的有效性。另外，有机肥中的有机磷，经微生物分解后成为有效磷。

当前，园区土壤因有机肥施用量大而蔬菜吸收量小，土壤中积累了大量的有效磷，不宜再施，因此有机肥也应进行元素配伍。另外，土壤中磷含量高，也会降低钙、镁和微量元素的有效性。南方土壤中的磷还会随水进入地表水体而成为富营养化的元凶。

十六、有机肥的环境污染与对策

有机肥有很多优点，但同时也有不足，对环境的污染就是其中之一。虽然有机肥生产过程是消纳有机废弃物，减弱这些材料对环境的污染，但加工过程还是会造成环境污染，这包括氨气和氮氧化物挥发进入大气，微小颗粒扬尘形成霾，肥液进入场地土壤和水体，以及臭气散失等。所以，有机肥生产要努力降低这些污染的程度。

有机肥使用中也有一些环境污染：第一，磷过量问题。现在有机肥用量都是按作物氮需要量计算的，而鸡粪和猪粪磷含量高，长期施用这些肥料造成土壤中磷过量，如遇偶然的洪水将土壤冲进地表水体或长期地下侧渗，则造成地表水体富营养化，形成恶臭水体。第二，水溶性有机物。这些物质进入水体，也造成水体污染。第三，对土壤的重金属污染。第四，某些有机污染物（如激素和抗生素残留）。

如何降低有机肥的环境污染？首先，最重要的是改变态度，要用生产有机肥料产品的观点认真对待，而不只是废弃物处理。其次，将有机肥生产纳入农业生产和农村生活系统中，形成原料上游和用户下游的联系。最后，加强技术创新，引领政策改变。

十七、有机肥与土壤有机质转化

进入土壤中的有机肥，在土壤微生物的作用下继续分解和再合成，释放出二氧化碳、水和无机养分。死亡的微生物体及其代谢产物不断缩合与转化，逐渐形成土壤腐殖质。所以，土壤中有机质的组分非常复杂，既有至今尚未搞清结构的腐殖质（约占50%以上），也有结构简单的有机化合物。土壤有机质始终处于分解和合成的动态平衡中，有时以分解为主，有时以合成为主。

目前，我国农田土壤有机质平均含量较低（2%左右），东北黑土地高一些。但大多数情况下土壤中易被微生物分解的有机质含量少，所以土壤是个碳源不足的环境，因此，养分转化动力不足，增加新鲜有机物可激活养分转化过程。

土壤有机质越多越好吗？理论上是这样，但是，有机质数量是增减平衡的结果，增加一点都很困难；有机质过多，遇到厌氧条件，分解产生很多中间产物（如有机酸），将毒害根系；有机分子与微量元素络合，减少自由态离子浓度，导致缺素症。所以，有机肥不是施用越多越好。

十八、有机肥轮用

概念：根据选定温室大棚在一定周期内制定好的作物轮作计划，定量化全周期内作物养分需要总量和时间、各茬口土壤养分含量、有机肥养分供应量和时间之后，在不同作物上选择不同的有机肥种类和用量，进而实现适时适量供应养分，保证生产，提高肥料利用率。

依据：第一，虽然商品有机肥有固定的养分和有机质含量标准，但其中有机质分解速率和养分（特别是氮）释放量和速度是不同的，因此可以有针对性地选用；第二，有机肥料中氮、磷、钾的各自含量不同；第三，在温室大棚生产条件下，土壤水分一般处于良好状态，不会使有机肥养分释放产生波动，而土壤温度对有机肥养分释放的影响已基本能确定地描述；第四，各种作物的养分需要量和吸收动态已经基本能够确定。综上，在种植园区可以运用有机肥轮用概念去合理施用有机肥。

具体环节：确定作物轮作制度，测定土壤起始有效养分含量和潜在养分含量及供应动态，绘制全周期作物养分吸收动态图，确定备用有机肥的养分供应数量和时间，定量化土壤水分对养分供应的范围，定量化不同季节（土壤温度）有机肥养分供应动态，定量化前后茬有机肥的后效，综合上述制定有机肥轮用制度。

十九、液体有机肥应用个案

当今人们的蔬菜消费，正由食物功能转向保健功能，即通过摄取蔬菜中的抗氧化成分增强人们的身体健康，因此，传统意义上蔬菜中的糖分、蛋白质、膳食纤维、矿物质等营养成分的关注度在下降，而抗氧化物质、酚类物质等成分日益得到关注。在今天人们越来越重视身体健康的形势下，如何在无土栽培中利用液体有机肥料生产优质蔬菜，今后将成为一个新的产业关注点。研究人员利用传统 Steiner 营养液（对照）和堆肥渗出液，在甜瓜的温室水培中比较了两种方式下甜瓜的抗氧化能力和酚类物质含量。研究结果表明，采用堆肥渗出液栽培的甜瓜的抗氧化能力高出对照 46.1%，酚类物质含量高出对照 29.3%。这一结果对于希望提高温室蔬菜附加值的种植户是一个启发。

二十、高温闷棚中的物质变化

温度高、氧气少是高温闷棚过程的主要特征，也是决定物质变化的决定因素。高温少氧决定了耐高温、厌氧微生物是主要角色（酵母菌不耐高温），其分解有机物能力小，中间产物（有机酸、醛类、甲烷等）多，释放能量少，所以闷棚后要揭开覆膜换气，让这些还原物质尽快分解，降低对植物的毒害。氮素主要分解生成氨和铵，也有一定毒害作用。有机硫分解产生硫化氢。有机磷分解生成磷酸根。铁、锰等元素以还原态为主，活性高。此时，土壤中的硝酸根代替氧气的作用，接收电子被还原为气态氮而损失。

高温闷棚时，土壤中原存的胞外酶基本都失去活性，需要随后的微生物重新分泌。因此，养分转化功能基本从零开始恢复。

高温闷棚，对于土壤微生物而言，无异于经历一次热灾难，耐热残留下来的菌种以及后来恢复的菌种将重建一个新的生态系统。当然，这时建什么样的生态系统，人们可以通过外加不同有机物而影响新系统的组成和功能，进而定向培育土壤养分转化功能（图 3－4）。

图 3-4 高温闷棚

二十一、如何提高有机肥中的氮素利用率

这里讨论的是以单一固体有机肥为底肥为作物提供氮营养的情况，不包括用化肥或液体有机肥作追肥的情况。

要实现底肥固体有机肥中氮素的高效利用，必须做到有机肥中氮供应与作物氮吸收在时间上的同步，通俗讲就是作物需要少时（如苗期），氮供应少，避免损失；作物需要多时（如番茄 1、2 穗果膨大期），有机肥供氮强度要大，能满足需要；而作物生长后期，需氮量降低，供氮也降低。这样一来，既满足作物需求，又降低损失，实现氮利用率的提高。

如何使有机肥氮供应变速？这是一个很重要的技术问题，至今没有解决，是有机肥生产和土壤过程调控的世界性难题。从现有的专业文献看，基础研究已经有较多的积累，技术突破在即。这里面的关键是有效碳数量和碳氮耦合转化问题（土壤微生物碳氮转化生态计量化学），以及在有机肥生产过程中如何实现的问题。因此，以智能调控养分为特征的新一代有机肥是未来的发展方向，它与土壤生物化学过程结合，回归了有机肥生产的本质。

二十二、有机肥中的抗生素

家畜粪便中抗生素的浓度在 1～10 毫克/千克，也有高达 200 毫克/千克的情况。

降解性：4 种磺胺类药物的降解率达 99.6%，而另 2 种则完全不降解；氟苯尼考和泰乐菌素几乎 100%降解，但其持续性降解产物可被检测到，同样具有药效；高温堆肥中大多数抗生素的半衰期为 1～16 天，磺胺甲嘧啶的半衰期可长达 27 天，泰乐菌素则可达 43 天；磺胺甲嘧啶的降解与时间关系密切，堆肥 1 个月内几乎不降解，而 3 个月后可降解 90%。

残留抗生素对堆肥进程的影响变异很大。残留四环素对堆肥进程的影响很小，而大多数抗生素对细菌群体的影响也是短暂的，对分解进程几乎没有影响。有研究表明，氯四环素和泰乐菌素可促进微生物活性，进而提高堆肥的氮含量；但同时也有研究表明，氯四环素、泰乐菌素和磺胺甲嘧啶可延缓微生物的分解活性。

因此，有机肥中残留抗生素的数量、活性、持久性是一个复杂的问题，因原料、堆肥工艺（时间）等而异，进而有机肥中残留抗生素的生态效应也不能一概而论。

二十三、低温与土壤氮转化

北京地区冬季（12 月至翌年 2 月中旬）日光温室土壤温度在 5～10 ℃，最低可到 2 ℃，最高不过 15 ℃。这样的低温对土壤中氮的转化具有显著影响。

不同有机肥对低温的反应不同：中、高度腐熟的有机肥对低温反应迟钝，一直以极低速率释放，而有效碳含量丰富的有机肥对低温反应敏感，氮的释放与碳的有效性关系密切，释放规模复杂，这也是今后开发日光温室冬季专用有机肥的基础。

亚硝化细菌对低温反应敏感，低温下几乎停止活动，而氨化细菌在低温下也具有相当的活力，所以施肥后土壤铵态氮含量增加较快，而硝态氮增加缓慢。但约 75 天后，亚硝化细菌开始适应低温，硝化作用增强，硝酸根含量越来越多。

低温下，微生物吸收无机氮的数量较多，与根系竞争氮营养程度强。当然，低温下根系吸收强度也下降。另外，低温下根系分泌物是否改变？改变后如何影响土壤微生物的活性和对氮转化的影响？这些问题都需要考虑。

总之，研发温室冬季专用有机肥，要以低温下土壤微生物对不同有机物的转化过程为依据，进行多因素分析才可以。

二十四、有机肥生产中的一些技术

绝大多数有机肥生产原料中的氮含量较低，为生产合格的有机肥，往往需要在堆肥过程中添加氮素化肥。而堆肥初期的高温是氨气挥发损失的主要阶段，造成外加氮素的损失。这时，可以采取以下措施：第一，向堆肥中添加一定量的易利用碳源，如玉米秸秆粉，数量为所加氮量的 50 倍，充分混合均匀。这样，外加的氮素可以迅速被微生物吸收利用，形成微生物体，避免损失。第二，可以在高温期过后再添加氮素，避开高温造成的氨气强烈挥发期，降低损失。同时，为了使外加氮素尽可能转化为有机态氮，也应同时加入 50 倍数量的秸秆粉。

为加速玉米秸秆、小麦秸秆、果树剪枝等的分解，可以采取以下措施：第一，粉碎成粉末，增加表面积，促进生化酶与底物的接触，加速分解；第二，粉碎后喷洒碱性双氧水溶液，避光保持 1～2 天，打破木质素与纤维素的联系，增加纤维素的可分解性，提供更多碳源，促进微生物活动。

生物炭应用：在堆肥材料中添加 10%～15%的生物炭粉末，可以大幅降低堆肥过程中的氨挥发损失，提高堆肥的氮含量；增强堆肥过程中的腐殖化作用，提高堆肥质量；促进腐殖酸与重金属离子的结合，降低重金属毒害。

二十五、木质材料有机肥的缺点

一方面，果树剪枝和园林树木修剪材料等木质化生物量随着果树面积和各种绿化面积的增长越来越多；另一方面，在限制作为薪柴燃烧的情况下，这类材料正成为新的生物废弃物，需要妥善处理。在木质化生物量中，木质素是仅次于纤维素类物质的第二大组分，是陆地生态系统中最大的芳香化植物组分，约占植物凋落物的 20%，是自然条件下有机物向土壤输入的重要组成部分。在高等植物中，木质素与纤维素和半纤维素之间形成自然的化学键连接，进而产生支撑力和刚性，同时使碳水化合物产生对生物降解的抗性。

以木质化生物材料为原料生产的有机肥，一般情况下养分含量低，其中的碳可被微生物降解的程度低，更有利于提高土壤有机质水平。然而，木质化材料降解过程中产生的多酚类物质，在土壤中易与含氮化合物结合成复杂大分子化合物，从而降低这些有机氮化合物的降解速率，不利于土壤氮向作物的供应，导致植物缺氮而影响生长和发育。这种现象在水分条件常年较好的设施土壤中更易发生。

二十六、肥茶的组分与应用

有机肥的水浸提液称为肥茶。肥茶中因含有“植物荷尔蒙”（生长素、赤霉素、细胞分裂素、脱落酸和乙烯等）、维生素及其他生物刺激物质而可以促进植物根系生长、生物量积累、养分吸收与代谢、抵抗胁迫、抵抗疾病和延缓衰老。在绿色废弃物堆肥（如作物秸秆堆肥）的水浸提液中已经发现有脱落酸、细胞分裂素、异戊烯基腺苷（IPA）、赤霉素和生长素，在厩肥堆肥和蚯蚓粪堆肥水浸提液中均已发现赤霉素 GA_4、GA_{34} 和

GA_{24}。另外，肥茶中还发现生长素和赤霉素类似物，也具有刺激植物生长的作用。在沼渣方面，也发现有类似生长素物质存在，可以刺激玉米的生长。

一般情况下，堆肥质量会影响肥茶的养分含量、微生物活性和植物激素含量。肥茶中的主要物质是有机酸、糖类和脂肪，组分构成取决于原料种类和生物处理措施。肥茶的生物刺激作用可能是其中草酸、酒石酸和酚酸引起的。也有人认为，肥茶的刺激作用源于其中的中性疏水组分，因为这部分含有苯基乙酸和生长素。

研究表明，肥茶与化肥配施可以降低化肥用量，促进积雪草生长、提高产量、增强抗氧化性；肥茶与化肥的交互作用显著提高积雪草酸、羟基积雪草苷和积雪草苷的含量。也有研究表明，肥茶施用可提高白菜的生长和矿质养分含量，尤以陈熟鸡粪生产的蚯蚓粪、鸡粪高温堆肥和厨余废弃物蚯蚓粪的肥茶效果最好，其中，对植物生长起主要作用的是肥茶中的无机氮和赤霉素 GA_4。还有研究表明，未腐熟好氧堆肥的肥茶可以抑制菜豆小叶上灰霉病菌的生长，其机理是丰富而多样的微生物群落抑制了病原体的发作。

二十七、生物制剂在农业生产中的应用

生物制剂是指那些含有微生物或其代谢产物的可用于提供营养、生长调节剂或抵抗植物病害的产品。其中的微生物一般来源于植物根际，通过多种多样的途径直接或间接地影响植物生长，涉及的微生物类群包括根瘤菌、慢根瘤菌、中根瘤菌、假单胞菌、芽孢杆菌、固氮螺菌属、木霉和菌根真菌等。除苏云金芽孢杆菌（Bt）外，细胞制剂通常情况下大多数植物促生菌的剂型是细胞制剂，是生物刺激物市场的主要剂型。

黄酮类物质是早期生物刺激剂的主要品种，用于根系接种以促进根瘤形成。研究表明，接种根瘤菌导致黄酮类化合物的增加有利于根瘤的生成、生物固氮和抵抗非生物胁迫。脂壳寡糖是根瘤菌分泌的信号分子，这些生物分子对于根瘤菌与豆科植物根系的共生是必不可少的。即使在缺乏根瘤菌的土壤中，脂壳寡糖也可以提高作物产量。丹麦的诺沃酶制剂公司大量使用黄酮类化合物和脂壳寡糖，成功地提高了豆科和非豆科作物的产量。

胞外多糖也是各种植物促生菌（如根瘤菌和假单胞菌）分泌的重要代谢物，有助于根瘤生成、根系定殖微生物以及生物膜形成，进而起到保护接种细胞、中和环境毒素和提供碳源的作用。当根瘤菌可以生成胞外多糖时，根瘤菌的固氮酶活性往往得到保护。目前，胞外多糖可以方便又便宜地大规模

生产。含有胞外多糖的生物制剂不仅可以保护细胞，还有助于占据根际有利位置，还可在非生物胁迫下保护植物根系。

很多植物促生菌也可以产生生物表面活性剂，具有乳化剂、润湿剂、分散剂、抗菌剂、抗虫剂和抗病毒剂的效果，添加到生物制剂中可以作为植物促生菌的分散剂和载体。生物表面活性剂在液体接种和空中喷雾中的作用尤为重要。在生物制剂中加入蔗糖、糖蜜、食用油、谷氨酸和信息素等助食剂和诱导剂以及生物农药，可以吸引病原体接近接种的微生物并被捕获。

以荧光假单胞菌为代表的农业微生物可以生产各种抗生素和抗真菌化合物，如吩嗪、二乙酰间苯三酚、吡咯烷酮和卵霉素A。芽孢杆菌也可产生丝裂霉素和甘露糖胺。这些次生代谢产物都具有显著的抗植物病原的功能。不过，由于生产成本的原因，这些代谢物尚未大规模生产，其纯净物的田间效果也未经验证。

二十八、有机肥的氮肥替代值

有机肥中氮素被农作物吸收的效率一般通过氮素表观回收率来估算。氮素表观回收率通过单季施肥区氮素回收量减去未施肥区氮素回收量后除以有机肥中氮素含量得到，有机肥的氮肥替代值等于有机肥的表观回收率除以等量氮化肥的表观回收率。很多实验室培养试验和田间试验结果表明，堆肥的当季作物有效氮量大致等于堆肥中的铵态氮量，因此，有机肥氮肥替代值大致等于堆肥中铵态氮与全氮量之比。但是，当连续施用有机肥时，有机态氮的矿化作用对作物氮素供应的贡献就变得十分重要，此时，先前施用的有机肥中有机态氮的缓慢矿化，以及堆肥中铵态氮被微生物固持后的再矿化作用，将极大地提高后续生长季中有机肥的氮肥替代值，此时氮肥替代值将远远大于铵态氮与全氮之比。

目前，用土壤参数预测可矿化氮潜力的技术尚不成熟，而模拟的方法可能更有效一些（如取有机肥中氮的矿化率为每年0.1～0.33）。另外，有机肥的氮肥替代值并不仅仅取决于其中有机氮的矿化数量，同样也取决于包括铵态氮在内的无机氮的去向。因此，有机肥的氮肥替代值也与农田管理方法有关，如氨挥发是否严重、硝酸盐淋洗是否发生等。当然，有机肥同时存在很多有效成分，其氮肥替代值往往是这些有效成分的综合表现，难以区分开。还有，有机肥的氮肥替代值还与施用量、施用位置、施用时间、肥料形式（固体/液体）、作物种类等关系密切。

研究表明，沼渣的铵态氮与全氮之比往往较高，表明其作物有效氮的活性较大。对于碳氮比为28的牛粪沼渣而言，施用2年内其肥效的后效较小，氮肥替代值并不等于铵态氮与全氮之比。另外，在沼渣施用几个月后才发生氮素的净矿化，因此需要补充化肥氮以补偿氮的生物固定，进而满足作物对氮的需求。相反，对于碳氮比为12的固液混合发酵物，第一年的氮肥替代值基本等于铵态氮与全氮之比。另外，有研究表明，污泥具有与农家肥相当的氮肥替代值。如果以全氮计，污泥的氮肥替代值可高达50%～68%，而一般堆肥最高也只有10%。另外，水浸提性铵态氮低估了污泥中的作物有效氮含量，因为非水溶性氮易降解的有机态氮发挥了供氮效果。还有研究表明，如果考虑有机肥的后效，每年施用的新鲜牛粪尿时，当季氮肥替代值为50%左右，而7～10年后可达70%；如果采取表面喷施，则当季氮肥替代值只有30%左右，需要经过20～40年才能达到70%的氮肥替代值。

二十九、蔬菜废弃物水热炭化技术

蔬菜废弃物含水量高，是处理与利用中的一大障碍因素。比如好氧堆肥处理，需要降低废弃物的含水量，或自然晾干，或加热脱水，或加入辅料，这些均降低生产效率、增加成本、降低堆肥质量。水热炭化技术不需要减少原材料中的水分，另外，利用其中的水分作为反应媒介，是近几年生物质高效转化技术研究的热点。水热技术是在一定的压力和温度条件下，将生物质直接与水混合反应生成气、液、固三态产物。该技术具有原料适应性广、低成本和高转化率等特点，具有很好的应用前景。

在水热炭化过程中，生物质发生脱水和脱羧反应，提高了碳含量，使生物质获得了更高的热值。水热炭化所需的温度和压力都较低，条件相对温和。水的临界压力为22.1个标准大气压，临界温度为374℃。水热炭化反应处于亚临界条件，此时水的物理化学性质都发生了改变：既具有气体的扩散性还具有液体的流动性，其密度、介电常数、黏度、扩散系数、电导率和溶解性能都不同于普通的水；具有较高的反应活性，在临界区域水的特性会发生明显的变化，尤其是介电常数和离子积大幅度地下降，与此同时会改变水的溶解特性使得有机物在水中的溶解度增大，离子化合物溶解度降低。有人认为，反应的温度为150～250℃，实质性的水解反应开始的温度约为180℃。反应需在水相中进行，目的是要保持饱和压力，而且反应物在整个过程中都必须被液体浸没。pH需控制在7以下，因为碱性环境会生成完全不同的产物。随着反应的进行，pH随着副产物的变化而改变。现今比较公认的水热炭化反应机理包括：水解作用、脱水反应、脱羧作用、芳构化反应、聚合作用，但生物质水热降解首先发生水解作用。对于水热炭化反应，不仅会产生固体炭材料，还会产生水溶性有机液体。

利用水热炭化技术处理蔬菜废弃物，得到的水热炭的 pH 呈酸性，产率、电导率、阳离子交换量都是随着水热炭化反应温度的升高、反应时间的延长而急剧下降；蔬菜废弃物生物质炭的碳、磷、氮含量都有富集，氧、钾含量也为降低趋势；水热炭化液呈酸性，pH 介于 4.5～5.5，随着水热炭化反应温度的升高、反应时间的延长产物 pH 增高。水热反应处理对产物电导率变化影响很大；水热炭化后液体中全钾、全磷以及全碳含量都减少。

三十、重新认识有机肥

广袤的土壤圈既处于地球长期演化的过程中，又是目前包括人类在内的绝大多数生命形式最重要的物质依赖。土壤圈是无机界和生命界连接的桥梁，土壤中的有机质既孕育生命又是生命的产物，是土壤的本质属性。今天，我们利用土壤上生产出的生物质来生产有机肥，再为土壤能生产出更多的生物质而使用有机肥，这实际上是在人类社会发展现阶段多种类生产分工条件下完成的土壤本身发育过程的重要环节，是高等生物源于土壤、回馈土壤的轮回形式，体现了有机肥生产、使用和自然过程的天然结合，这是对有机肥作用的最高认识。

有机肥具体的功能需要重新认知。有机肥的一项重要功能是改土，具体而言就是创造土壤团粒结构，保证土壤疏松多孔，调节土壤中水与空气的矛盾。但是，越来越广泛的基质栽培还需要有机肥具有改土功能吗？基质本身具有良好的孔性，既保水又通气，显然不需要有机肥去创造团粒结构了，因此，有机肥中的腐殖质还需要吗？况且腐殖质不利于多数养分的快速转化。栽培基质中不存在黏粒、金属氧化物等，对养分（如磷和微量元素）的固定作用微弱，还需要腐殖酸发挥络合作用吗？基质的缓冲性差，有机肥是不是应该更多地具有这方面的功能？凡此种种，告诉我们要重新认识有机肥。

有机肥的使用已经不仅仅局限于农产品生产，更多地涉及生态环境的保护和和谐生态的建立，如地表水体质量、陆地生物多样性、全球碳循环、物质循环与社会发展等问题，需要在一个更加广泛的范围内评价有机肥的生产和使用，因此，有机肥绝不仅仅存在于人类社会的生产性经济价值中，还存在于环境、生态乃至生命本质的意义中。

导读：有机肥替代化肥行动是国家推动农业绿色发展的重要措施，设施蔬菜生产中替代技术如何建立？秸秆能不能利用？替代模式有哪些？本文以北京市顺义区为例，展示替代模式与轻简技术的应用。

第二节　有机肥替代化肥模式构建——以顺义区为例

2017年农业部组织实施全国果菜茶有机肥替代化肥示范县创建工作，顺义区被确定为100家示范县之一。顺义区根据2017年农业部《开展果菜茶有机肥替代化肥行动方案》要求组织实施创建，实现了农业部对示范县创建要求的“一减两提”目标：一是化肥用量明显减少，2017年设施蔬菜优势产区化肥用量减少20%以上；二是产品品质明显提高，全区蔬菜无公害认证产量增加5万吨，农药残留合格率100%；示范区土壤质量也明显提高提升，项目区土壤有机质含量平均19.34克/千克，核心区土壤有机质含量增长超过5%。

一、顺义设施蔬菜有机肥替代化肥模式

以北京绿富农果蔬产销专业合作社、北京兴农鼎力种植专业合作社园区为核心示范区，推广5种技术模式示范落地。两个示范单位完成各类模式示范2 000余亩，通过项目创建，进而传播到其他产区，为全区蔬菜产业生产规范发展提供了重要技术依据。

1. “有机肥+配方肥”模式

为了改善土壤结构，提高有机质含量，降低化肥施用量，每亩用肥量为商品有机肥1吨、生物有机肥0.8吨，加20千克配方肥，此外，增加适量生物菌剂。主要作物为黄瓜、辣椒、圆白菜、生菜、芹菜、萝卜等。“有机肥+配方肥”模式应用典型作物芹菜生产情况，见表3-1。

表3-1　芹菜应用“有机肥+配方肥”模式情况

项目	设施类型	每亩施用底肥	播种期	定植期	采收期	每亩产量
芹菜	连栋大棚	有机肥1吨，生物有机肥1吨，配方肥20千克	7月5日	8月15日	10月20日至11月20日	3 000千克

2. “有机肥+水肥一体化”模式

以商品有机肥和生物有机肥为基肥，每亩各1吨。选用溶解性高、不易产生沉淀、腐蚀性低的水溶性肥料（美施美大量元素水溶肥），结合水肥一

体化灌溉施肥技术，按照肥随水走、少量多次、分阶段拟合的原则，将作物总灌溉水量和施肥量在不同的生育阶段分配。“有机肥＋水肥一体化”模式应用典型作物辣椒生产情况见表 3－2。

表 3－2　辣椒应用“有机肥＋水肥一体化”模式情况

项目	设施类型	每亩施用底肥	播种期	定植期	采收期	累计每亩产量
辣椒	温室	有机肥 1 吨，生物有机肥 1 吨	7 月 2 日至 8 月 10 日	8 月 10 日至 9 月 20 日	10 月 5 日至 11 月 20 日，11 月 15 日至翌年 3 月	3 000 千克

园区水肥一体化过滤控制装置如图 3－5 所示，温室内滴灌管布置如图 3－6所示。

图 3－5　园区水肥一体化过滤控制装置　　图 3－6　温室内滴灌管布置

北京绿富农果蔬产销专业合作社“有机肥＋水肥一体化”模式统计如表 3－3所示。

表 3－3　北京绿富农果蔬产销专业合作社“有机肥＋水肥一体化”模式统计

种类	2016 年用量（吨/亩）	总面积（亩）	总用量（吨）	2017 年用量（吨/亩）	总面积（亩）	总用量（吨）	同期比（%）
水溶肥	0.04	400	16	0.025	400	10	减少 37.5
商品有机肥	1	400	400	1	400	400	
生物有机肥	0	0	0	0.8	400	320	增加 80

注：水溶肥比例 19∶6∶30。

3. “菜—沼”模式

依托园区自有沼气发酵池和附近牛场产生的沼液，对有机生产基地开展“菜—沼”模式（图 3－7、图 3－8）应用。将 2 000 亩蔬菜产区产生的废菜、残秧、杂草等进行发酵，将沼液、沼渣分离沉淀，购置沼液拉运车一辆，用沼液进行滴灌施肥，肥随水走，沼液和水按 1∶2比例稀释进行滴灌，每次灌水 20 米^3，每茬施用沼液 3～4 次。此模式不仅有效地消纳了设施蔬菜废弃物，减少了蔬菜废弃物造成的环境污染，更增加土壤有机质及养分含量，促进了农业可持续健康发展。该模式应用典型作物甘蓝生产情况调查，见表 3－4。

图 3－7 “菜—沼”模式（沼液过滤池）

图 3－8 “菜—沼”模式中沼液滴灌精滤控制设备

表 3－4 甘蓝应用“菜—沼”模式情况

项目/蔬菜	设施类型	每亩施用底肥	播种期	定植期	采收期	每亩产量
甘蓝	露地	有机肥 1 吨，生物有机肥 1 吨	7 月 7 日	8 月 12 日	10 月 12～20 日	4 000 千克

北京绿富农果蔬产销专业合作社“菜—沼”模式统计如表 3－5 所示。

表 3－5 北京绿富农果蔬产销专业合作社“菜—沼”模式统计

种类	2016 年用量（吨/亩）	总面积（亩）	总用量（吨）	2017 年用量（吨/亩）	总面积（亩）	总用量（吨）	同期比（%）
商品有机肥	1	10	10	1	10	10	
生物有机肥	0	0	0	0.8	10	8	增加 80
沼渣	0	0	0	0.5	10	5	增加 50
沼液	0	0	0	1	10	10	增加 100

4. “秸秆生物反应堆”模式应用情况

采用小型旋耕机挖沟，人工平整深沟至 60 厘米。每 20 厘米铺秸秆、撒活性菌，铺至秸秆高于沟深 20 厘米处，浇上水、盖上膜后每 50 厘米处扎透气孔

（图 3－9～图 3－11）。每亩投入人工 12 个、1.2 米地膜 5 千克、干秸秆 5 吨。

图 3－9 秸秆反应堆技术——开沟（正面）　图 3－10 秸秆反应堆技术——开沟（侧面）

图 3－11 秸秆反应堆技术——铺设秸秆

经监测调查，应用“秸秆生物反应堆”技术模式，温室地温平均增加 3 ℃以上，具体监测情况见表 3－6。

表 3－6 北京绿富农果蔬产销专业合作社“秸秆生物反应堆”模式温度统计

日　期	1 月 14 日	1 月 15 日	1 月 16 日	1 月 17 日	1 月 18 日	1 月 19 日	1 月 20 日	平均值
黄瓜 早地温（℃）	15	16	15.8	15.5	15	15.6	16	15.6
温室 晚地温（℃）	20	19.5	20.5	19.5	20	20.5	20.5	20
番茄 早地温（℃）	12	13	11	13	12	13	12.5	12.3
温室 晚地温（℃）	17	17.5	17.5	17	16	17	16.5	17

注：取地表 10～20 厘米处温度，早地温测量时间为 8 点 30 分，晚地温测量时间为 17 点。

5. 无土栽培番茄规模生产示范

北京绿富农果蔬产销专业合作社王泮庄基地重点开展无土栽培番茄生产示范30亩，实现精量水肥一体技术管理。主要是利用椰糠、岩棉基质，采用槽培、岩棉培等方式实现番茄无土栽培生产（图3-12～图3-14），实现节水节肥，番茄产量达到13 000千克/亩。具体无土栽培番茄节水节肥情况见表3-7。

图3-12 营养液调配罐

图3-13 无土栽培番茄生产——槽式栽培

图3-14 无土栽培番茄生产——岩棉栽培

表3-7 北京绿富农果蔬产销专业合作社“无土栽培水肥精量利用”模式统计

种类	2016年用量（吨/亩）	总面积（亩）	总用量（吨）	2017年用量（吨/亩）	总面积（亩）	总用量（吨）	同期比（%）
单体肥料	0.4	30	12	0.25	30	7.5	−37.5
水	200	30	6 000	180	30	5 400	−10

二、有机肥替代化肥配套技术与管理

1. 菜田秸秆废弃物回收与有机肥加工

探索开展蔬菜残体回收循环利用工作，以创新思维破解实现农村环境污染有效治理问题，北京奥格尼克生物技术有限公司对全区 16 个蔬菜生产镇回收菜田废弃物进行回收并加工有机肥。2017 年北京奥格尼克生物技术有限公司共回收菜田废弃物约 13 万吨，扣除 3%～5%废弃物掺混过多农膜、塑料绳等杂物不符合制肥标准而无法进行生产转化，其余菜田废弃物转化加工成有机肥 2 万吨，基本上实现了全区菜田秸秆残体回收全覆盖以及加工有机肥再利用。

2. 定点监测土壤肥力

由顺义区农业科学研究所承担示范县地块土壤检测监测工作。2017 年开展免费测土化验，共采集 0～20 厘米土壤样品 205 个，基础五项养分平均值见表 3 - 8。

表 3 - 8　顺义区设施蔬菜有机肥替代化肥示范区土壤养分情况

分析项目	有机质（克/千克）	全氮（%）	碱解氮（毫克/千克）	有效磷（毫克/千克）	速效钾（毫克/千克）
化验数据	19.34	0.164	164.5	148.8	322.2

根据北京市耕地土壤养分分等定级标准进行肥力等级评价，具体地块中有机质中等肥力等级的地块数量最多，占 38.5%；速效钾、有效磷、碱解氮、全氮这四项均是极高肥力等级的地块数量最多，速效钾极高等级的地块占 64.4%，有效磷极高等级的地块占 71.7%，碱解氮极高等级的地块占 63.9%，全氮极高等级的地块占 73.7%。各速效养分之间存在不平衡。根据检测结果，顺义项目区土壤有机质现状平均水平值为 19.34 克/千克，整体肥力较高。

3. 开展品牌创建，促进蔬菜优质优价

结合顺义区蔬菜产业带打造，实施区域品牌与企业品牌创建工作，强化顺义区蔬菜产品竞争力，开展了以北京著名商标“绿奥”为龙头区域品牌、以“原香”“水云天”等品牌为主企业品牌共 10 个农产品品牌提升建设项目。区域品牌提升突出对项目区蔬菜产品的整体带动作用，企业品牌重点选择有一定基础的园区，扶持开展品牌宣传，以及产品销售渠道的拓展和优化，促进当地蔬菜销售向优质优价转变，进而拓宽顺义区蔬菜优势品牌市场供应力和市场覆盖面。通过品牌提升创建，2017 年共完成示范县蔬菜品牌提升建设 10 个。通过品牌提升建设，品牌宣传、保护工作水平极大提高；各合作社、农业企业开发电商平台，对接微商城、微店，实现了农产品与电子商务结合，实现传统营销向“互联网+”营销转变；产品包装、标识在品牌提升中成为基本手段；依托有机肥替代化肥示范县建设，有效拓宽了观光休闲、采摘农业发展，“乡土风”“水云天”“绿奥”“小珠宝”“绿中名”等品牌已经为消费者所接纳。其中，“绿奥”“绿中名”成为北京著名商标，“绿奥”“水云天”“沿特”入选 2017 年北京农业好品牌。

三、设施蔬菜有机肥替代化肥示范成效

1. 化肥减施效果明显，农产品质量得到有效提升

核心示范区平均每亩蔬菜施用商品有机肥 1 吨、生物有机肥 1 吨，有机肥用量同比提高 33%；平均每亩较上年减少化肥用量 25 千克（往年平均每亩施用化肥 100 千克），化肥用量较上年减少 25%。通过有机肥有效替代化肥，增加施用有机肥，蔬菜植株抗性增强，病虫危害程度和风险降低，从而减少了农药用量，提高了蔬菜产量。果实外观和内在品质明显提高，如番茄糖度平均达到 9.025，产品颜色鲜艳、适口性好、商品价值随之提高。2017 年完成 200 亩有机园区再认证，认证品种 63 个；有机转换认证 600 亩；无公害认证 1 500 亩，认证品种 22 个；年产优质蔬菜 6 000 多吨。合作社自检及专业检测机构送检均达到安全要求，蔬菜合格率达 100%。

“乡土风”蔬菜品牌创建能力进一步提升。通过化肥减施，增施有机肥，为广大市民提供了优质安全、健康营养的“乡土风”蔬菜的同时，也为广大市民提供了一个环境优良、绿色生态的具有采摘、科普、休闲等功能的蔬菜生产基地。随着“互联网+”的科技投入和宣传，越来越多的消费者对“乡土风”蔬菜从认识到认可，越来越多的市民到兴农鼎力生态园来体验采摘原汁原味的“乡土风”蔬菜。同时，“乡土风”品牌效应进一步扩大，表现在销售能力进一步提升，通过手机销售平台的开发应用，会员下单、市场批发和高端电商配送便捷高效，实现销售增长 30%；另外，品牌服务带动能力进一步增强，合作社、农场等其他组织及农户也可以入驻手机互联网销售平台来宣传销售自己的蔬菜，实现信息共享、便利购物，同时解决了周边小农户市场信息不及时、销售渠道不畅的问题，帮助农户实现产销对接。

2. 示范区设施蔬菜经济效益增长显著

对 31 家项目主体进行 2017 年度与 2016 年度应用有机肥替代化肥进行

基础数据调查统计，统计相关经营规模变化、蔬菜年产量、年收入、有机肥使用、化肥使用统计分析。统计结果，见表 3-9。

表 3-9　2017 年与 2016 年示范主体肥料使用调查

年度	经营规模（亩）	年总产量（吨）	年总收入（万元）	年总有机肥量（吨）	年总化肥量（千克）	备注
2017 年	7 484	30 631.5	11 397	18 703	93 170	化肥亩均 12.5 千克
2016 年	6 454	24 394.4	8 965	13 415	123 120	化肥亩均 19.1 千克
增减情况（%）	16.0	25.6	27.15	39.42	—24.35	—34.8
				2017 年每亩用有机肥 2.5 吨		

注：31 家主体数据有效数据 27 家，有效率为 87%。

由表 3-9 结果分析可以得出，实施设施蔬菜有机肥替代化肥示范，有效地实现了增施有机肥减少化肥的目标，2017 年有机肥施用量为 2.499 吨/亩，有机肥施用总量增加比例达到 39.42%，相应化肥总量使用量下降 24.33%；增施有机肥减少化肥还产生了增产增收效益，2017 年平均亩产蔬菜 4 093 千克，亩均收入 1.523 万元（2016 年亩产蔬菜 3 779.7 千克，亩均收入为 1.389 万元），较 2016 年同比分别增加 8.29%、9.65%。

3. 示范区土壤质量提升

有机肥有效替代化肥及实施的“菜—沼”模式和“秸秆生物反应堆”模式，将蔬菜废弃物和大田作物废弃物丰富的有机肥资源有效利用，通过沼液灌溉、沼渣和秸秆还田，使 20 厘米耕作层土壤孔隙度提高 1 倍以上，有益微生物群体增多，菌群代谢产生大量高活性的生物酶，与化肥、农药接触反应，使无效肥料变有效，使有害物质变有益。水、肥、气、热适中，各种矿质元素被定向释放出来，土壤经取样检测，平均有机质含量达到 2.2%，比往年有机质含量增加了 13%以上，为根系生长创造了优良的环境。

根据顺义区农业科学研究所委托第三方对示范县项目长期定位土壤检测结果，剔除不合理数据，确定以示范县核心区北京绿富农果蔬产销专业合作社王泮庄基地、北京兴农鼎力种植专业合作社前桑园基地长期定位土壤数据为准核算项目实施前后土壤有机质增减情况，具体见表 3-10。根据核心区土壤有机质情况结果分析，可以得出：增施有机肥可以有效提高土壤有机质含量水平，顺义区项目核心区土壤有机质分别增长 8.69%和 5.92%，平均增长 7.31%。

表 3-10 设施蔬菜有机肥替代化肥示范县（顺义区）核心示范基地土壤有机质分析

核心区	监测个数	取样土层（厘米）	项目前有机质（克/千克）	项目后有机质（克/千克）	有机质增减（%）	备 注
北京绿富农果蔬产销专业合作社	6	0～20	9.96	10.8	8.69	王洋庄基地
北京兴农鼎力种植专业合作社	3	0～20	23.7	25.1	5.92	前桑园基地
结果分析	9				7.3	

四、结语

土地是宝贵的资源，土壤有机质水平提升是一个漫长的过程，增施有机肥有一定效果，但是仅仅靠使用有机肥就要求达到立竿见影的效果，有些过于理想化。要加大土壤、肥料新科技成果宣传、重视土壤有机质增加工作，特别是做好有机肥替代化肥新理念普及工作，通过管理者、从业者思想理念转变促进有机肥替代化肥科学模式、重点技术落地实施。

第四章 | CHAPTER4
水肥管理技术

导读：蔬菜设施栽培生产全生育期滴灌策略是设施栽培农艺师重点关注的问题。因为种植作物不同，生育期灌溉策略什么时间用水、用多少水，什么时间用肥、用多少肥，一直以来都是种植者关心的问题。控制好灌水和施肥时机和用量对产品的品质和产量都有很大的提升作用。在物联网时代如何精准决策使用水和肥？如何才能保证产品的产量、安全和品质提升？针对这些问题，本文将逐一回答。

第一节　设施生产全生育期滴灌策略的制定与实现

设施蔬菜栽培生产，针对作物全生育期制定灌溉策略并实现是设施农业生产中十分重要的基础工作。这项工作十分复杂，涉及的决策因子太多。目前生产中灌溉决策采用的方法有传统计算和物联网模型决策两种，依据方法原理可以制定出合理灌溉计划。传统的计算需要一些特定的常数和系数作为计算基础，模型决策是现代灌溉农业的发展方向，它需要构建相关数学模型并具备通过传感器修正模型的技术条件。当前我国水资源短缺的压力较大，节水技术、设施和科学灌溉策略的发展和应用，对于提高水资源利用效率、推动节水意识具有重要的意义。

一、常规计算确定设施滴灌计划

1. 滴灌控制

设施栽培采用滴灌灌溉技术是当前应用最广泛的节水技术。确定相关工作参数对合理灌溉十分必要。整个滴灌系统分为总水量控制、单次滴灌量、滴灌时间、滴头流量等参数。滴头流量有很多种，常见的范围在1.0～10.0 L/h。滴头流量的选择主要是由土壤质地决定的，通常质地越黏重，滴头流量越小。滴头每秒的出水量虽然很小，但是灌水时间长。滴灌可以通过延长灌溉时间和增加滴头数量来增加供水量，可以满足作物在各种炎热气候下的需水量。

灌溉控制器控制灌溉的方法是由作物生长模型得到作物每日耗水量（日需水量）后，根据 $T_r=V/Q$ 确定控制的电磁阀运行的时间（小时），这里，T_r 是灌水时间（小时），V 是灌水量（米^3），灌水量可由 $V=0.001\,m$，$m=0.001\,rzp\,(B_1-B_2)$，m 是灌水定额（毫米），r 是土壤干容重（克/厘米^3），z 是土层湿润深度（厘米），p 是滴灌的湿润比（%），B_1、B_2 是土壤田间持水量上、下限（%），Q 是灌溉流量（米^3/小时）。

滴灌时最担心的问题是过量灌溉。很多用户总感觉滴灌出水少，心里不踏实，从而延长灌溉时间。延长灌溉时间的一个后果是浪费水，另一后果是把不被土壤吸附的养分淋洗到作物吸收根系层以下，浪费肥料，特别是氮的淋洗。通常水溶复合肥料中含尿素、硝态氮，这两种氮是最容易被淋洗掉。过量灌溉常常表现出缺氮症状，叶片发黄，植物生长受阻。滴灌系统施用水溶肥后必须冲洗管道。

滴灌施肥灌水的策略是先采用清水灌溉，等管道完全充满水后开始施肥，原则上施肥时间越长越好。施肥结束后要继续滴灌半小时的清水，将管道内残留的肥液全部排出。许多用户滴肥后不冲洗管道，最后在滴头处生长藻类及微生物，导致滴头堵塞。准确的滴灌时间可以用电导率仪监控。

2. 滴灌设计

在规划设计阶段，灌溉制度的制定与灌水量计算。依据国家标准 GB/T 50485—2009《微灌工程技术规范》，结合灌溉地实际情况，通过相关计算公式、计算常数以及决策模型，就可以精准制定番茄在温室、土壤栽培条件下用滴灌系统的灌溉制度。

具体计算步骤分为以下几步。

（1）*确定灌溉保证率* 依据 GB/T 50485—2009《微灌工程技术规范》4.0.1，结合项目地的自然条件和经济条件，来选取滴灌系统设计保证率。在保护地栽培模式下一般选取值为 95%。

（2）*设计土壤湿润比 P* 滴灌为土壤局部灌溉，依据 GB/T 50485—2009《微灌工程技术规范》4.0.2，设计取土壤湿润比为 90%。

（3）*设计耗水强度 $E\mathrm{p}$* 蔬菜系统设计按照最大耗水强度进行规划设计，设计耗水强度应采用设计年灌溉季节月平均耗水强度峰值，并由当地实验资料确定，依据 GB/T 50485—2009《微灌工程技术规范》4.0.3，设施蔬菜类作物推荐值 2～4 毫米/天。

（4）*灌溉水利用系数 η* 据 GB/T 50485—2009《微灌工程技术规范》4.0.4，选取微滴灌水利用系数 $\eta=0.9$。

（5）*计划湿润土层深度 z* 结合蔬菜根系分布特性，选取计划湿润土层

深 $z=0.3$ 米。

（6）灌溉系统日工作小时数 C　设计日工作小时应根据当地水源和农业技术条件确定，结合园区管理经验，选取系统日工作小时数一般最大值不超过 22 小时。

（7）灌水定额　指一天内灌水的水层深度，一般用毫米表述，时间以天为单位，毫米/天。计算灌水定额计算公式：$m=0.001\ r\ z\ p\ (B_1-B_2)$，$r$ 是土壤干容重（克/厘米^3），z 是土层湿润深度（厘米），p 是滴灌的湿润比（%），B_1、B_2 是土壤田间持水量上、下限（%）。

（8）作物日需水量（ET_c）　作物耗水强度的别称，利用彭曼公式可以精确地计算出作物的日耗水强度，但是由于此计算方法所需条件复杂，一般会采用简易化彭曼公式 $ET_c=K_c*ET_0$ 或者规范给出的数值来作为工程设计的参考值。ET_0 是参考作物蒸发量，K_c 是作物系数。

（9）灌溉用水量　作物需水量＋渗漏＋棵间蒸发的总额，计算公式为 $W_{日}=0.667\dfrac{A\,ET_c}{\eta}$，$W_{日}$ 是单位面积上的日灌溉用水量（毫米/天），A 是总面积，ET_c 是作物日需水量（毫米/天），η 是水的利用系数。

（10）灌溉强度　在灌溉时间内的灌水深度，用毫米/米^2 表述，它与灌水定额的区别在于它是规定时间内的灌水量，用它可以参考灌溉设备最强工作效率的周期。我们平时说的滴头流量 1.0 升用此表述就是 1 毫米/米^2。

（11）灌水周期　指两次或多次灌溉之间的时间间隔期，计算公式为：$T=\dfrac{M}{ET_c}$，T 是灌水周期，M 是灌水定额，ET_c 是作物日需水量（毫米/天）。

（12）灌水时间　指将灌水定额水量在不产生地表径流的条件下均匀分布于土壤中所用的灌溉时间。计算公式：$t=m'S_eS_l/q_d$，t 是单次灌水时间（小时），m' 是设计灌溉用水量（毫米），S_e 是毛管间距（米），S_l 是滴头间距（米），q_d 是滴头设计流量（升/小时）。

（13）轮灌组　计算公式为：$N=\dfrac{C\times T}{t}$，N 是轮灌组数，C 是日工作时间，T 是灌水周期，t 是灌水时间。

3. 设施番茄灌溉应用

由于设施蔬菜栽培作物很多，这里以番茄栽培为例。番茄灌溉的基本原则遵循浅水勤浇，在定植后的缓苗期是番茄整个生育期内灌溉强度要求最大的时期。

从表 4-1 可以看出，黄淮海以及华北地区越夏和秋延茬口的缓苗期是在一年中最热的季节，所以此时间段的灌溉强度有可能会超出设计灌溉方案的最大值，生产上一般采用补充灌溉或增加灌水时间来解决（也可以采用遮阳等辅助措施），此阶段滴灌的灌溉强度平均值在 13 毫米/天以上（10 米^3/亩），轮灌次数设定在一天一灌或一天两灌，如果是一天两灌就把 13 毫米/天（10 米^3/亩）分开，并不是指灌一次就 10 米^3。另外，如果是采用膜下滴灌则灌溉强度平均值在 10 毫米/天左右即可（7 米^3/亩），因为膜下滴灌减少了棵间蒸腾作用，使得灌溉用水量总量减少。需要注意高温季节幼苗移栽以后不要直接覆地膜，因为地温高，加之缓苗期灌水多导致膜下形成高温高湿的环境，病害容易发生。

表 4-1 设施番茄周年生产不同茬口作物主要生育期分布——以黄淮海地区为例

种植季节	生育期	月份											
		1	2	3	4	5	6	7	8	9	10	11	12
越冬茬口	育苗期								■	■	■		
	定植期										■	■	■
	坐果期		■	■	■	■	■						
	采收期			■	■	■	■	■	■				
早春茬口	育苗期											■	■
	定植期		■	■									
	坐果期				■	■	■	■					
	采收期					■	■	■	■				
越夏茬口	育苗期			■	■								
	定植期				■	■							
	坐果期					■	■	■	■				
	采收期						■	■	■	■			
秋延茬口	育苗期				■	■							
	定植期						■	■					
	坐果期								■	■	■	■	■
	采收期	■	■								■	■	■

灌溉周期中，缓苗结束（图 4－1）进入生长期，随着番茄植株的不断生长，作物日耗水量也不断加大（图 4－2、图 4－3），灌溉强度基本维持在 6～8 毫米/天（5 米^3/亩），理论轮灌次数设定在一天一灌，9 月以后光照强度减弱，可逐渐降低灌溉强度，基本维持在 4～6 毫米/天（4 米^3/亩），理论轮灌次数设定在两天一灌，上述轮灌次数是未计入下雨季节的外援水补充操作时间，在实际操作中，具体滴灌灌溉工作制度需要依照实时土壤情况、气象条件以及蔬菜生长情况灵活调整，或者采用"农抬头"的智慧灌溉云平台自动进行推断决策。

图 4－1　番茄苗期

图 4－2　番茄坐果初期

图 4－3　番茄盛果期

二、物联网智能灌溉决策系统

随着现代技术的发展，设施灌溉已经开始采用智能控系统。智能控制系统常常是以模型与相关数据库为基础的。本文介绍的决策系统包括作物模型与数据库、气象模型与数据库和土壤模型与数据库。作物数学模型是运用统计学方法及其数理逻辑方法和数学语言建构。气象数学模型是基于气象数据收集，采用传感器的实时数据建构。土壤数学模型是采用农业水利的水土平衡方法和数学语言建构。

作物生长模型需要有作物数据库用于存储与作物相关的实验和初始化数据，包括：植物生长的最低温度、植物生长的最高温度、高于基础温度的每日积温、生殖期开始后积温、冠层叶面积指数、最大叶片数、叶片数叶面积指数日增长数、叶片增加数量、最大叶面增长率、各种干物质质量增加量、植物组织碳水化合物转化率、作物密度、冠层总光合作用速率、低温光合作用降低因子、叶片比面积、日太阳辐射量、土壤水分亏缺胁迫因子、土壤水分过剩胁迫因子、植株干物质总重等。

需要有土壤数据库，用于存储土壤数据，包括：根系层深度、土壤表面潜在蒸发量、潜在蒸发量、土壤田间持水量、田间持水率、入渗量、潜在入渗量、降水量、径流量、土壤饱和含水量、含水饱和度、实际土壤水含量、土壤水分累积调整因子、土壤初始含水量、土壤水分亏缺胁迫因子、土壤水分过剩胁迫因子、累积竖向排水、累积作物蒸腾量、土壤累积蒸发量、累积入渗量、累积灌水量、累积降水量、累积径流量、凋萎点土壤含水量、凋萎系数。

需要有气象数据库，用于存储现场环境的最高气温度、最低气温、相对湿度、降水量、风速和太阳辐射强度数据。

需要有灌水量数据库，用于存储作物生长期灌溉的开始时间、灌水时间和灌水量大小数据。

来自作物数据库的作物参数数据、来自土壤数据库的土壤参数数据以及来自气象数据库的气象数据经过决策控制系统的作物生长数学模型初始化后，经作物生长数学模型做状态计算，由所述决策控制系统根据灌水决策模型做出灌溉决策，通过成果数据库给出的每日数据输出对灌溉决策效果进行反馈，根据评估结果调整灌溉决策。

以作物生长模拟系统为基础，可以通过数学分析做出作物在生长期每日的需水量，甚至需要补充的肥料元素多少的决策。

图 4－4 是全生育期灌溉策略及实现的原理图。它是根据气象传感器和作物生长模型给出的作物蒸腾量计算，是基于 Priestly-Taylor 方法计算每日潜在的蒸腾量。土壤水分蒸发量根据当前土壤水分可用量大小计算实际的每日土壤蒸发量。根据这个作物耗水量大小决策执行灌溉或施用水溶肥。它能

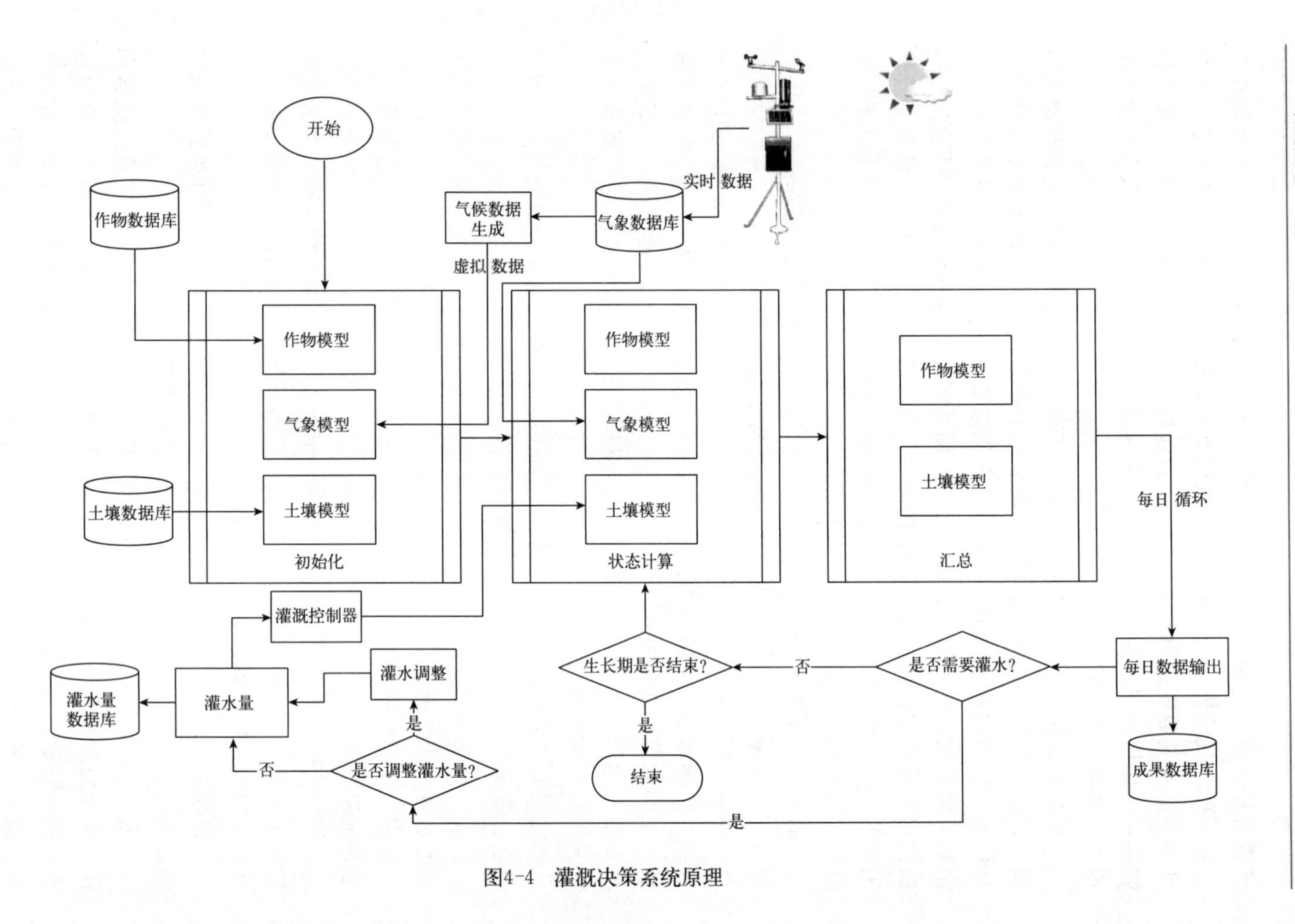

图4-4 灌溉决策系统原理

够根据田间小气候气象数据、作物生理特征、土壤特性、作物生长因素组成数学模型做出灌溉决策，不再依靠传统的经验或土壤信息进行灌溉水量的估算和灌水时机的推断。灌水的起始时间可由农艺、施肥、种植技术根据施肥灌溉需要确定。可以按作物的生育时间表事先设定，也可以由程序自动根据作物环境条件，主要是作物耗水量变化自动给出。如果用户安装有自动灌溉系统，滴灌决策支持系统可以直接启动灌溉系统进行滴灌作业。

三、结语与展望

设施蔬菜全生育期制定灌溉策略并实现是设施农业种植中十分重要的工作。通过节水技术和智能化决策实现作物全生育期的灌溉管理，为推动生产轻简高效提供了重要的支持。在传统技术上进一步开展的物联网智能决策，显著推动了设施农业现代化的进程。不久的将来，智慧灌溉决策系统可以根据气象数据、作物生理特征、土壤特性、作物生长因素组成数学模型做出灌溉决策。全生育期作物灌水的起始时间由农艺、施肥、种植的施肥或灌溉需要确定。智慧灌溉系统先按作物的生育时期事先设定，再由程序自动根据作物环境条件、作物耗水量变化给出什么时候灌水，完成全自动精准灌溉。智能化灌溉决策技术是种植行业划时代的技术，基于作物生长数学模型的灌溉决策系统，通过传感器修正实际模型参数，显著节省了人力和物力的投入，不仅实现了节水也为生产者节省了时间和精力，将为提高生产效率、提升设施农业生产的现代化程度做出贡献。

导读：施用沼肥对改善农产品的品质有很好的提升作用，在设施生产中可用沼肥部分或全部替代化肥，但沼液如何进入灌溉施肥系统？沼液如何精准施用，才能保证农产品的安全和品质提升？本文将逐一回答。

第二节　沼液滴灌施肥工程在设施蔬菜上的应用

近年来我国沼气工程发展迅速，沼气能源为我国农村地区能源供应做出了重要的贡献。与此同时，作为沼气工程的副产物沼渣、沼液，其产生量大、养分含量高，是理论上的良好有机肥源，但在实践中未能得到较好的利用，有的地方因沼渣、沼液随意排放甚至产生新的污染风险。

沼渣、沼液不能得到有效利用，涉及的机制、技术原因很多，其中沼渣、沼液不分、状态黏稠、缺乏施用工程装备和指标是重要的原因。尤其是在有机肥施用的主要区域——设施蔬菜种植体系，很多基地均配套滴灌、微灌工程，施肥通过水肥一体化管理是大势所趋，沼液如何进入灌溉施肥系统是个制约性问题，其核心是要解决沼液的固液分离，实现分级精细过滤，将沼液纳入滴灌系统。这样既在技术上解决沼液与滴灌系统难对接的问题，又在实践上解决当前农事管理上人工短缺、常规沼液施肥农民不愿干的问题。

北京市农林科学院植物营养与资源研究所在有关方面的支持下，于2007年开始探索，进行沼渣、沼液固液分离、沼液精细分级过滤、构建沼液滴灌施肥工程。该工程自启动实施10年来，获得了成功的经验，在京郊设施菜地进行了大面积的示范推广，取得了良好的效果，受到了相关基地的欢迎。

一、沼液滴灌施肥工程构成及功能

在确定好沼液滴灌施肥工程建设位置后，即可进入规划建设阶段。

沼液滴灌施肥工程由三个部分构成，分别为沼液储存、粗过滤和曝气系统部分（A）；沼液细过滤和自动配比、反冲洗和主体控制系统部分（B），以及田间沼液灌溉部分。其中B部分是工程的主体部分，控制着A区的曝气系统和C区的沼液灌溉体系（图4-5）。*

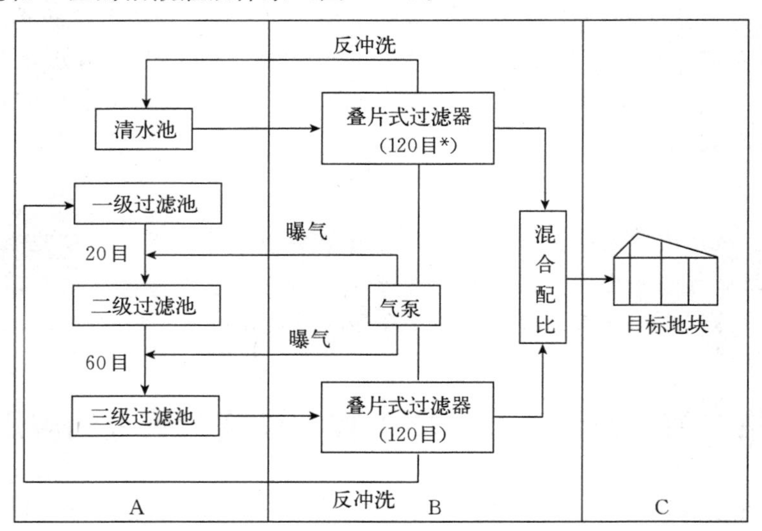

图4-5　沼液滴灌施肥工程的工艺设计

* 目指在2.54厘米×2.54厘米的面积内有多少个网孔数，即筛网的网子数，下同。——编者注

沼液在A区经过2级过滤之后，由泵抽取至B区，在B区经过第三次过滤并与清水混合配比送达C区，实现沼液的灌溉施肥。而在第三级过滤中留下的细微沼渣，则通过B区的反冲洗系统冲回到A区的一级过滤池，实现循环运转。

A区由沼液注入口和储存池构成，储存池分为沼液过滤储存池和清水储存池，其中沼液过滤储存池又分为三个部分，分别为沉淀池、过渡池和清液池，三个池子间用过滤网隔开；沼液在经注入口倒进沉淀池后，经沉淀后过20目的过滤网进入过渡池，其后通过过渡池与清液池间60目的过滤网进行过滤，最后用抽污泵送至B区与清水混合后等待灌溉施用。

由于沼液过滤时会有沼渣附着在过滤网上，长期施用易造成网眼堵塞，本工程中在B区工作房内安装有气泵，由主控制系统操作对网进行曝气处理，将过滤附着物冲开，实现沼液无堵塞过滤，解决了沼液过滤的初步堵塞问题。沼液和清水分别经水泵送至B区，进入过滤精度120目的叠片式过滤器，滤液利用电动调节阀调整与水混合，混合液通过输送管道进行施肥灌溉。碟片式过滤器与气泵、水泵相连，一旦发生堵塞，系统自动进行反冲洗运行，将附着在过滤器里面的沼渣冲洗至沼液的沉淀池，保证整个过滤体系的顺畅运行（图4-6）。

图4-6 沼液过滤器的反冲洗

沼液与清水混合后供到C区，为保证因可能有多个地块同时灌溉施肥情况下的沼液供应，在主管道上设一个变频加压泵，当管道内的水压变低时，加压泵自动开始工作，以满足压力需求。

沼液滴灌施肥工程的建设应该按照各地目标作物、种植方式、气候条件等因素做好合理规划然后实施，充分发挥工程效益。工程首部位置拟选择在交通方便、离水源近的地方为宜，方便沼液的运输和灌溉水源的接入。在北方高寒地区，建议将工程首部集中建在温室、大棚或室内为好，以保证冬天灌溉肥水的适宜温度和维持过滤系统的正常运行（图4-7）。

图4-7　沼液滴灌施肥装备主控制系统

二、设施蔬菜沼液滴灌施肥的实现

沼液滴灌施肥工程建好通过调试后就可用于正常的灌溉施肥了。在沼液滴灌施肥管理中，为了保证施肥效果和设施设备的可持续利用，应注意防止管道和滴头的堵塞，灌溉要采用三段式灌溉，即清水—沼液—清水的灌溉方式，也就是在灌溉沼液的前、后，要保证灌溉10分钟左右的清水，防止微生物滋长堵塞灌溉系统。滴灌施肥要严格按照操作指南，规范运行（图4-8）。

北京市农林科学院植物营养与资源研究所

沼液滴灌施肥操作指南

1.沼液必须经过滤(120目以上)才能进入滴灌系统进行作物的灌溉施肥。

2.施肥前，检查滴灌系统是否正常工作。大棚开关打开，系统运行压力适宜，出水均匀，田间主管道和毛管确保不漏水才能开始滴灌。

3.施用的肥料须控制好浓度。沼液必须和清水混合后才能灌溉，混合后的沼液电导率必须保持在3 000微西门子/厘米以下。

4.若肥液不能正常进入管道，检查阀门是否已经打开，底阀有无堵塞，泵内空气是否排出，连接是否密封，离心泵须检查是否反转。

5.经常田间巡查滴灌的工作情况，修补跑水漏肥的地方。

6.若第三级过滤池的沼液抽完，用反冲洗管将滤网上的渣滓反冲干净，使沼液可以顺利通过滤网。

7.调节施肥球阀的关闭程度以保持沼液的灌溉浓度，一个灌溉区单次的施肥时间控制在2～3小时，保证施肥均匀性和肥料养分不流失。

8.灌溉和施肥都要控制时间，保证土壤不过量灌溉。可以挖开土壤剖面判断湿度，灌溉湿润范围在作物根系范围内即可。否则浪费水、肥、电，严重则导致减产无收。

9.运行时，变频开关须拨到“变频”挡。反冲洗过滤器不能自动冲洗时必须人工冲洗过滤器。毛管则每月冲洗一次。

技术咨询：植物营养与资源研究所循环农业研究室

电话：010-51503326，51503735

图 4－8　沼液滴灌施肥操作指南

三、沼液用量的精准控制

1. 总量控制

为提高沼液灌溉施肥的水肥利用效果，建立合理的施肥灌溉模式非常重要，其中包括施肥总量的确定、分期施肥配比以及不同沼液原料的选择等。

作物全生育期总施肥量取决于作物达到目标产量的需肥量，受到产量目标、土壤特性、肥料供肥特性等的影响，在土壤、作物等相关条件相同情况下，沼液与化肥的相对肥效相当（图 4-9）。明确这一点，对于确定沼液的合理用肥量具有重要的借鉴和指导作用。以鸡粪沼液为例，通过在油菜、番茄、芹菜、玉米等作物上进行等氮量施肥试验，结果表明，等氮供应条件下沼液的当季肥效与化肥相当或略好，说明沼液用（氮）量的确定可以参照化肥的用（氮）量来进行。沼液肥效较好，与其养分的有效性密切相关，全国沼液养分数据调研显示，以不同养殖原料生产得到的沼液其速效氮（铵态氮+硝态氮）含量占全氮含量的 72%～92%，基于全国的养分数据，估算了不同作物不同来源的沼液的推荐施用量（表 4-2）。

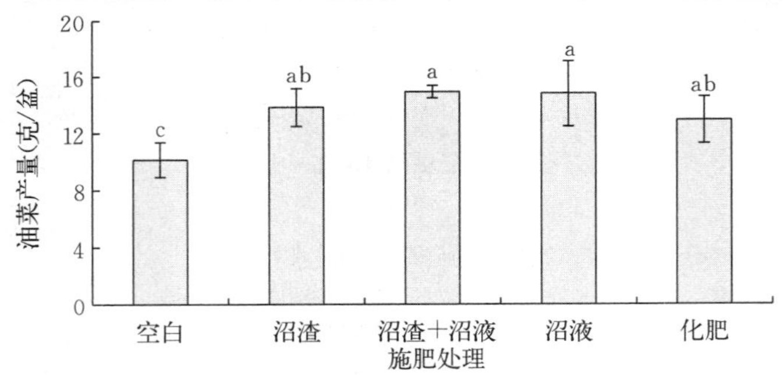

图 4-9　沼液与化肥等氮量施用的效果

不同字母表示处理间差异显著，$P<0.05$，下同。

表 4-2　不同作物的沼液推荐用量

作物	鸡粪沼液量（吨/公顷）	牛粪沼液量（吨/公顷）	猪粪沼液量（吨/公顷）
番茄	50.6	88.1	66.6
油菜	36.5	63.5	48.0

（续）

作物	鸡粪沼液量（吨/公顷）	牛粪沼液量（吨/公顷）	猪粪沼液量（吨/公顷）
冬小麦	45.2	78.7	59.5
夏玉米	37.4	65.2	49.3
苹果	54.6	95.2	72.0
水稻	39.9	69.4	52.5

2. 分期控制

在明确了某种作物栽培期间需用沼液总量的基础上，根据作物栽培时长及拟灌溉频次情况，再结合作物不同生长阶段需肥特点，合理安排沼液分次施用方案。

如计算得到某种作物全生育期需用追肥沼液 5 米^3，预计作物生长期间共需滴灌 10 次，可以采取“随水带肥”的方式进行灌溉施肥，每次滴灌时可平均带入 0.5 米^3 的沼液量，根据作物不同生育期需肥量的差异，不同时期加入沼液量可作适当调整，进入作物收获后期可停止加入沼液；针对某些灌溉施肥面积较大、地块较多的园区，希望相对集中地进行沼液滴灌施肥，也可以采用将沼液分为几次集中施用，如上例，可根据作物常规施肥管理方法基于重点施肥阶段将沼液按 3～5 次灌溉随水滴灌施肥。应注意的是，由于施肥相对集中，每次带入的沼液量和灌溉用水量要匹配，要保证沼液充分稀释，避免浓度过高而影响作物正常生长。

3. 沼液检测

根据原料情况灵活掌握，沼液应用中要充分了解所用沼液的原料情况，不同来源的沼液其养分含量差异较大，最好结合化学测试，对沼液速效氮、磷、钾及 EC 值作全面的了解，便于合理地确定施肥量。

全国沼液养分调研发现，不同来源的沼液其养分含量特性是不同的，施肥决策时要关注这一点。当然，畜禽粪便沼气发酵过程及辅料的添加情况对沼液的质量也会产生影响，必须作适当的了解，应当明确沼液发酵过程是否充分，务必确保其发酵完全，这是沼液安全施用的基础。

四、沼液滴灌施肥工程运行效益分析

经过多年来的试验示范，沼液滴灌施肥工程表现出了良好的效益，不仅有明显的增产增收效果，而且可以降低肥料投入、减少施肥所需的人工投入、改善施肥环境、促进沼液精准化利用，受到了广大用户的欢迎。随着技术工程的不断成熟，来自农业生产基地和沼气工程方的沼液施肥配套工程建设需求日益强烈。

（一）经济效益

在北京大兴某有机农场进行的试验示范结果表明，采用沼液滴灌技术后，可提高蔬菜产量10%～15%，按照蔬菜现行价格，每亩可增收1 000～1 300元；施用沼液之后，有机肥的用量可以减少一半，每年每个大棚可以节省有机肥3吨，按市场价格500元/吨计算，每亩净节省开支1 500元，因此每亩蔬菜共增收节支2 500～2 800元。当前有些基地发展有机农业心情迫切，但在生产实践中作物底肥施用固体有机肥料，而在追肥时没有肥源保障，通常是通过增施底肥的措施来缓解作物生长后期养分供应不足的问题，费了很大的劲，效果不理想。有了沼液滴灌工程，这一问题得到了较好的解决，可以说，发展沼液滴灌工程为生态、有机农业的实施与提升提供了重要的科技保障，作物产量有保证，效益明显提高。

另外，从沼液滴灌工程产投情况来看，这也是一项值得投资的工程。一套覆盖灌溉面积200亩地的沼液滴灌工程，除去常规的灌溉设施以外，新增的沼液分离、混合、反冲洗、基建等设施一般为30万元左右，该工程按照10年进行折旧计算，则每年折旧3万元，计每年每亩地150元，按一年种两茬蔬菜来算，则每茬蔬菜上分摊到的成本为75元。当前施用沼液的成本几乎可忽略不计或者非常低，因此，与施用其他肥料相比，采用沼液滴灌施肥的成本是相当低廉的。

（二）社会效益

采用沼液滴灌施肥工程后社会效益也很明显，一是促进就业和社会化服务，如果工程能够得到逐步推广，将明显推进沼气工程产业链条的延伸和沼渣沼液利用社会化服务体系的建设，无论对上游还是下游产业的发展都是有利无害的。二是减少施肥用工，促进标准化管理，一个以施有机肥为主的生态、有机农场，要实现有机肥追肥，用工量大、工作辛苦，无人愿干，改变为沼液滴灌施肥工程后，施肥工作变为简单的开关设备即可，既方便又节约时间，同时还增加了施肥的准确度。一套覆盖200亩灌溉面积的沼液滴灌施肥设施的建成，一茬作物上就可以减少施肥用工1 000个以上，北京北郊某有机蔬菜园区从装备了该设施后，由原来每个工人负责2个蔬菜温室的日常管理提高到现在的3个温室管理，用工效率明显提高。三是农产品质量有保障，基于科学的、精准的水肥管理，水分养分利用效率得到“双提高”，作物的养分供应平衡也有了保障，农产品品质可以得到较好的提升。

（三）生态效益

沼液滴灌施肥工程实施后，其生态效益表现在既有效消纳了沼气工程副产品，又避免了因沼液施用不当对农产品产地环境带来的不利影响，由此所带来的固碳减排效应将是非常显著的。当前也有人认为，施用沼渣、沼液可能带来重金属污染、盐分累积等环境问题，这需要科学辩证地分析。沼渣、沼液中确实含有重金属和盐分，这是从养殖废弃物中带来的，不是因沼气工程措施而新产生或增加的，就如同其他有机肥料一样，要保障安全、减少重金属和盐分的累积，只要科学、精量施用沼液就可以了。有试验证明，与化肥相比，施用等养分量的沼液进行作物种植后，作物肥效得到提高，而土壤盐分累积却低于化肥处理。另外，适量连续施用沼渣、沼液情况下重金属方面只有锌元素有累积趋势，其他元素累积并不明显。

导读：化肥减施增效可兼顾农业生产与水土环境的改善。我国农作物生产中，过量及不合理施肥现象普遍存在。设施主栽品种番茄的施肥存在怎样的问题？其实现减肥增效的关键技术有哪些？

第三节 设施番茄生产减量施肥技术

一、设施番茄减肥技术的应用背景

农业部提出到2020年化肥零增长行动，北京地区要在2019年提前完成。2018年的目标是化肥纯用量要降低到29.5千克/亩，化肥利用率要达到37%。这其中，番茄的减肥增效是重要内容。

二、设施番茄施肥现状

1. 长期化肥超量使用，土壤中的养分大量盈余

以北京地区某高产户种植番茄为例，底肥用鸡粪5米^3/亩（以下均为亩用量），猪粪5米^3，复合肥（15-15-15）25千克，硫酸铵和磷酸二氢钾各25千克；追肥用16-8-34的高钾复合肥，一次10千克，共追7次，当年番茄产量12 758千克/亩。但是计算土壤盈余量，就会发现仅这一茬土壤就盈余了16千克氮（N）、23千克磷（P_2O_5）和25千克钾（K_2O）。土壤中的碱解氮和有效磷均大幅度增加，植物完全是奢侈吸收。土壤中的高氮和高磷容易向水体流失，造成面源污染。

2. 施肥结构存在问题

北京农户底肥一般以鸡粪、猪粪为主，这类粪肥含纤维素较少，对土壤腐殖质贡献有限；其次，有机肥本身就带入大量的磷，底肥中仍选用的高磷化肥品种，如磷酸二铵、三元复合肥等。

3. 施肥不符合作物需求规律

从总养分来看，基肥占养分总量比例较高，为42.5%～70%。然而，设施蔬菜前期吸收少，中后期快速增加，而土壤养分供应则是前期过多、中后期不足，造成土壤养分供应与设施蔬菜养分吸收明显不同步。蔬菜要求钾多磷少，由于生产上大量元素与微量元素不平衡，生理病害较多，如茎裂病、脐腐病（但也有可能是因为钾过多抑制钙的吸收）等时有发生。因此，从生产现状来看，也有节肥的空间。

三、设施番茄生产的减肥策略

1. 土壤是基础

只有透气性强、保水保肥、没有障碍的健康土壤，才能最终实现化肥减量，所以打造健康土壤是第一步。

2. 肥料减量技术

（1）*测土施肥* 测土施肥是肥料减量的首要措施。施肥是需要计算的，生产中常用的是目标产量法来确定总施肥量。

生产1 000千克番茄的施肥量＝一季番茄的总吸收量＝1 000千克番茄×作物单位产量养分吸收量（一般可在肥料手册中找到）

土壤供应量＝土壤测定值（毫克/升）×0.15×换算系数

从计算公式中，可以看到测土的重要性。如果采用了测土的方法，施肥量则是合理的。但土壤样品经过晾晒、研磨、过筛、分析往往周期较长，出现了测土结果滞后的情况。因此，急需速测和速判的方法。尽管有人质疑速测仪的准确性，但多少也能够提供参考，建议农技人员配备田间手持速测仪，并参加相关的培训。

（2）*有机肥替代部分化肥*

① 品种选择。目前北京地区新建设施菜田已经很少，基本都是五年以上的老菜田，因此土壤养分多处于盈余状态，即土壤中氮多碳少。所以建议在有机肥的选择上，多选秸秆类肥、牛羊粪，而少选禽类粪肥。这样可以提高土壤中的C/N比，对除盐、减轻连作障碍有好处。

② 施肥时间。提前半个月，避免未腐熟的堆肥烧苗。

③ 安全限量。有机肥施用超量也会造成面源污染。北京市土壤肥料工

作站多年的量级试验和有机肥矿化研究表明，每 1 吨堆肥平均可替代 5～8 千克化肥。每亩每季基施 3～4 米^3 的鸡粪，或 2 米^3 鸡粪＋秸秆肥，最多不超过 2 吨/亩。

④ 有机肥与无机肥配比。关于等氮条件下，有机肥和化肥分别提供多少的氮，前人的研究已经很多了，结论是有机肥 N∶化肥 N 在1∶1或 2∶1。

3. 土壤栽培模式的资源再利用

图 4－10 是编者制作的一个土壤养分转化情况。以 100 份肥料算，作物吸收利用 40％，壤中流、径流和淋洗占 15％，挥发占 20％，那么就有 25％还在土壤中。如果能够将这 25％的土壤养分库进一步活化利用 10％，就可以既减少施肥又减少环境污染。那么如何来利用这个土壤养分库呢？

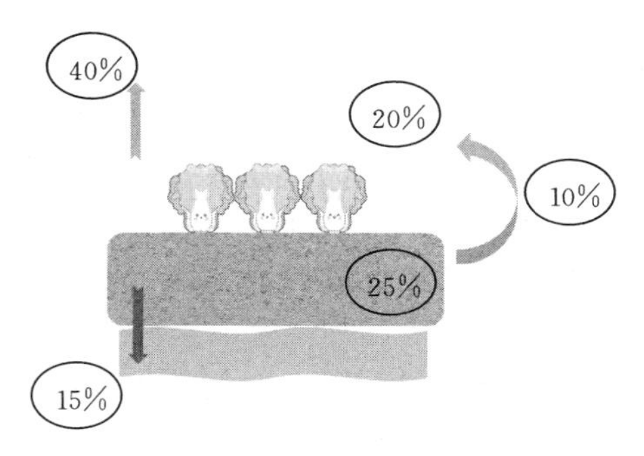

图 4－10　土壤养分转化情况

（1）*底肥仅施有机肥*　在许多肥料试验中，高肥力地块的不施肥处理与施肥处理产量相差无几，说明土壤中养分已经足够当茬作物生长所需。连续三茬的果菜试验数据表明，每亩节省底肥 9 千克，果菜产量均与常规施肥处理相当；部分园区在番茄的种植中，就已经不再底施化肥，而只施有机肥，也能在 2 年内维持稳产。

其实，这样的理念在国外设施栽培和基质栽培中已经实现。西班牙阿尔梅里亚地区的土壤经改良成为“上层沙土—中层有机肥—下层黏土”的蒙金土，有机肥厚度 3～4 厘米，施肥量为 3～4 千克/米^2，相当于每亩施有机肥 2 吨左右，且每 2～3 年更换一次，定植后才开始施用化肥。因此，在高肥力地块生产果菜类底肥仅施用有机肥是可行的，每亩平均可节省 10 千克的化肥。

（2）*选用功能型肥料*　土壤中盈余的养分包括速效养分和缓效养分，两者处于相互转换的动态过程。为加速土壤中养分的有效化过程，应加大速效养分补给。尽管土壤中存在具有解磷效果的微生物，但这些微生物数量少。现阶段，北京市土壤肥料工作站开展了果菜的解磷微生物菌剂试验，选用的是巨大芽孢杆菌，结果表明配合施用解磷菌剂，可减少底肥中 20％的磷肥施用。

（3）*充分利用蔬菜生态位*　尽管蔬菜根系基本在 30 厘米深度，但不同作物的根系分布深度和范围不同，作物吸收养分的土壤区域也有所不同，可以达到分别利用不同土壤深度硝态氮的目的，提高肥料利用率，减少底层与表层的硝酸盐淋溶，减少氮素的表观损失。

（4）适度休闲与填闲　一是施肥量高与设施复种指数高有关，如果能适度休闲，也能减少肥料投入。二是若上茬是番茄、黄瓜等果菜，下茬栽种叶菜时，建议可以不再施用有机肥，或2～3茬施一次。因为叶菜生长期较果菜短，养分不需要那么多。这样可以充分利用土壤中盈余的养分，也能减少肥料投入。三是上茬番茄拉秧后，可种植一茬填闲作物，比如种植一茬填闲玉米，玉米无需接穗，45～60天后将其粉碎翻压还田。采取这种方法，不仅可吸收利用土壤中60%左右的硝态氮，还可同时改良盐渍化土壤，提高土壤碳氮比，确保了土壤的可持续利用。

4. 无土栽培模式的应用示范

打造高端农业成为了一种趋势，番茄工厂、椰糠栽培、基质栽培等无土栽培也蓬勃发展起来，采取这种模式能够实现肥料调控与养分循环利用，还能大大提升肥料利用率（尤其是采取了营养液回流的模式）。土壤质量很差的情况下，建议有财力、有人力、有技术的园区和个人采取无土栽培模式。

四、总结及展望

要实现化肥减量，除进一步深入推进测土配方施肥、集成示范现代高效施肥、大力推进有机肥源利用技术外，还需要：①完善扶持政策，支持增施有机肥和水肥一体化、秸秆还田等技术；②抓好科技支撑，成立市级专家指导组，明确技术责任人，细化技术方案，开展指导服务，确保成熟技术模式落实到户、落实到田；③强化宣传培训，利用广播、电视、网络、报刊、手机等手段，加强对新型经营主体培训力度，着力提高种粮大户、家庭农场、专业合作社科学施肥技术水平；④创新服务机制，积极探索社会化、专业化服务组织的发展，向农民提供统测、统配、统供、统施“四统一”的技术服务。

第五章 CHAPTER5 病虫害绿色防治

导读：番茄早疫病和晚疫病是危害番茄的两种重要病害。两种病害名称只有一字之差，其发生机理、危害程度，在识别上、化学药剂的选择和防治方法上如何区分与使用？

第一节 番茄早疫病、晚疫病的诊断与生物防治

一、番茄早疫病

番茄早疫病又称为“轮纹病”，各地普遍发生，是危害番茄的重要病害之一。近年来，一些地区由于推广抗病毒病而不抗早疫病的番茄品种，导致早疫病严重发生。该病病原寄主活动范围广泛，除危害番茄外，还可危害茄子、辣椒和马铃薯等茄科蔬菜作物。

早疫病主要侵染番茄幼苗和成株的叶、茎、花、果。

番茄早疫病是由茄链格孢菌侵染所致，在真菌分类中，属于半知菌亚门链格孢属。病菌主要以菌丝体及分生孢子随病残组织遗留在田间越冬，第二年产生新的分生孢子，通过气流、微风、雨水溅流，传染到寄主上，通过气孔、伤口或者从表皮直接侵入。在体内繁殖大量的菌丝，然后产生孢子梗，进而产生分生孢子进行传播。

1. 危害症状

叶片和茎叶分枝处最容易发病，呈现圆形至椭圆形、灰褐色至深褐色的同心轮纹病斑，潮湿时病斑表面生出灰黑色霉状物；青果发病后先从果蒂开始，在果蒂附近形成圆形或椭圆形病斑，凹陷、带同心轮纹，生有黑色霉层，后期病果开裂，提前变红。具体危害症状见图 5－1～图 5－10。

（1）苗期受害　茎部变黑褐色。

（2）成株叶片受害　初期呈针尖大的黑点，后扩展为黑褐色轮纹斑，边缘有浅绿色或黄色晕环，中间有同心轮纹且轮纹表面生毛刺状物；潮湿时，病部有黑色霉物。

图 5-1 番茄早疫病发生在叶片时（病级为 2 级）

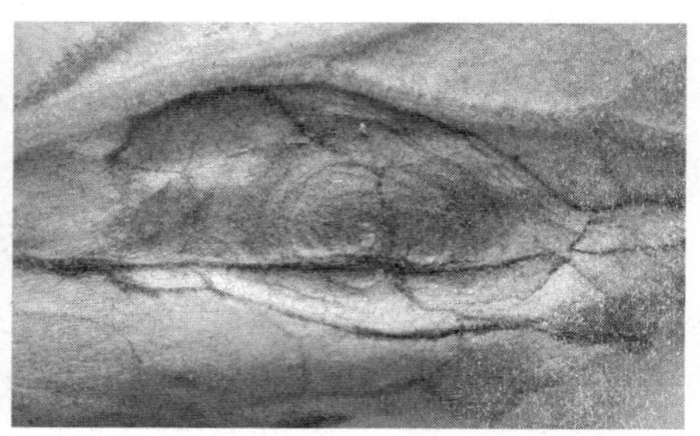

图 5-2 叶片背面的样子（这个病级为 3 级，相当于中后期）

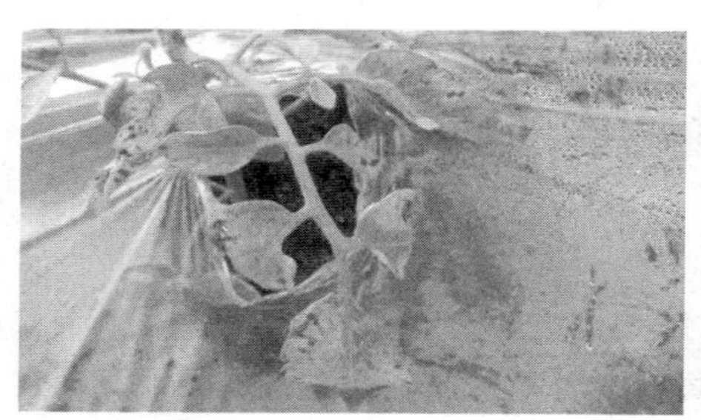

图 5-3 番茄早疫病在苗期的症状

图 5-4 番茄早疫病在苗期的症状——苗期茎秆基部的症状

图 5-5 番茄早疫病在茎秆上面的症状——整体症状

图 5-6 番茄早疫病在茎秆上面的症状——挂果膨大期茎秆上面的症状

（3）茎和叶柄受害　茎部多发生在分枝处，产生褐色稍凹陷病斑，表面生灰黑色霉状物。

（4）青果受害时　始于花萼附近，初为椭圆形凹陷褐色斑，有同心轮纹，后期果实开裂，病部较硬，密生黑色霉层。

番茄早疫病果实染病主要在果把处，具有褐色凹陷圆形病斑，病斑较硬。湿度大时生有黑色霉层。

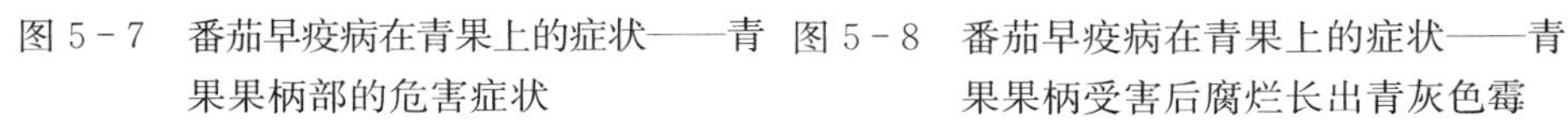

图 5-7 番茄早疫病在青果上的症状——青果果柄部的危害症状

图 5-8 番茄早疫病在青果上的症状——青果果柄受害后腐烂长出青灰色霉层的症状

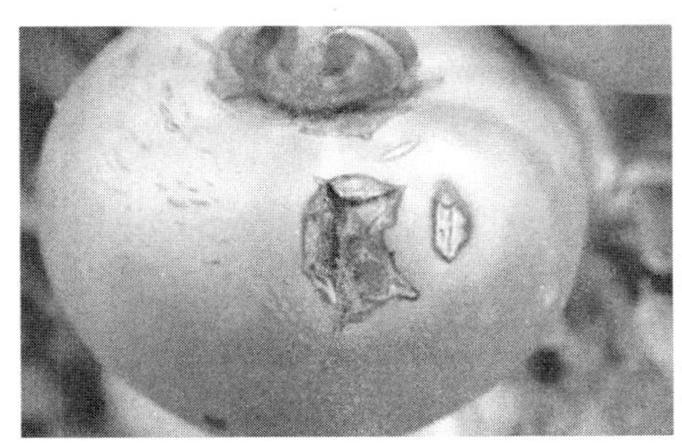

图 5-9 番茄早疫病还会造成起皱开裂，形成花皮果

图 5-10 番茄早疫病使花芽受害后的症状表现

2. 番茄早疫病的病原特性

番茄早疫病由茄链格孢菌侵染所致。茄链格孢菌的分生孢子比较顽固，通常条件下可存活 1～15 年。同时，病菌产生的活体菌丝生长温度范围很广（1～45 ℃），最适温度为 26～28 ℃。病原的适应性特别强，这也是区分早疫病、晚疫病、灰霉病、圆纹病、炭疽病的一个依据，在低温下可以发生的也只有番茄早疫病，而且是全时期发生。基本上在大田里，温度普遍达到 7～8 ℃就可以发生了。

茄链格孢菌侵入寄主后只需 2～3 天就可形成病斑，再经过 3～4 天在病部就可产生大量的分生孢子，进行再侵染。温度高、湿度大，就有利于发病。分生孢子在水滴中，28～30 ℃下，只要 35～45 分钟就可萌发，进行再侵染。天气多雨雾时，分生孢子大量形成和迅速萌发，常引起病害流行。当然水肥供应良好，植株生长健壮，发病轻；植株生长衰弱，田间排水不良，发病严重。

3. 番茄早疫病的侵染循环

需要强调的是，番茄早疫病的病原真菌源一般来自于病残体上的菌丝体和附着在种子表面以及土壤里存在的分生孢子，一般在23～30℃、湿度较大的情况下容易侵染到番茄体内，侵染后2～3天即可显现症状，条件合适情况下其侵染后可以形成多次侵染循环，在番茄上即表现为病斑越来越多，发生面积越来越大。

番茄早疫病在番茄整个生长期都可以侵染发病，但多在结果初期发生，结果中期危害严重。在高湿环境下发病重，而且流行速度快，因此雨季来临的早晚、雨日和雨量多少（大田时），都与病害发生和严重程度密切相关。此外，在水肥供应不足、植株生长衰弱时，容易发病；在氮肥过量、浇水过勤、通风排湿不及时时也易发病；如果土壤黏重，排水不良，密度过大，发病将更严重。

4. 番茄早疫病的防治方法

（1）选种抗性品种。

（2）*轮作和套种* 可以套种生姜，棚室每行的最前端和最后端分别套种可以矮化种植的生姜，在番茄定植后7～8周时再定植生姜。

鉴于病原能有一年以上的存活期，所以要注意轮作。一般与非茄科作物3年以上轮作。拉秧后应及时清除田间残株、落叶和落果，结合整地搞好田间卫生。

在棚室中端套种生姜的话，需要注意的是，维持其高度和密度，基本上要保持间三种一的密度，因为生姜叶片较大，所以一定注意定期清除其顶梢，让其在基部生长，这是利用了番茄早疫病由下往上发作的特点。

（3）*肥水管理* 降低湿度；施用充分腐熟的有机肥，番茄生长期间增施磷、钾肥，特别是钾肥，增强植株长势，促使植株生长健壮，提高对病害的抗性；合理密植；合理浇水，及时排水，保证通风透气；及时清除残枝败叶，集中处理，减少病源。

（4）*栽培管理* 避免田间郁闭高湿，及时合理打掉番茄下部老叶，冬季大棚种植要合理进行防风，保证田间相对干燥进而营造不适合早疫病发生的条件。

（5）*种子消毒处理培育无毒壮苗*

① 种子处理。种子要用52℃温水浸种30分钟或可用杀菌剂种衣剂

10 毫升加水 150～200 毫升，混匀后可拌种 3～5 千克，包衣晾干后播种。

② 温室大棚处理。在定植前密闭棚室后按每立方米用硫黄 0.25 千克、锯末 0.5 千克，混匀后分几堆点燃熏烟一夜，或采用 45%百菌清烟剂，标准棚每棚 100 克进行喷洒。

③ 播前种子处理。在注意从无病地块、无病植株上选留种子的基础上，对采后的种子除结合其他病害的预防、用 70 ℃干热处理 72 小时法进行处理外，在播前可用 52 ℃温水浸种 30 分钟后，取出摊开冷却，再催芽播种。

④ 苗床管理。选择连续 2 年以上未种过番茄作物的地块做苗床，否则床土要换无病新土。定植时剔出病苗。

（6）增强番茄植株的抗逆（抗病害）能力

① 植物免疫蛋白。可以使用植物免疫激活剂，如极细链格孢激活蛋白可以有效激活番茄体内免疫系统，进而由内而外地提高番茄抵抗早疫病的能力。

② 鱼蛋白与海藻酸。通过叶面喷施含有鱼蛋白的叶面肥，以 800～1 100倍液的浓度喷施；或者叶面喷施海藻酸（海藻精）叶面肥，以 1 400～1 800 倍液的浓度喷施。也可用鱼蛋白水溶肥/海藻酸（海藻精）水溶冲施肥分别以 260～350 倍液的浓度和 350～400 倍液的浓度冲施。当然，叶面喷施和根部冲施搭配起来效果会更好。此法也可以作为番茄抗逆的首选肥水方法，比如抗寒、抗冻、抗涝、气温骤降等极端环境。

（7）矿物防治方法

① 高锰酸钾溶液。矿物防治的方法很多，首选高锰酸钾，其只可以在发病初期使用，30%的高锰酸钾溶液按比例 800～1 400 倍喷施。一定要避开花期，要不然容易导致锰中毒，以盛花期过了 3/4 时使用为宜。高锰酸钾（化学纯）500 克价格在 8～11 元。当然也可以在种子消毒时使用，蘸根亦可。

② 自配溴酸盐—氯酸盐杀菌液（原理同氟氯异氰尿酸）。矿物防治用次氯酸钠（84 消毒液，15%分析纯）和溴水按 2∶1比例混合后 1 600～2 200 倍喷施，需要加入 0.03%比例的洗衣粉，从而提高其黏着特效。此法不可以作种子处理和土壤消毒。

③ 蓝矾水玻璃合剂。同番茄晚疫病所述。

（8）生物防治方法

① 苍耳杀菌溶液。苍耳带刺的种子籽粒，可以研磨后榨油，将苍耳籽粒的油剂按照 1 300～1 600 倍比例喷施，加入万分之二到万分之四点五的洗洁精或者洗衣粉，作为乳化剂。此药剂可以全时期使用，若蘸根种子消毒需要提高浓度，则其比例为 450～800 倍。此药剂只可以防治中期（病级为

1～3 级）早疫病。

② 侧柏杀菌溶液（扁柏亦可）。侧柏的柏针油剂或者其松子的乙醚萃取物（75%酒精也可以）。使用方法同苍耳。

③ 青蒿。同番茄晚疫病中所述。

二、番茄晚疫病

1. 番茄晚疫病的病原特性

番茄晚疫病也叫黑秆病，在番茄幼苗和成株期都可发病，但以成株期的叶片和青果受害较重。这就和之前介绍的番茄早疫病区别开了。

番茄晚疫病病原菌为鞭毛菌亚门疫霉属真菌，病菌以卵孢子随病残体在土壤中越冬，植株繁茂、地势低洼、排水不良、田间相对湿度 95%以上时，有利于病害的发生；土壤瘠薄，植株衰弱，或偏施氮肥造成植株徒长，以及番茄处于生长的中后期，都有利于病害的发生。

2. 番茄晚疫病的危害症状

番茄各个生育期都受该病危害，幼苗期、结果期危害最重。

（1）苗期感病　幼苗染病，先由叶染病，病叶出现水浸状暗绿色病斑，当向叶脉和茎蔓延后，最初时叶片出现暗绿色水渍状病斑，逐渐向主茎发展，可致叶柄和主茎呈黑褐色而腐烂，最终导致植株萎蔫或倒伏，湿度大时（高湿条件下）病部产生稀疏的白色霉层（图 5－11）。

（2）幼茎基部发病　形成水渍状缢缩，幼苗萎蔫或倒伏（图 5－12）。

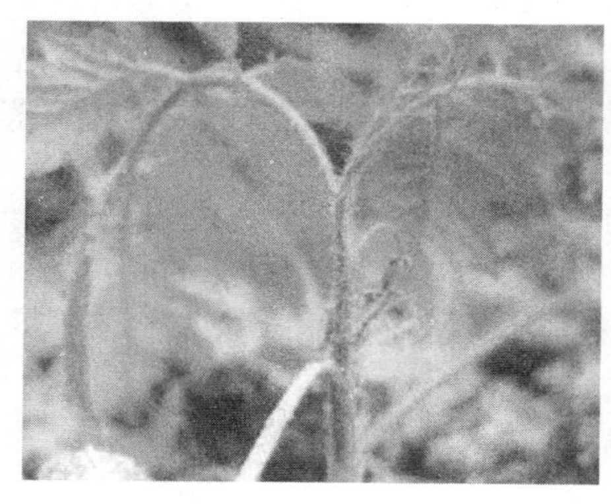

图 5－11　番茄晚疫病在番茄定植后幼苗的表现症状

图 5－12　番茄幼苗茎秆有水渍状缢缩倒伏，高湿时病部产生大量白色霉层，菌丝体清晰可见

（3）成株期发病　成株期多从下部叶片的叶尖或者叶缘开始发病，形成

暗绿色水渍状病斑，边缘不整齐，扩大后呈褐色，以后逐渐向上部叶片和果实蔓延。初为暗绿色水浸状不整形病斑，病、健部交界处无明显界限，扩大后转为褐色（图 5－13、图 5－14）。

图 5－13　番茄晚疫病在番茄植株上下部叶片的发病症状

图 5－14　番茄晚疫病在番茄下部叶片、叶缘或者叶尖危害的症状

（4）叶片受害　叶片染病多从叶尖、叶缘开始，初为暗绿色不规则的水浸状病斑，后转为褐色。空气潮湿、高湿时，病斑会迅速扩展，叶背病、健部交界处病斑边缘可见一层白色霉状物（白霉），整个叶腐烂，可蔓延到叶柄和主茎。空气干燥时病斑呈绿褐色，后变暗褐色并逐渐干枯。

晚疫病的病害叶片或茎秆会像水烫一样，有水渍状病斑，湿度大时有叶片边缘长出一圈白霉，雨后或有露水的早晨叶背上最明显，湿度特别大时叶正面也能产生白霜霉。具体症状如图 5－15、图 5－16 所示。

图 5－15　番茄晚疫病危害叶片时形成的水渍状烫伤的病斑症状（叶面）

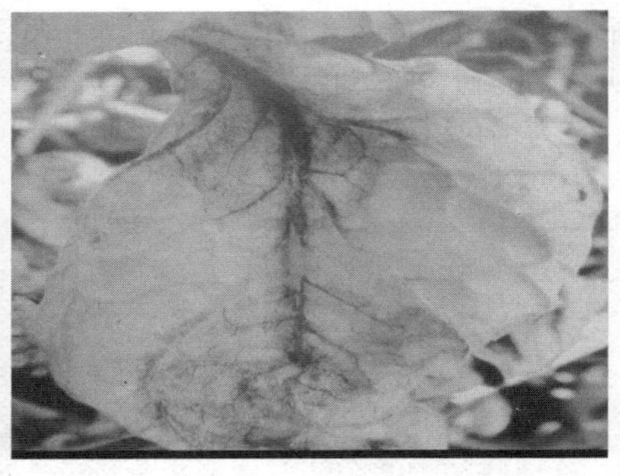

图 5－16　番茄晚疫病危害叶片时形成的水渍状烫伤的病斑症状（叶背面）

（5）叶柄和茎部受害　病斑大多先从叶尖或叶缘开始，初为水浸状褪绿斑，病斑由水渍状变暗褐色至黑褐色，后逐渐扩大，茎部皮层形成长短不一的褐色条斑，病斑在潮湿的环境下也长出稀疏的白色霜状霉，茎秆染病后会产生长条状暗褐色凹陷条斑。

番茄晚疫病病斑最初呈褐色凹陷，稍向下凹陷，病茎组织变软，植株萎蔫（图 5－17～图 5－20），后变成黑褐色腐烂引起主茎以上病部枝叶萎蔫，

图 5－17　番茄晚疫病侵染茎部（上部）后造成的病部变软萎缩萎蔫

图 5－18　番茄晚疫病侵染茎部后形成的褐色凹陷条斑

同时干燥时病部干枯，脆而易破，严重的病部折断造成茎叶枯死。

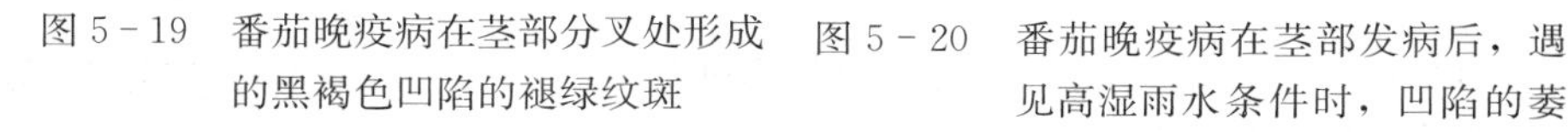

图 5－19　番茄晚疫病在茎部分叉处形成的黑褐色凹陷的褪绿纹斑

图 5－20　番茄晚疫病在茎部发病后，遇见高湿雨水条件时，凹陷的萎蔫的病部会着生部分的白色霉层（注意与灰霉病区分开）

（6）果实受害　果实染病主要发生在青果上，青果病斑初呈油浸状，开始暗绿色，青果发病先形成油浸状暗绿色病斑，后变为暗褐色至棕褐色；病斑呈不规则云纹状，边缘也明显呈云纹状，稍凹陷，边缘明显；病斑处较硬，果皮表面粗糙，一般不变软，湿度大时长出少量白霉，迅速腐烂。具体症状如图 5－21～图 5－24。

图 5－21　番茄晚疫病造成青果上面着生大量的白色青霉

图 5－22　番茄晚疫病危害青果（果柄处侵染）后形成的不规则的云纹状病斑（病部没有变软）

图 5－23　番茄晚疫病危害青果后形成的云纹状病斑的僵果症状

图 5－24　番茄晚疫病危害青果（果柄处）形成的僵果，部分有落果现象

当然，一般说的番茄“疫病”就是指晚疫病。番茄晚疫病以叶片和青果受害严重。发病时常减产 20％～30％，严重时导致毁棚。

需要说明的是，果实上番茄晚疫病的病斑多发生在蒂部附近和有裂缝的地方，呈圆形或近圆形，褐色或黑褐色，稍凹陷，其上长有黑色霉，病果常提早脱落。

图 5－25 所示为幼苗叶片感染晚疫病后的症状表现。

果实得晚疫病，多半是在果子还青的时候，会出现黑黄色的病斑，病斑开始比较硬，慢慢就会腐烂（图 5－26）。

图 5－25　幼苗常常在接近地面的茎部发现番茄晚疫病

图 5－26　番茄青果感染晚疫病后，变软腐烂的青果症状

3. 番茄晚疫病病原的侵染循环

病原主要随病残体在土壤中越冬，也可以在冬季栽培的番茄及马铃薯块茎中越冬。番茄晚疫病病菌主要以菌丝体随病残体在土壤中越冬，也可以菌

丝体潜伏在马铃薯的薯块上由春播植株传给番茄。

条件适宜时，借气流或雨水传播到番茄植株上，病菌孢子囊通过气流和雨水落到植株上后，在水中萌发，产生游动孢子，游动孢子再萌发，从气孔或表皮直接侵入到植物组织中去，在田间形成中心病株。当田间形成中心病株后，产生大量繁殖体，再经风雨向四周扩展，造成普遍发病。

病菌的菌丝在寄主细胞间或细胞内扩展蔓延，经 3～4 天潜育后，病部长出菌丝和孢子囊，并借风雨传播进行多次侵染。从气孔或表皮直接侵入。菌丝发育适温 24 ℃，最高 30 ℃。

4. 番茄晚疫病的发生条件

番茄晚疫病的发生、流行与气候条件关系密切，发展速度还与番茄的栽培条件和植株本身的抗病性关系密切。

（1）病原物生长环境、发病条件　菌丝发育适温 24 ℃，最高 30 ℃，最低 10～13 ℃。孢子囊在温度为 18～22 ℃、相对湿度在 100%左右时 3～10 小时成熟；当相对湿度低于 95%时，孢子囊迅速失去活力。当孢子落在持续持有水滴的寄主叶片表面时，孢子囊才能产生游动孢子或休止孢子萌发并产生芽管，侵染才能发生；如果寄主叶片失去水滴，孢子则不能继续侵染。

（2）影响番茄晚疫病发生的环境因素　当白天气温 24 ℃以下，夜间 10 ℃以上，相对空气湿度在 95%以上，或叶面有水膜存在时，最易形成侵染和发病，发病重。持续时间越长，发病越重。遇春寒天气，温度低、日照少，病害会更加严重。

当温度有利于发病时，降雨的早晚、雨日多少、雨量大小及持续时间长短是决定该病发生和流行的重要条件。3 月出现中心病株，4 月中下旬流行。此时如遇春寒天气，温度低、日照少，病害会更加严重。

棚室栽培时，白天棚室气温在 22～24 ℃，夜间 10～13 ℃，相对湿度 95%以上持续 8 小时，或叶面有水膜，最易形成侵染和发病。

气温在 25 ℃时病毒潜伏期最短，仅为 3～4 天，过高温度反而不利于病害的流行。病菌对相对湿度的要求较严，75%以上方可发生。

（3）影响番茄晚疫病发生的栽培因素　植株繁茂、地势低洼、排水不良，致田间湿度大，易诱发此病。棚室栽培时，种植密度过大，偏施氮肥，放风不及时，发病重。地势低洼、排水不良，致田间湿度大，易诱发此病。土壤瘠薄、植株衰弱，或偏施氮肥造成植株徒长，以及番茄处于生长的中后期，都有利于病害的发生。

（4）影响番茄晚疫病发生的品种因素　抗病性强的番茄品种不易发病，

如中蔬 4 号。

棚室栽培时，白天棚室气温在 22～24 ℃，夜间 10～13 ℃，相对湿度 95%以上持续 8 小时，或叶面有水膜，最易形成侵染和发病。

5. 番茄晚疫病防治措施

番茄（茄科）早疫病和晚疫病在潮湿时和缺磷少钾时都很容易发病，并且迅速蔓延传播，所以种植番茄要采用深沟高畦法种植，切忌平地栽培或沟底栽培；大雨过后要及时注意排除积水，防止积水，加强棚内通风，降低棚内空气湿度；控制氮肥使用量，避免植株徒长，注意增施磷、钾肥和有机肥、生物肥；控制昼夜温差在 15～18 ℃。

（1）选用抗病品种　目前国内较抗晚疫病品种有毛粉 802、绿番茄、佳粉 17、中蔬 5 号、上海合作 903、合作 919、新番 4 号、强丰、中研 958F1 等品种。

（2）合理密植　合理密植，合理施用氮肥，增施钾肥。切忌大水漫灌，雨后及时排水。加强通风透光，保护地栽培时要及时放风，避免植株叶面结露或出现水膜，以减轻发病程度。实行轮作，开沟起垄栽培，保证通风透气。及时清除残枝败叶，集中处理，减少病源。根据不同品种生育期长短、结果习性，采用不同的密植方式。如：双秆整枝栽培的密度为每亩栽 2 000 株左右，单秆整枝栽培的密度为每亩栽 2 500～3 500 株，合理密植，可改善田间通风透光条件，降低田间湿度，减轻病害的发生。

（3）栽培管理　实行高畦覆地膜栽培，定植前覆盖地膜，在地膜上定植，定植时要把苗四周和膜之间用土盖好。盛果期地温升高后，撤除地膜。避免大水漫灌。栽植密度适宜，不要过密，及时整枝，适当摘除植株下部老叶、黄叶，改善通风透光条件。采用配方施肥技术，氮、磷、钾合理配合，防止偏施氮肥造成幼苗徒长。监测发病情况，发现中心病株后，及时拔除，并喷药封锁。

（4）做好病情测报　及早发现中心病株，发现后立即在发病处及其周围喷药，间隔 7～10 天喷 1 次，连喷 3～4 次。检查中心病株时，在上层叶片通常只能发现个别或少数病斑，但在下层叶片可找到较多病斑。如果发病初期就出现较多零星分散的病斑，发生于上部叶片，无明显中心病株，在这种情况下，需立即全面喷药。

从开花前开始，随时进行田间调查，重点观察下部叶片及时发现中心病株，通报相关人员防治，不能怠慢。

（5）轮作倒茬　防止连作，应与十字花科蔬菜实行 3 年以上轮作，避免和马铃薯、茄子相邻种植；忌大水漫灌，合理控制田间湿度。

（6）*培育无病壮苗*　病菌主要在土壤或病残体中越冬，因此，育苗土必须严格选用没有种植过茄科作物的土壤，提倡用营养钵、营养袋、穴盘等培育无病壮苗。

（7）*加强田间管理*　施足基肥，实行配方施肥，避免偏施氮肥，增施磷、钾肥。定植后要及时防除杂草，根据不同品种结果习性，合理整枝、摘心、打杈，减少养分消耗，促进主茎的生长，并且可以配合施用钙、硅叶面肥，从而提高植株的抗病特性；也可冲施鱼蛋白、海藻酸以提高作物的抗逆特性，从而提高对病害的抗侵染能力。

（8）*清洁田园*　作物收获后，彻底清除病株、病果，减少初侵染源。一旦发现中心病株，立即除去病叶、病枝、病果或整个病株，防止病害蔓延。因为病菌主要在种子、病残体及土壤中越冬，借风雨传播。一般气温在18～22 ℃，相对湿度在95％以上时发病最快。在雨水多、温差大、雾露大的初夏或晚秋最易发病流行。

（9）*浸种催芽*　播种前4～5天用55 ℃恒温水烫种10分钟，不断搅动，之后反复搓洗干净。进行变温催芽。把浸好的种子平铺在干净湿布上，再盖上湿报纸，在25 ℃下催芽14～24小时，再移到0 ℃下锻炼10小时，当胚根露嘴即可播种。

发病初期，及时摘除病叶、病果及严重病枝，然后根据作物该时期并发病害情况，发病中后期或者病情较重时，可以采用矿物防治、生物防治方法进行或者两种综合防治进行。

（10）*矿物防治*

① 高锰酸钾溶液。同番茄早疫病的防治，因为晚疫病在青果上面发生尤为厉害，所以盛花期后的坐果初期，是使用高锰酸钾防治的一个节点。此时以750～1 100倍的45％的高锰酸钾溶液配以万分之零点一五到万分之零点四的硼酸的0.8％～1.5％的溶液（质量比）。建议在化学试剂店购买硼酸溶液，不要买农资店的调试好的硼肥（叶面肥）。

番茄晚疫病防治的另一个节点就是苗期定植后11～21天，这个时候和番茄猝倒病一起防治，高锰酸钾的使用比例需要降低，适宜比例为1 800～2 600倍。

② 松脂合剂。使用时也按照以上两个节点，在花期前一周左右及坐果后幼果约8天后使用，主要是避开盛花期和花转果的阶段。因为松脂合剂偏碱性，而松脂合剂防治真菌性土传病害时较为单一，推荐松脂合剂搭配石灰氮一起使用，石灰氮的比例为每亩施用15～25千克。

松脂合剂的配置比例为松香∶烧碱∶水＝3∶2∶10。这是作一般杀虫剂时的比例，在作为真菌性杀菌剂时，松香∶烧碱∶水的比例为4.5∶1.5∶7。

③ 铜皂液。使用比例为1 400～1 800倍液。苗期使用时，和防治其他真菌性病害一起进行。其次就是在坐花期前约半个月，使用比例为1 600～2 200倍液，坐果期使用比例为1 100～1 500倍液。

④ 蓝矾水玻璃合剂。蓝矾即$CuSO_4 \cdot 5H_2O$，水玻璃即$Na_2SiO_3 \cdot 9H_2O$。蓝矾水玻璃合剂具体比例为蓝矾∶水玻璃∶水＝(4.5～8)∶(1～3)∶(800～1 000)。此法不但可以作为苗期消毒杀菌也可以在花果期使用，避免了在使用铜制剂、锰制剂的过程中的铜中毒和锰中毒药害发生，以及真菌性杀菌剂使用过程中药害的发生。此法只限定在病情指数为Ⅲ级及以前使用。

使用过程中，蓝矾水玻璃合剂对防治细菌性病害有很强的杀菌作用，并且可以搭配一定比例的纯奶（牛奶）喷施，可以增强作物的抗病、抗逆能力，使用过程中需要添加一定剂量的中性洗衣粉以提高其黏附特性。

(11) *番茄晚疫病的生物防治方法*

① 百部碱（非生物、植物源农药）。使用百部的根部提取物可制作百部碱（可以自购或者自行制作）。自制百部碱，即将百部的根部晒干后研磨成粉剂，使用95%的乙醇提取后过滤，将滤液按照60～140倍液喷施，但有效成分含量较低。这里建议购买纯度更高的百部碱。

② 苦木。将苦木的枝干叶（尤其是苦木花籽期时的枝干叶，效果更好）晒干后，打碎成粉，将其使用氯仿浸取后过滤，放置2～3小时后，使用75%的酒精进行清洗过滤，将滤液按照450～700倍液喷施，喷施时加点尿素效果会更佳。

③ 青蒿。在青蒿结籽时期，取用青蒿的籽叶晒干研磨成粉剂后，先以乙酸乙酯浸取后，然后再使用烧碱（NaOH）清洗后过滤，滤液按照600～950倍液喷施防治。

④ 哈茨木霉菌。在病级为Ⅲ级及其之前使用哈茨木霉菌效果甚佳，使用浓度参照哈茨木霉菌说明。

⑤ 苍耳杀菌溶液。苍耳杀菌溶液的使用方法同番茄早疫病中所述。

三、番茄早疫病与晚疫病的区别

一般来说，从两个层面去区分早疫病和晚疫病：一是发病的时间；二是发病的病症表现。

1. 发病时间

按照冬春茬口的番茄来讲，晚疫病发病较早，早疫病发病相对较晚。因为晚疫病发病的适宜温度为18～23℃，早疫病的发病适宜温度为23～28℃，也就是说晚疫病是深冬季节温度低的时候发病，而早疫病在春节后温度回升时才是发病最佳时期，所以说，发病早的叫“晚疫病”，发病晚的反而叫“早疫病”。在这两种病害中晚疫病相对来说是比较难治的，因为冬季的气候条件比较复杂且不容易掌控。

2. 发病病症表现

早疫病在病害的叶片或茎秆上都会有明显的轮纹状病斑，所以番茄早疫病也叫“轮纹病”。

3. 番茄晚疫病和早疫病的对比特征

（1）*早疫病*　叶片和茎叶分枝处最容易发病，呈现圆形至椭圆形、灰褐色至深褐色的同心轮纹病斑，潮湿时病斑表面生出灰黑色霉状物；而青果发病后先从果蒂开始，在果蒂附近形成圆形或椭圆形病斑，凹陷、带同心轮纹，生有黑色霉层，后期病果开裂，提前变红。

（2）*晚疫病*　叶片和青果发病较重，叶片发病速度快，多从叶尖和叶缘出现不规则的暗绿色水浸状的病斑，逐渐变褐色；茎秆上病斑为褐色；青果发病先形成油浸状暗绿色病斑，后变为暗褐色至棕褐色，边缘明显呈云纹状，病斑处较硬，一般不变软，湿度大时长出白霉，迅速枯烂。

（3）*番茄晚疫病和早疫病的发病温度*　晚疫病，当气温低于15℃，相对湿度80%，易发病；早疫病，当气温低于25℃，相对湿度85%，易发病。

当然，温度低于10℃发生的大多为番茄早疫病，番茄晚疫病的极限发生温度不会低于12℃，并且对湿度要求较高。

最后，用简单的两句话概括两者之间的区别：早疫病，叶面生，同心纹，生霉层，果黑斑，凹陷型；晚疫病，叶缘生，青果染，油浸状，稍凹陷，褐色变。

导读：烟粉虱是一种世界性的害虫，危害番茄、黄瓜、辣椒等蔬菜及棉花等众多作物，西花蓟马食性杂，对农作物有极大的危害性，如何进行识别和防治？

第二节　烟粉虱和西花蓟马的识别与防治

设施番茄上以小型害虫危害最为严重，目前生产上造成严重危害的主要有烟粉虱、西花蓟马和蚜虫。烟粉虱和西花蓟马是近些年来新传入我国的入侵性害虫，除了直接对作物危害造成损失，还传播植物病毒，对番茄生产造成潜在威胁。

1. 烟粉虱 *Bemisia tabaci* (Gennadius)

烟粉虱属半翅目 Hemiptera，粉虱科 Aleyrodidae，是一种世界性分布的害虫。寄主植物种类多达 600 多种，是秋季设施番茄上的重要害虫，危害严重会造成煤污病（图 5－27），还可以传播番茄黄化曲叶病毒和番茄褪绿病毒（图 5－28），严重者可以造成绝产。

图 5－27　烟粉虱危害造成的番茄煤污病

图 5－28　烟粉虱传毒引发番茄病毒病

（1）形态特征　成虫雌虫体长 0.91 毫米±0.04 毫米，翅展 2.13 毫米±0.06 毫米；雄虫体长 0.85 毫米±0.05 毫米，翅展 1.81 毫米±0.06 毫米。虫体淡黄白色到白色，复眼红色，肾形，单眼两个，触角发达 7 节。翅白色无斑点，被有蜡粉。前翅有两条翅脉，第一条脉不分叉，停息时左右翅合拢呈屋脊状，两翅之间的屋脊处有明显缝隙，两翅之间的角度比温室白粉虱竖立（图 5－29），足 3 对，跗节 2 节，爪 2 个。

图 5－29　成虫在番茄嫩叶聚集

卵椭圆形，有小柄，与叶面垂直，卵柄通过产卵器插入叶内，卵初产时淡黄绿色，孵化前颜色加深，呈琥珀色至深褐色，但不变黑。卵散产，在叶背分布不规则（图 5 - 30）。

1～3 龄若虫呈椭圆形。1 龄体长约 0.27 毫米，宽 0.14 毫米，有触角和足，初孵若虫能爬行，有体毛 16 对，腹末端有 1 对明显的刚毛，腹部平、背部微隆起，淡绿色至黄色可透见 2 个黄色点（图 5 - 31）。2、3 龄体长分别为 0.36 毫米和 0.50 毫米，足和触角退化或仅 1 节，体缘分泌蜡质，固着为害。

4 龄若虫，又称伪蛹，淡绿色或黄色，长 0.6～0.9 毫米；蛹壳边缘扁薄或自然下陷无周缘蜡丝；胸气门和尾气门外常有蜡缘饰，在胸气门处呈左右对称；蛹背蜡丝的有无常随寄主而异。

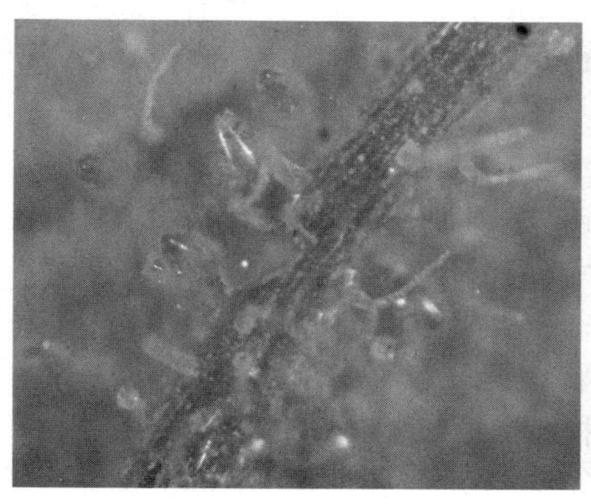

图 5 - 30 烟粉虱卵

图 5 - 31 烟粉虱 1 龄若虫

（2）防治技术

① 农业防治。种植避虫番茄品种，如佳粉 17、茸粉 1 号、茸粉 2 号、毛粉 802 等多茸毛品种。

② 物理防治。在育苗前对育苗棚室做消灭虫源的处理，并安装 198 微米（80 目）及以上防虫网。播种时对基质进行消毒，播后和出苗生长期悬挂黄板密切监视成虫的出现并及时处理；定植前对生产棚室加盖防虫网并补漏棚膜进行高温闷棚处理上茬残株及棚室内虫源，定植后及时悬挂黄板监测成虫出现。

③ 生物防治。发现温室白粉虱成虫开始出现时，释放天敌丽蚜小蜂，结合黄板诱杀，方法是每亩每次释放丽蚜小蜂 1 000～2 000 头，每隔 7～10 天释放一次，连续释放 5～7 次。也可使用其他天敌昆虫，如大草蛉、丽草蛉、龟纹瓢虫、大灰食蚜蝇与捕食螨等。

④ 化学防治。可采用灌根法、喷雾法和熏烟法。具体方法分别为25％噻虫嗪悬浮剂 3 000 倍液或 10％吡虫啉可湿性粉剂 1 000 倍液灌根；22％氟啶虫胺腈悬浮剂 1 500 倍液、22.4％螺虫乙酯悬浮剂 2 000 倍液、10％氟啶虫酰胺悬浮剂 3 000 倍液、1.8％阿维菌素乳油 3 000 倍液整株喷雾；22％敌敌畏烟剂 400～500 克/亩、20％异丙威烟剂 250 克/亩密闭棚室熏烟。

2. 西花蓟马 *Frankliniellaoccidentalis* (Pergande)

西花蓟马属缨翅目 Thysanoptera，蓟马科 Thripidae。分布遍及美洲、欧洲、亚洲、非洲、大洋洲。在我国分布已报道的有云南、贵州、浙江、山东、江苏、湖南、河南、天津、北京、新疆、西藏及台湾等省（直辖市、自治区）等地。寄主植物多达 500 余种，主要有茄子、辣椒、番茄、豆类、瓜类、生菜、兰花、菊花、李、桃、苹果、葡萄、草莓等，其中辣椒、黄瓜受害最重。

西花蓟马对农作物有极大的危害性。该虫以锉吸式口器取食植物的茎、叶、花、果，导致花瓣退色、叶片皱缩，茎和果则形成伤疤，最终可使植株枯萎，同时还传播番茄斑萎病毒在内的多种病毒。

（1）形态特征　成虫雌虫体长 1.3～1.4 毫米，雄虫体长 0.9～1.1 毫米（图 5－32）；体黄色至黄褐色，头及胸部略淡，腹部各节前缘暗棕色。触角 8 节（第三至五节黄色，其余各节淡棕色，第三、四节上有叉状感觉锥）。头短于前胸，两颊后部略收窄。单眼 3 个，三角形排列；单眼间鬃发达，位于前、后单眼中心连线上，其中 1 对单鬃与复眼后方的 1 对长鬃等长。前胸背板有 4 对长鬃，分别位于前缘、左右前角各 1 对（图 5－32），左右后角 2 对，后缘中央有 5 对鬃，其中从中央向外第二对鬃最长。中后胸背板愈合。

图 5－32　西花蓟马成虫

前翅淡黄色，上脉鬃18～21根，下脉鬃13～16根。腹部第五至八节背板两侧有微弯梳，第八节背板后缘有梳状毛12～15根。第九节背板有2对钟状感觉器。第三至七节腹板后缘有3对鬃。雄成虫腹部第三至七节腹板前部有小的椭圆形腺室，第八节腹板后缘无梳状毛。

卵长0.2～0.5毫米，白色，肾形，产于植物组织中（图5－33）。

若虫黄色，无翅，复眼浅红。初孵时体细小，半透明白色，蜕皮前变成黄色，2龄若虫金黄色（图5－34）。

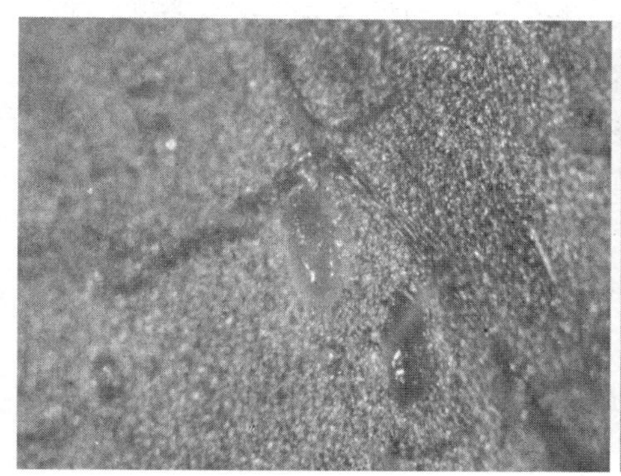

图5－33 西花蓟马卵

图5－34 西花蓟马若虫

预蛹与2龄若虫相似，但有短翅芽，其触角前伸（图5－35）。

蛹翅芽长度超过腹部一半，几乎达腹部末端，触角向头后弯曲（图5－36）。

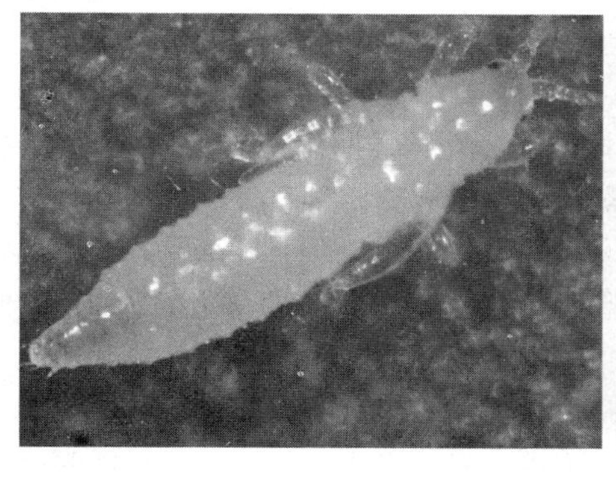

图5－35 预 蛹

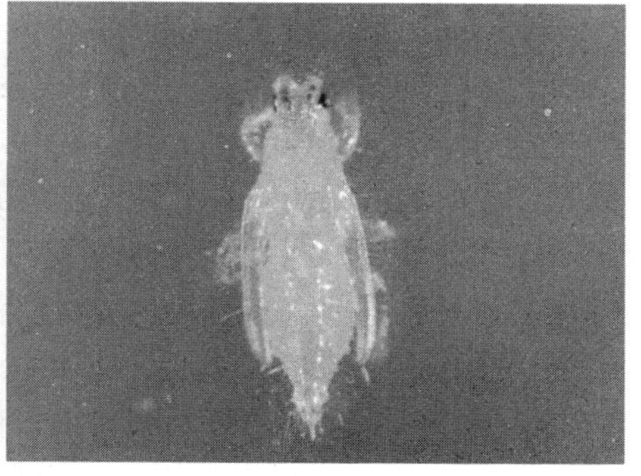

图5－36 蛹

成虫活动敏捷，能飞善跳。遇到惊扰即迅速扩散，具有群居性，常积聚在植物的花朵中取食花蜜和花粉，并在此交尾。叶片受害后形成许多不规则的小斑点，果实被害后形成木质化的表面（图 5 - 37），影响外观并失去商品价值。

图 5 - 37 番茄果实被害状

西花蓟马远距离扩散主要靠种苗、花卉及其他农产品的调运，其中鲜切花的贸易是主要传播方式。该虫生存能力强，经过辗转运销到外埠后西花蓟马仍能存活。近距离扩散主要是随风飘散，随衣服、运输工具等携带传播。

西花蓟马天敌很多，包括捕食螨、捕食蝽、病原真菌和病原线虫等。其中捕食螨有黄瓜新小绥螨 *Neoseiulus cucumeris*（Oudemans）、巴氏新小绥螨 *Neoseiulus barkeri*（Hughes），另外还有斯氏小盲绥螨 *Typhlodromips swirskii*（Athias-Henriot），这 3 种捕食螨是田间释放应用最多的种类，并已经在我国商品化生产。

（2）防治技术

① 农业防治。培育无虫苗是防控西花蓟马关键措施，在育苗前先处理育苗棚室，消灭虫源；育苗中加强监测，发现西花蓟马及时处理。利用夏季高温进行闷棚处理，方法是将棚内所有残株、杂草连根拔除，晾晒在棚内，再将棚室密闭 7～10 天，晴天天数不得少于 3 天，然后用 10 克/米^2 硫黄粉进行熏蒸。

② 物理防治。在蓟马发生期悬挂蓝板或黄板（25 厘米×30 厘米）30 片/亩，悬挂高度与植株生长点基本一致，但要根据作物品种适当调整，同时，在蓝板或黄板上涂抹聚集信息素，可有效提高诱集数量。

③ 生物防治。小花蝽 *Orius* spp. 对蓟马具有较高的控制作用，可以通过保护自然种群或人工释放的方法防治蓟马，但小花蝽在秋季受光周期的影响进入滞育，防控效果降低。按照生产商的推荐量释放巴氏新小绥螨和黄瓜新小绥螨，喷洒蜡蚧轮枝菌或球孢白僵菌，地面撒施异小杆线虫。

④ 化学防治。可以选用 6%乙基多杀菌素悬浮剂 1 000～2 000 倍液整株喷雾，为减缓抗性，可与 25%噻虫嗪水分散粒剂 1 000～1 500 倍液、5%甲氨基阿维菌素苯甲酸盐乳油 1 000 倍液轮换使用。有机种植园区可选用 1.5%除虫菊素水乳剂 200 倍液、99%矿物油乳油 200 倍液，也可有效降低

种群数量。注意施药时尽量选择早晚用药，重点喷施花、嫩梢、叶片背面及地面，喷药均匀、细致，间隔7～10天，连续防治2～3次。

导读：根结线虫是一类植物寄生性线虫，会引起植物根形成根结，并易感染其他真菌和细菌性病害，随着保护地蔬菜栽培面积的扩大，根结线虫的危害已成为生产上的突出问题，其发生呈上升趋势，如何对根结线虫进行诊断与防治？本文将逐一回答。

第三节　番茄根结线虫的诊断与防治

1. 番茄根结线虫的诊断

（1）受害症状

番茄地上部分发病轻时，症状不显著；发病重时，植株矮小，生育不良，生长缓慢，结实少，果实品质和产量严重下降，高温干旱时病株出现萎蔫或提前枯死（图5-38）。番茄被根结线虫侵染后，根部产生肥肿畸形瘤状结，导致根部畸形。细根上有许多结节状球形或圆锥形大小不等、形状不一的瘤状物，开始为乳白色，后变为褐色，表面常有龟裂。剖开根结有乳白色线虫存于其内，而后在根结上产生新根，再侵染后又形成根结状肿瘤。

图5-38　番茄根结线虫病受害症状

（2）病原　病原为南方根结线虫 *Meloidogyne incognit*，是植物寄生线虫，属动物界线虫门。病原线虫雌雄成虫异形。雌成虫呈鸭梨形或卵圆形，体型不对称，头部与身体接合部弯向一边，乳白色，排泄孔位于口针基部球处，会阴花纹呈卵圆形或椭圆形，背弓纹明显较高。卵产在尾端分泌的胶质卵囊内。卵囊长期留在衰亡的番茄侧根、须根上。卵囊圆球形，1个卵囊内有卵100～300粒。雄成虫细长线状，虫体透明，交合刺细长，弯曲成弓状。雄虫在植物组织内与雌虫交配。

南方根结线虫分四龄，以成虫、二龄幼虫或卵随番茄病残体在土壤中越冬，在土壤中可存活1～3年。翌年离开卵囊团的二龄幼虫，从嫩根侵入，并刺激细胞膨胀，形成根结。线虫发育至四龄时交尾产卵，雄虫离开寄主进入土中。卵在根结里孵化发育，二龄后离开卵壳，进入土中进行再侵染或越冬。

南方根结线虫多分布在20厘米以上的土层内，通过病土、灌溉水和农事活动传播。适宜生存温度为25～30 ℃。温度超过55 ℃时，10分钟即可致死。土壤湿度40%～70%时繁殖最快。

2. 番茄根结线虫的防治

（1）*土壤消毒技术*　控制番茄根结线虫的方法主要包括非化学和化学技术。非化学技术包括选用抗性品种、嫁接技术、轮作、深翻、无土栽培等。抗性品种和嫁接对根结线虫有优异的抗性，但是抗多种病害的品种和砧木很难培育，例如抗根结线虫的品种一般不抗黄化曲叶病毒。轮作，特别是水旱轮作是防治根结线虫有效的措施，但随着集约化农业的发展，轮作越来越困难。此外，轮作栽种其他高附加值作物需要知识的更新，农民受经验的限制，学习较难。深翻即将浅层土翻入土壤深层，这是一种经济且较为有效的措施，但受翻土机械和劳力的限制，实施困难。无土栽培可避免根结线虫的发生，但无土栽培技术及经验要求较高，且无足够的无土栽培基质。目前最有效且稳定防治番茄根结线虫的方法是在作物种植前采用熏蒸剂对土壤进行消毒。土壤熏蒸剂是指施用于土壤中，可以产生具有杀虫、杀菌或除草等作用的气体，从而在人为的密闭空间中防止土传病、虫、草等危害的一类农药。熏蒸剂分子量小，降解快，无残留风险，对食品安全。对番茄根结线虫活性最好的熏蒸剂包括1，3-二氯丙烯（1,3-Dichloropropene）、二甲基二硫（Dimethyl disulfide），其次为棉隆（Dazomet）、威百亩（Metham-sodium）与氰氨化钙（Calcium cyanide）。棉隆和威百亩防治根结线虫的活性成分是其一级降解产物异硫氰酸甲酯（Methyl isothiocyanate），异硫氰酸甲酯是广谱性的熏蒸剂，但蒸气压低、易溶于水，其蒸气在土壤中的扩散范围小，为了增加扩散性，异硫氰酸甲酯一般以母体形式（威百亩或棉隆）施用于土壤中。1，3-二氯丙烯、二甲基二硫在国内尚未获得登记，所以下面重点介绍棉隆、威百亩与氰氨化钙防治番茄根结线虫的土壤消毒技术。

① 棉隆混土施药技术。棉隆应于番茄移栽前 4 周使用，推荐用量为 29.4～44.1 克/米^2（图 5－39）。施药前仔细整地，去除病残体及大的土块，撒施或沟施棉隆后采用机械进行旋耕混土处理；旋耕深度应达到 30～40 厘米，使药剂与土壤充分混合均匀。混土后进行浇水处理，保证土壤含水量在 70%以上。浇水后在土壤表面覆盖塑料薄膜，塑料薄膜应采用 0.03～0.04 毫米的原生膜，不得使用再生膜。土壤 10 厘米处温度大于 25 ℃时，覆膜 10～15 天，揭膜后敞气 7～10 天；土壤 10 厘米处温度介于 15～25 ℃时，覆膜 15～20 天，揭膜后敞气 10～15 天。

图 5－39　棉隆混土施药技术

揭膜后，如发现土壤中存在残余棉隆颗粒时，需全田浇水，消除药害隐患。敞气后，需进行安全性测试，即取两个透明广口玻璃容器，分别快速装入半瓶消毒过和未消毒的土壤（10～15 厘米土层）。用镊子将湿的棉花平铺在土壤的上部，在其上放置 20 粒浸泡过 6 小时的莴苣等易萌发的种子，然后盖上瓶盖，置于无直接光照 25 ℃下培养 2～3 天，记录种子发芽数，并观察发芽状态。当消毒过与未消毒的土壤种子萌发率相当并达到 75%以上，且消毒过土壤中种苗根尖无烧根现象，即表明安全性测试通过。若安全性测试不通过，则应采用洁净的旋耕机再次旋耕土壤，3 天后再次进行安全性测试，直至安全性测试通过，方可播种或移栽番茄。

棉隆土壤消毒的最适土壤温度（5 厘米处）为 20～25 ℃，低于 10 ℃或高于 32 ℃时不宜进行消毒处理。为避免处理后的土壤被污染，基肥应在施药前加入，揭膜时不要将未消毒的土壤带入田中，并避免通过鞋、衣服或劳动工具等将未消毒的土壤或杂物带入。棉隆在碱性条件下降解速率大于酸性土壤，在酸性土壤中应适当延长覆膜时间。

② 威百亩化学灌溉技术。化学灌溉是采用滴灌系统施用农药，威百亩、1,3-二氯丙烯等液体熏蒸剂可采用此种方式施药（图 5-40）。威百亩施用有效剂量为 35 毫升/米^2。在处理前，确保地块无大土块及作物残体；土壤湿度调整到 50%～75%后安装滴灌系统，然后进行覆膜处理，塑料薄膜选择同棉隆。施药前滴灌几分钟以湿润土壤，并建立滴灌系统压力；威百亩稀释比例 5%～10%（由于威百亩在稀溶液中很不稳定，稀释比例不得少于 4%），施药速度每 1 000 米^{2}150 升，施药时间 10～15 分钟。施药完成后，关闭施药系统，以每 1 000 米^{2}450 升的速度继续滴灌清水 20～30 分钟，冲洗滴灌系统的同时保证威百亩以及活性成分扩散到目标深度（大约 25 厘米）。

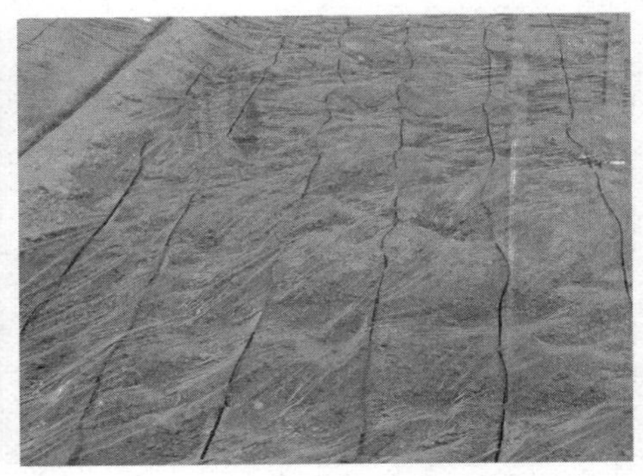

图 5-40　化学灌溉技术

威百亩施用后，覆膜 21 天，揭膜后敞气 7～10 天后进行安全性测试，测试方法同棉隆。

通过滴灌施用熏蒸剂，应有防水流倒流装置，防止药液倒流入水源而造成污染。如果无防水流倒流装置，可先将水放入一个的贮存桶中（大于 100 升），然后将水泵置入贮存桶中。

③ 氰氨化钙施药技术。氰氨化钙一般与太阳能及生物消毒技术结合应用，有效成分施药量 30～45 克/米^2。清理前茬作物及大土块后，将氰氨化钙均匀撒施于土壤表面。将有机肥或稻草（麦秸）均匀撒施于土壤表面，撒施剂量为 1～1.5 千克/米^2。用机械翻耕 30 厘米，使药剂与土壤、有机肥或秸秆等混合均匀。起垄，垄高 30 厘米、宽 60～80 厘米。覆盖白色或黑色塑料膜后进行灌溉，灌溉量到距垄肩 5 厘米为宜。密闭大棚，进行高温闷蒸 20 天。揭膜后敞气 5～7 天。具体过程见图 5-41。

（2）噻唑磷施药技术　噻唑磷（Fosthiazate）对根结线虫有很好的防治

效果。在植物中有很好的传导作用，能有效防止线虫侵入番茄植株体内，对已侵入番茄植株体内的线虫也有活性。同时对地上部的害虫，如蚜虫、叶螨等具有兼治效果。

图 5-41 生物熏蒸技术

10%噻唑磷颗粒剂的使用：种植前每亩用药剂 1.5～2 千克，拌细干土 40～50 千克，均匀撒于土表或畦面，再用旋耕机或手工工具将药剂和土壤充分混合，药剂和土壤混合深度为 20 厘米。也可均匀撒在沟内或定植穴内，再浅覆土。施药后当日即可播种或定植。杀线虫持效期2～3个月。

3. 线虫防效生物测定经历

线虫生物测定的具体操作过程如下：首先是从 1970 年栽种的柑橘地里采取了含有线虫及虫卵的土壤，实验室内进行线虫分离。分离线虫的方法一般有两种：一为离心法，二为重力法。因为离心法中所用的蔗糖和离心机可能会杀死线虫，所以采用重力法分离线虫。重力法的具体操作：称取 100 克土壤放在一置有滤纸的小筛子上，筛子放在锥形漏斗上，漏斗下面用软管接 6 毫升的小瓶，加水于漏斗上，线虫喜欢水，会游到水里，然后重力会让线虫进入下面的小瓶子里，三天后在显微镜下计数小瓶子里线虫数量（图 5-42）。如果土壤

图 5-42 重力法分离线虫

里线虫足够多，那么便称取一定量的含有线虫的土壤（100 克）于小布袋里，用线绳将小布袋串在一起（图 5－43），在土壤消毒前埋入 15 厘米、30 厘米、45 厘米、60 厘米、75 厘米、100 厘米深度的土壤里（图 5－44）。消毒后将装有线虫的袋子取出（图 5－45），送线虫检测公司分离并计数，每个样品费用是 50 美元。线虫检测公司负责检测土壤中的线虫数量和种类（图 5－46），农民根据线虫发生数量决定土壤需要消毒与否，具有一定的前瞻性。

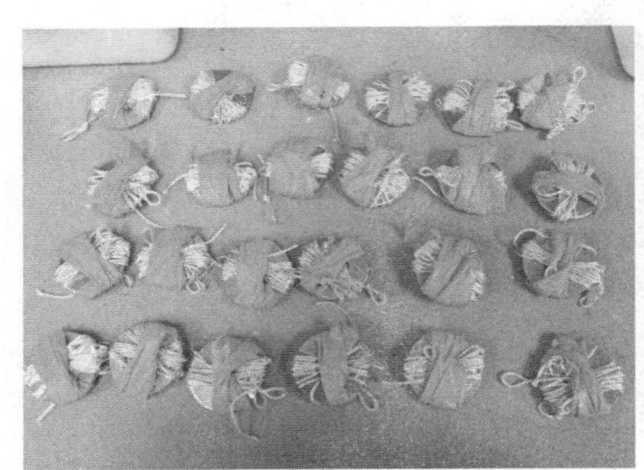

图 5－43　为不同深度土壤准备的线虫样品

图 5－44　将线虫样品埋入土壤

图 5 - 45　线虫样品取出过程

图 5 - 46　线虫检测公司

导读：芹菜是北京市第二大播种面积的叶菜，在北京叶类蔬菜中占有重要地位。针对设施芹菜主要病害及根结线虫病，从实际案例到发病田间表现，病原菌及其发病时期和发病条件，以及与易混病害的区别等问题，本文将逐一回答。

第四节　设施芹菜主要病害的科学诊断与防治

芹菜（*Apium graveolens*），属于伞形科植物，生产上具有易于管理、省工省时的优势，适于集约化生产经营，与其他叶菜相比，虽生育期较长，但经济效益可观，深受广大农户的喜爱。北京地区夏季芹菜以种植小芹菜（小毛芹）为主，秋冬茬种植以西芹（大芹菜）为主。芹菜在北京叶类蔬菜中占有重要地位，每年的播种面积在6万亩左右，继生菜之后，成为全市第二大播种面积的叶类蔬菜。其中，通州区和大兴区为主要的芹菜生产区域，播种总面积占全市的60%～70%。近年来，随着设施蔬菜栽培面积的迅速增加，芹菜在北京各郊区县实现了周年生产，同时也造成了设施内生态环境日趋恶化，导致了芹菜病害种类和危害程度明显增加。由于农田生态系统的复杂性，受自然和非自然因素的影响，在芹菜的生产中，病害一旦发生，轻则损伤外观，降低商品性，重则减产甚至绝收。如何利用科学的方法，准确识别病害种类，并有针对性地采取防治措施，成为保证芹菜产量和质量的重中之重。

根据笔者多年在北京郊区的调查结果，下面主要对芹菜菌核病、叶斑病、斑枯病、根腐病、细菌性软腐病和茎腐病，以及根结线虫病，从实际案例到发病田间表现（视觉、嗅觉），病原菌及其发病时期和发病条件，以及与易混病害的区别，进行逐一讲解。

一、识别诊断

1. 菌核病

菌核病为真菌类病害，多见发于叶柄基部或茎秆内侧（图5-47A）。发病初期表现为水浸状不规则长斑；中期病灶部位发黄变褐，出现腐烂症状，肉眼可看到白色絮状菌丝（图5-47B、C）；后期植株自发病位置瘫软、折断，在白色菌丝包裹中可看到直径0.2～0.5厘米的黑色硬质如鼠粪状菌核（图5-47D）。其他易感染该病害的蔬菜包括生菜、油菜、白菜、快菜、菠菜、番茄等（图5-47E、F）。

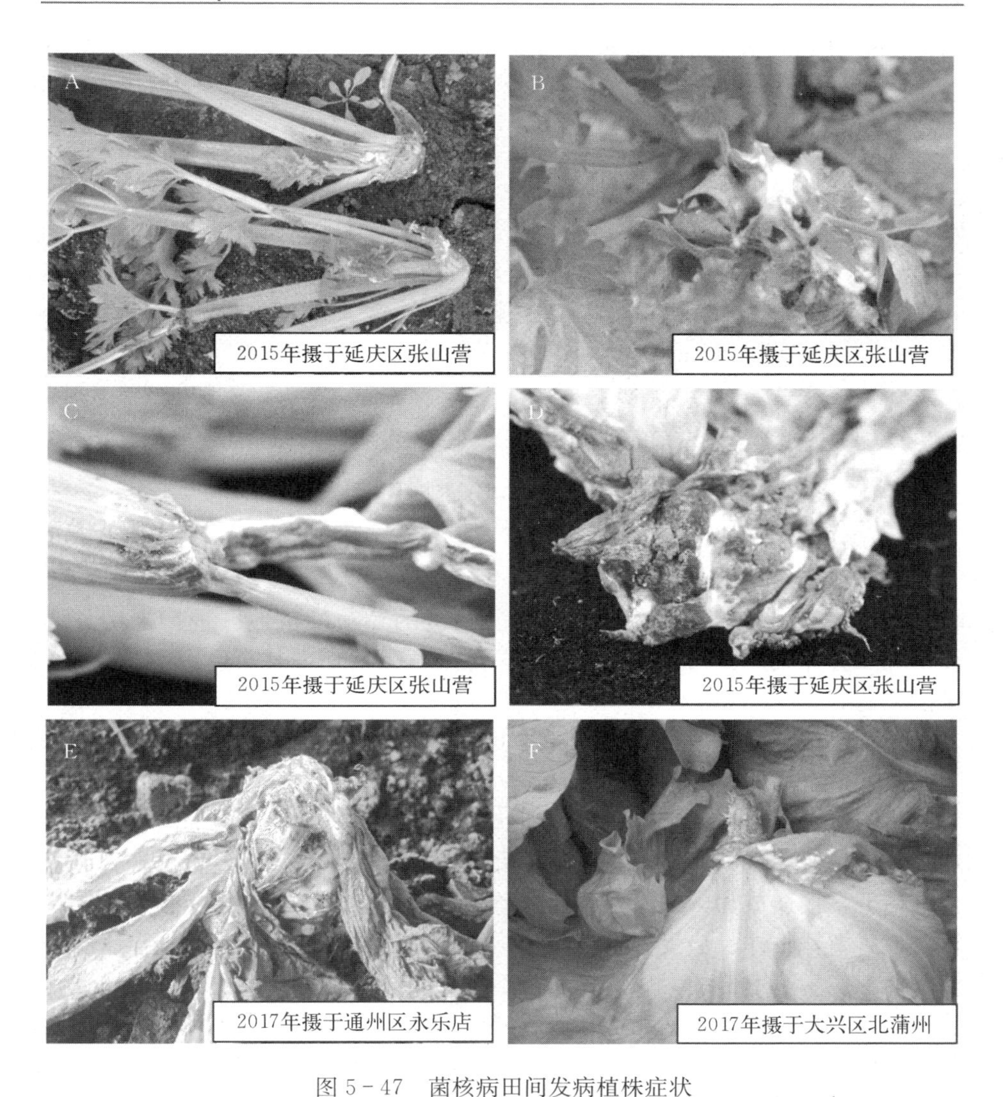

图 5-47 菌核病田间发病植株症状

A. 芹菜菌核病 B、C. 芹菜白色絮状菌丝 D. 白菜鼠粪状菌核 E. 莴苣菌核病 F. 生菜菌核病

菌核病病原菌为核盘菌（*Sclerotinia sclerotiorum*）（图 5-48），属核盘菌属、子囊菌门。该病害属低温高湿型病害，晚秋至初春易发病，夏季炎热时极少发病。病原菌适宜生长温度 5～20 ℃，最适温度 15 ℃，相对湿度 85%以上利于该病害发生。菌核病为土传性病害，主要借助灌溉水和农具等进行传播，健康植株也可通过与病株的直接接触而感染。发病初期表现易与软腐病混淆，区分方法是腐烂部位生有白色絮状菌丝，集中发病

时间为晚秋至初春，不带有恶臭腐烂气味。后期可在发病部位看到黑色鼠粪状菌核。

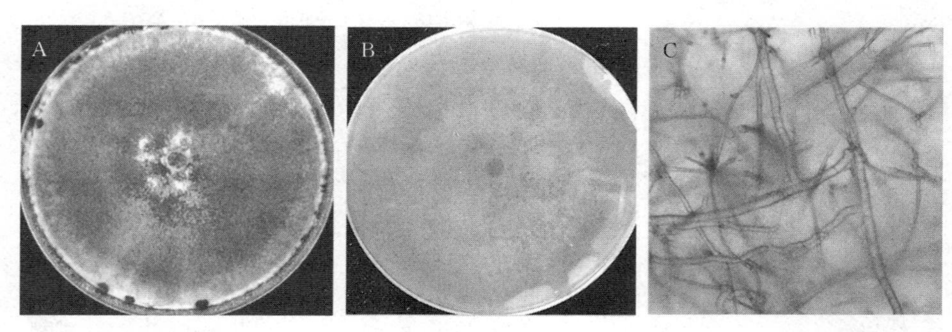

图 5-48　核盘菌生长形态

A. 核盘菌培养平板正面　B. 核盘菌培养平板反面　C. 菌丝形态（400 倍）

2. 叶斑病

2013—2015 年，笔者对通州区和大兴区的芹菜种植地区进行走访与调查发现，各芹菜产区均有叶斑病发生，部分地区发病率甚至达到 100%，产量损失达到 20%～30%。

芹菜叶斑病为真菌类病害，多发于叶片（图 5-49A），严重时也可危害叶柄及茎秆（图 5-49B），四季皆可发病，夏、秋季多发。发病初期，病斑表现不明显，仅出现颜色略深的油渍状小斑；随着病情发展，油渍状中心呈现褐色干枯的不规则病斑，并逐渐扩大；发病后期叶片甚至茎秆出现大面积黄色枯斑，接连成片，最终导致植株整体干枯死亡。该病由于前期发病症状较轻，对植株整体长势没有直接影响，往往容易被忽视，一旦达到合适的环境条件，病害迅速传播，病情发展将不可控制，轻则叶片出现黄斑，导致商品性下降，重则植株干枯死亡，造成减产。目前引起芹菜叶斑病的病原菌主要为链格孢属（*Alternaria* spp.），半知菌类（图 5-49C、D），该病原菌在 13～38 ℃均可生长，适逢高温多雨，病害易大规模暴发。

3. 斑枯病

2015—2017 年，笔者在对昌平区某农场的芹菜病害进行跟踪调查时发现，该农场使用羊粪作为底肥，但受到技术和经验的限制，羊粪未达到完全腐熟的状态，导致种植的芹菜叶片普遍出现斑点，并夹杂着黑色小粒点，该病害被鉴定为芹菜斑枯病（图 5-50A、B）。

斑枯病又称叶枯病、麻叶病，属真菌病害，多见发于叶片，叶柄、茎部发病也有报道，有大斑型和小斑型之分。发病初期病部呈浅褐色小斑，后病

图 5-49　芹菜叶斑病

A. 芹菜叶斑病受害叶片症状　B. 受害茎秆症状　C、D. 链格孢形态（400 倍）

斑逐渐扩大，发展为黄褐色不规则枯斑，叶肉由中心向两侧逐渐坏死、干枯，并伴有密集黑色粒点，即病原菌的分生孢子器（图 5-50C）。成熟孢子从分生孢子器中逸出，借助空气和水传播至适宜的生长环境，孢子萌发可再次进行侵染。

斑枯病的病原菌为壳针孢菌（*Septoria* spp.），半知菌类（图 5-50D），属低温高湿型病害，冬春季易发病。生长环境湿度高或生长温度 25 ℃以下或植株抵抗力弱时均利于该病害的发生。植物种子带菌、连茬种植、使用未腐熟的有机肥，均有可能引发斑枯病。芹菜斑枯病，易与叶斑病混淆，鉴别的要点是斑枯病的病斑上有黑色小粒点，而叶斑病没有。

4. 根腐病

芹菜根腐病主要危害植株的茎基部和主根。发病初期症状表现为褐色水渍病斑，随后病斑扩展颜色变深，病害由下至上扩展，叶片失绿，无光泽，但不脱落，植株矮小。后期植株主根腐烂、坏死，容易拔出，地上部分萎蔫

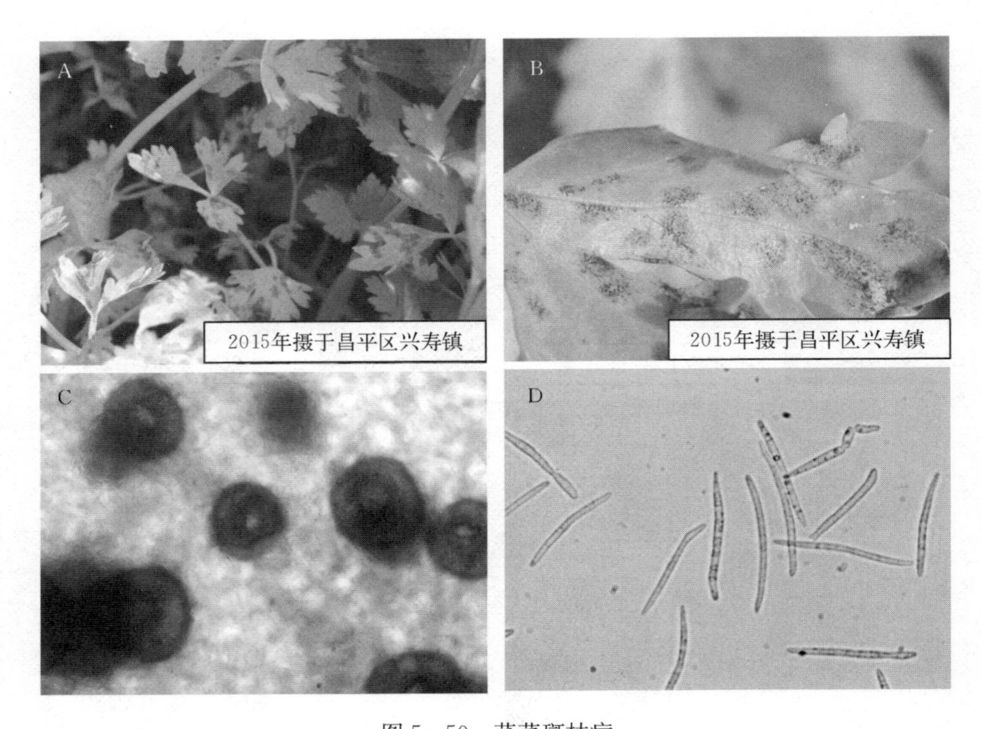

图 5-50 芹菜斑枯病

A、B. 芹菜斑枯病叶部症状 C. 壳针孢分生孢子器（100 倍） D. 壳针孢菌孢子（400 倍）

枯死（图 5-51A、B）。该病害严重时心叶变黑，与芹菜缺钙导致的黑心病较为相似，可通过根部是否腐烂且侧根变少加以区分。芹菜根腐病也不同于芹菜细菌性软腐病。后者主要危害茎秆和茎基部，且病处散发恶臭气味。

芹菜根腐病由镰刀菌（*Fusarium* spp.）引起，属真菌病害（图 5-51C、D），土壤温度和含水量高或相对空气湿度达到 80%以上时易发生该病害。病原菌从根部或茎基部伤口侵入植株，借助农具、雨水和灌溉水进行传播。在地下害虫较多的情况下，也易造成该病害的发生。

5. 细菌性软腐病

2013 年通州某芹菜种植村，5～6 月软腐病大暴发，导致大部分露地、设施芹菜绝产；2015 年 6 月房山区石楼镇某村芹菜软腐病发生，50%以上的芹菜发病，造成严重的经济损失。芹菜细菌性软腐病是北京地区芹菜常见病害之一。该病害田间表现为近地面叶柄、茎基部先发病，前期出现水浸状透明病斑，并轻微凹陷，后期病斑颜色发黄，逐渐发展为深褐色腐烂，并伴有浓重的恶臭味，严重时导致整个植株瘫软和腐烂。

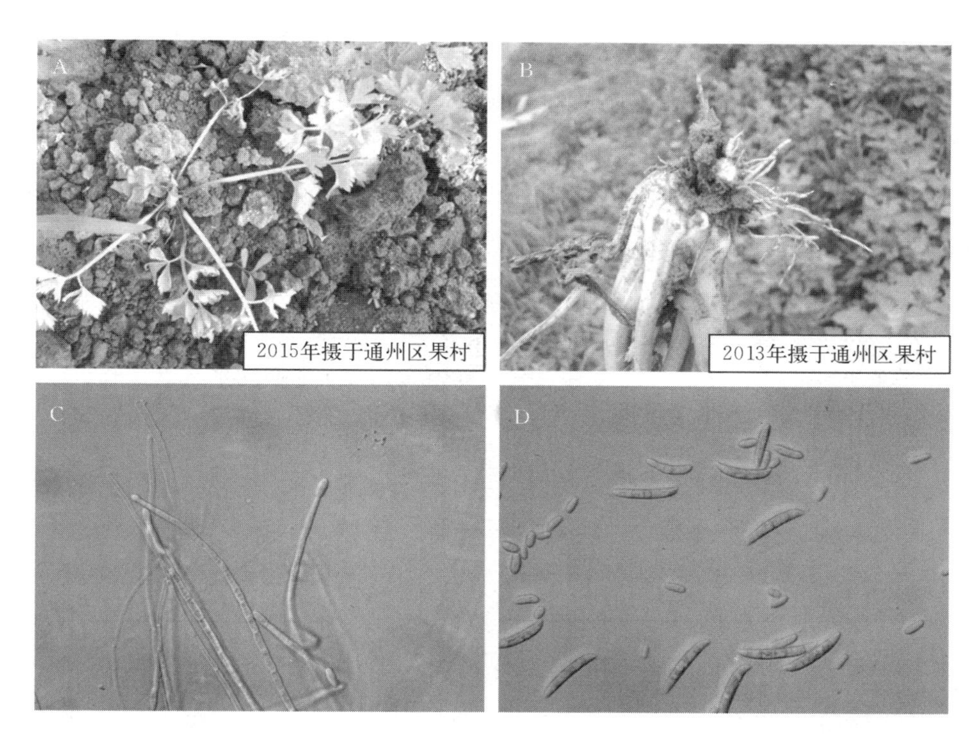

图 5-51　芹菜根腐病及其病原菌

A. 芹菜根腐病地上症状　B. 芹菜根腐病地下症状　C. 产孢细胞（400 倍）

D. 小型分生孢子和大型分生孢子（400 倍）

细菌性软腐病主要病原菌为软腐果胶杆菌（*Pectobacterium carotovorum*），属高温高湿型病害，在夏秋季高温多雨的露地和温室均可发病。灌溉或降雨后，病原菌通过田间劳作或害虫啃食所造成的伤口侵染植株，发病迅速。轻则引发附近小范围植株死亡，造成减产，重则造成整片产区绝收。从田间表现来看，软腐病又分为外腐和内腐两种表现型。外腐型，即外侧叶柄基部首先发病腐烂，随后腐烂区域由外及内扩展，最终整株腐烂瘫软（图 5-52A）；而内腐型则是由近地面的茎基内部开始发病，并逐渐向四周扩散（图 5-52B）。其他受害蔬菜包括大白菜、快菜（苗用大白菜）、白菜型油菜、生菜、甘蓝、花椰菜、菜心、莴苣、胡萝卜等（图 5-52C-H），该病危害性广泛。

此种病害容易与干烧心病害混淆，鉴别要点：芹菜干烧心是由天气炎热或植株缺钙而导致的生理性病害，心叶腐烂变褐，会伴有轻微酸腐味，但不会如软腐病植株散发恶臭味。

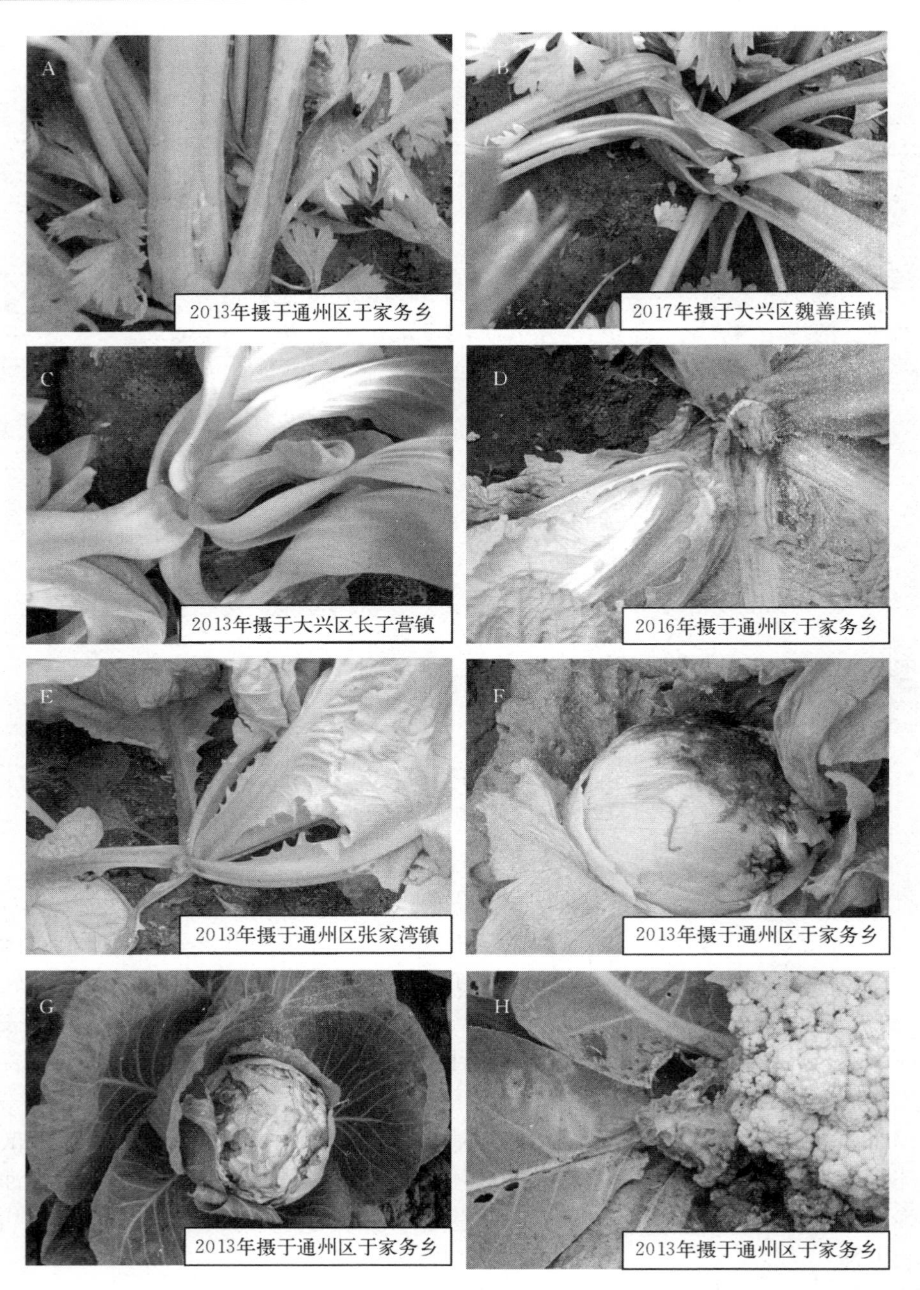

图 5－52　不同寄主软腐病症状表现

A. 芹菜软腐病外腐型　B. 芹菜软腐病内腐型　C. 油菜　D. 大白菜　E. 快菜　F. 生菜　G. 甘蓝　H. 花椰菜

6. 细菌性茎腐病

2015 年 12 月，笔者在对北京昌平大棚秋冬茬芹菜病害调查时发现，由于持续发生雾霾天气，导致棚内光照不足，气温和地温较低，空气相对湿度达到 80%以上，芹菜茎秆上发生了一种新的细菌性病害，病株率接近 50%，对芹菜的生产造成了严重的损失。2016—2017 年，笔者又先后在通州区和大兴区发现了此类病害。该病害发病初期症状为茎秆内侧中部出现浅黄色水渍状条形病斑，后期病斑扩展为黄褐色萎缩状特征，折断发病处，溢出的汁液伴有轻微酸腐味（图 6-53A-C）。

2017 年，笔者首次公开报道了上述病害及最新的研究进展，并将其命名为“芹菜细菌性茎腐病”，病原为边缘假单胞菌（*Pseudomonas marginalis*），菌体为棒杆状，两端钝圆，大小（1.74～2.12）微米×（0.60～0.86）微米（图 5-53D）。该病害易与软腐病混淆，属低温高湿病害，深秋至初春易发病，夏季炎热时发病较少。芹菜细菌性茎腐病发病组织散发酸腐气味，也与软腐病不同。

图 5-53 芹菜细菌性茎腐病

A-C. 芹菜细菌性茎腐病 D. 边缘假单胞菌扫描电镜形态（9 000 倍）

7. 根结线虫病

芹菜根结线虫病是由根结线虫属的一种线虫侵染引起（图 5-54A、B）。

植物患病初期症状表现不明显，仅可从地下须根是否有根结进行判断。发病中后期随着线虫数量增多，根结数也随之增加，地上部分表现为叶片变黄、植株萎蔫、生长受阻等。地下部分表现为植株根系内部膨大，根系产生一个至多个连续肿块。

主要病原为南方根结线虫（*Meloidogyne incognita*），是一种高度专化型的杂食性植物病原线虫（图 5-54C、D），其移动范围小，传播主要依赖农具交叉使用等人为活动。根结线虫病对黄瓜、番茄、西瓜、甜瓜等生长周期长的果类蔬菜有极强的破坏性，甚至造成大面积绝收，对芹菜等生长周期稍短的叶类蔬菜有一定的减产作用。

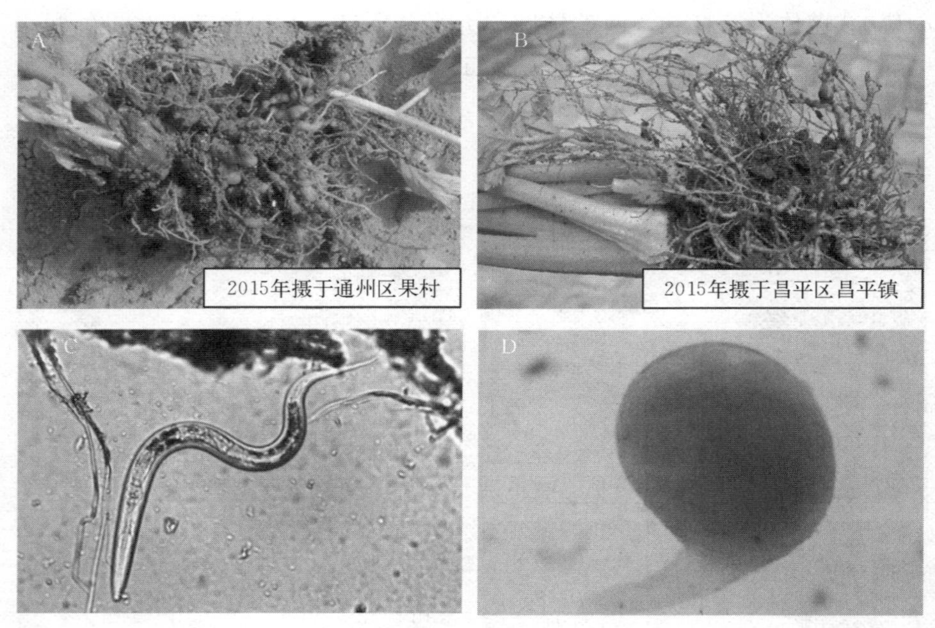

图 5-54　芹菜根结线虫病

A、B. 芹菜根结线虫病　C. 雄性线虫（400 倍）　D. 雌性线虫（400 倍）

二、病害防治

针对上述真菌性病害，目前最常使用一些低毒农药进行防治，如叶斑病和菌核病发病初期可喷洒 50%的多菌灵可湿性粉剂 500 倍液预防；细菌性病害多采用抗生素类药剂与铜制剂混合施用。近些年来，随着人民生活水平的不断提高，农业发展方式的逐渐转变，绿色、无公害、有机、安全将是未来农产品的主要发展方向。微生物菌剂结合有效栽培措施及精细的田间管理将成为防治蔬菜病害、降低环境污染、保持农业高效可持续发展的重要解决方案之一。下文主要介绍一些利用物理、生物防治方法对病害进行防控，以供参考。

1. 物理方法

（1）消毒灭菌　夏季7～8月，当条件允许时，温室、大棚进入休耕期，深翻土壤30厘米，温室灌水、密封，高温闷棚。地表下10厘米处最高地温可达70℃，20厘米处地温可达45℃以上，杀菌率最高可达80%以上，闷棚时间为10～15天。同时，建议从有资质的肥料厂购买优质、腐熟的有机肥，避免肥料中混有病原菌。

（2）通风排湿　可将传统的平畦种植改为平高畦种植，畦高15～20厘米，利于植株间通风透气。根据种植品种的特点合理密植，铺设滴灌，一方面减少对水资源的浪费，另一方面可避免用水过多而形成高湿环境，为病原菌提供良好的生长条件。冬季在温室种植时，可覆盖地膜，在保持土壤温度的同时，也避免了土壤中的水分散失；环境湿度尽量控制在60%以下，并根据当日天气状况适时开风口通风排湿。

（3）避免重茬　可以利用轮作、间作等办法，降低土壤中有害病原物的积累密度。发现病株应及时拔除，并转移到室外集中处理。走访调查发现，大兴庞各庄农户在线虫多发地块种1～2年后，用抗线虫番茄品种倒茬1～2年，土壤中线虫含量可明显降低。

（4）适时采收　除上述提到的方法外，还应注意适时采收，在蔬菜生长到八成熟左右时及时采收，避免植株完全成熟时由于自身抵抗力下降而易于病害发生。

2. 生物防治

目前，市场上的生物菌剂种类繁多，尽量选择有一定知名度厂商的产品。针对菌核病、灰霉病、叶斑病、叶枯病等真菌类病害，可施用枯草芽孢杆菌（50克/亩）、哈茨木霉（15克/亩）、寡雄腐霉（15克/亩）等生防菌剂，按推荐用量进行防治。细菌性病害如软腐病等，目前无有效的治疗产品，最有效的方法仍是控制植株生长环境的湿度。因此，建议广大的科研工作者进一步研制与开发防治细菌性病害的新型生物制剂，以满足未来无公害、有机农业的发展及人们日益增长的绿色消费需求。

导读：长期食用农药残留超标的韭菜会对人体健康产生潜在危害，那么韭菜生产中到底该不该使用农药，如何合理使用农药，天敌防控替代用药技术的优势何在，潜力如何？

第五节　韭菜的安全用药

作为传统特色风味蔬菜，韭菜深受老百姓的青睐。然而，由于认识上的误区，大家一度谈“韭”色变，甚至有消费者认为韭菜是被农药“灌”出来的，是“毒韭菜”，从而造成一些消费者害怕吃韭菜、不敢吃韭菜，对韭菜的消费信心不足。为什么“韭菜容易农药残留超标”?“浓绿宽叶韭菜灌施农药多”的说法可信吗？有解决“毒韭菜”问题好办法吗？在此介绍一下韭菜生产中的几点知识，以期正确认识安全韭菜相关问题。

1. 当前韭菜生产大多离不开化学农药

其根本原因得从韭蛆说起。韭蛆是韭菜的首要害虫，目前已成为各地限制韭菜产业发展的主要因素。

韭蛆是多种危害韭菜的蚊类和蝇类幼虫的统称，北京地区绝大多数的韭蛆是韭菜迟眼蕈蚊。韭菜迟眼蕈蚊主要以幼虫在韭菜叶鞘基部、鳞茎内和韭根周围土壤越冬，产卵大多在韭株根茎周围土缝内、土块下和叶鞘缝隙等隐蔽地方。初孵幼虫向下爬行，啃食韭菜新芽、嫩茎，或者聚集取食韭株的叶鞘下部、鳞茎上部，刺破表皮后蛀食内部组织，随着取食伤口腐烂不断深入。

新芽和嫩茎受害，轻者叶片畸形，长势纤弱；重者伤害生长点，导致不能发苗。叶鞘受害，外层叶首先出现症状，初期叶尖或者叶片单侧条状黄化萎蔫，接着整株黄化、叶片萎蔫，最后韭株黄萎倒伏（图5-55～图5-57)。鳞茎受害，除了能引起植株萎蔫倒伏外，严重时整个鳞茎腐烂，韭丛彻底死亡。田间一般呈点片发生，重受害田呈现缺苗断垄状。

图5-55　轻度发生时韭菜田间受害状

韭蛆主要在地下部造成危害，而且这个危害过程是渐进的，初始危害难以察觉，所以很难及时发现，这样就导致菜农不容易掌握其危害症状和发生特点，因此，预防控制韭蛆的能力就比较差。这样就会导致实际生产中一旦发现韭蛆危害时，往往就比较严重了，这个时候比较有效的防治措施就是使用化学杀虫剂，因为较之其他措施，化学杀虫剂具有效果突出、见效快的特点，所以实际生产中非常依赖化学杀虫剂。

图 5－56　中度发生时韭菜田间受害状

图 5－57　严重时韭菜田间受害状

2. 化学农药的不规范使用是产生“毒韭菜”的主要原因

目前，在韭菜上针对韭蛆登记药剂的施用方法主要为灌根和拌土撒施，用药量比较大。由于韭蛆在地下造成危害，其数量多少、危害严重程度以及防治效果无法直观看到，农户为了提升防效，在实际防治中会不自觉地增加用药量，甚至增加用药次数。一旦增加了用药量，其农药代谢分解时间会相应加长，即使坚持农药安全间隔期，也有可能导致农药残留超标。

现有登记药剂的安全间隔期也比较长，推荐剂量下用药安全间隔期都是2～3 周不等。而韭菜是连续性采收的蔬菜，单茬生长时间也就 4 周左右，在生长期中用药，安全间隔期往往不够。过量用药，加之安全间隔期不够，生长期施用农药很容易导致韭菜产品农药残留超标，产生所谓的“毒韭菜”。

3. “浓绿宽厚的韭菜灌施农药多”不可信

为什么会有“浓绿宽厚的韭菜灌施农药多”这类传言，主要是因为过去有菜农违规使用高毒有机磷农药灌根，杀虫效果好，加之可起到磷肥的作用，韭菜长得又宽又绿。长此以来，宽叶韭菜便被贴上了使用高毒农药的标签，使许多安全优质的宽叶韭菜屡遭误会。

首先应该明确一点，靠外观识别来判断韭菜农药残留是否超标、是否安全，是不可靠的。韭菜是原产我国的古老蔬菜，品种资源非常丰富，数以百计的韭菜品种，可按照叶片宽窄分为宽叶型品种和窄叶型品种两大类。品种特性是决定韭菜叶片宽度的主要因素。在同等良好的管理条件下，宽叶型品种平均叶宽在0.6厘米以上，有的最大叶宽达到2厘米，这类品种叶片宽大肥厚，纤维含量低，叶鞘粗壮，但是叶色浅、辛辣味稍淡；窄叶型品种平均叶片宽度在0.5厘米以下，这类品种的植株个体小，叶色深，纤维略多，但是辛辣味足。同时韭菜的叶片宽度也受地力、肥力及种植密度等多方面环境因素的影响，在水肥条件差或者栽培密度过高的情况下，宽叶品种的韭菜叶片也会变得狭窄。由于商品性状良好，便于收割捆扎，产量相对较高，宽叶韭菜已经成为北方韭菜生产的主栽品种。目前北京的市场上极难见到窄叶韭菜。

正常条件下，休眠型韭菜品种多呈现深绿色，非休眠型韭菜品种的叶色偏淡。韭菜叶色同时受栽培管理条件的影响，弱光条件下韭菜颜色较浅，极端情况下甚至呈现黄白色，比如韭黄；强光条件下韭菜颜色较深。另外，韭菜的叶色还与收割时间早晚有关系，一般来说收割晚一些，营养物质积累更充分，叶色会更绿。

4. 天敌防治韭蛆技术应用潜力大

冬春季是京城百姓吃韭菜的正季，也是京郊韭菜生产的主要季节。大兴区长子营镇上黎城村20世纪80年代开始种植韭菜，成规模连续种植韭菜历史超30年。北京市植物保护站、大兴区植保植检站和河南省济源白云实业有限公司与当地韭农联合在该村建立了昆虫病原线虫防控韭蛆示范田，摸索出了以昆虫病原线虫释放为核心技术的韭蛆绿色防控技术，较好地解决了韭蛆安全防治的问题。

2017年初至今，大兴、昌平和平谷等区20余块韭菜生产田应用该方案，展开田间示范性试验。结果表明，无论单一释放昆虫病原线虫，还是释放昆虫病原线虫与化学杀虫剂结合使用，都表现出了较好的控害保产作用。

较之于目前常用的化学药剂防治技术，昆虫病原线虫防控韭蛆有四方面显著优势。

一是主动攻击。昆虫病原线虫施入田间后能够主动搜寻韭蛆，通过韭蛆的肛门、气孔等处进入韭蛆体内，随后释放出共生细菌，使韭蛆患败血病死亡。

二是自动增殖。昆虫病原线虫侵染韭蛆后，10天左右就可繁殖出下一代线虫，每头死亡韭蛆可以新繁殖700余头线虫，新繁线虫还可以继续侵染其他韭蛆。因此，一旦施用昆虫病原线虫后，可以在田间长期维持一定的线虫种群数量，达到持续控制韭蛆为害的效果。

三是可以与化学农药结合使用。若田间韭蛆发生严重时，昆虫病原线虫可以与吡虫啉、噻虫胺、噻虫嗪和辛硫磷等常见防治韭蛆的化学农药混合施用。较之于单独施用化学农药，能够起到增强和延长防控效果的作用，可以减少化学农药使用次数。

四是适应能力强。昆虫病原线虫在土壤中的适应能力很强，土壤湿度在5%以上、温度在30℃以下能存活1～3个月。

依靠较为理想的防效以及多重优势，昆虫病原线虫防控韭蛆系列技术在安全韭菜生产上有巨大的应用潜力。随着该项技术的日趋成熟，其有望为韭菜绿色生产提供更为有力的技术保障，让更多消费者吃到安全放心的韭菜。

下篇 高效栽培与产业技术

GAOXIAO ZAIPEI YU CHANYE JISHU

第六章 CHAPTER6
叶类蔬菜轻简栽培

导读：随着农村劳动力转移，轻简化栽培成为高产高效生产的必然途径。叶菜主栽品种芹菜的轻简化操作如何实现，在棚室选择、畦走向、育苗、整地、机械化作业及水肥管理方面有哪些关键技术要点？

第一节　设施芹菜轻简化高效栽培技术

芹菜是一种大众喜爱的种植普遍的蔬菜，按照中国人的饮食习惯，喜欢食用单株重 0.5 千克左右的芹菜，比西方国家大棵西芹（单株重 1.5 千克左右）要小得多。大棵芹菜种植的密度小，小棵的芹菜种植的密度则会大很多，为了获得高产与小的单株，国内一般种植 2 万～3 万株/亩，这样就需要用大量的苗，同时也要用大量的劳动力来定植，这就为芹菜的种植带来了很大的劳动强度与较高的人工成本。另外，目前的劳动力极为匮乏，尤其是青壮年劳力缺乏这种状况在未来一段时间会越来越严重。

因此，蔬菜种植的规范化、机械化、轻简化是急需解决的问题。芹菜种子小、出苗慢、苗龄长、定植密度大，更需要尽快解决轻简化栽培技术问题。经过笔者及同行对芹菜种植方面的总结，现将芹菜轻简化栽培技术介绍如下。

一、主要技术内容

1. 芹菜栽培方式及品种选择

（1）芹菜栽培特性　原产于地中海沿岸的沼泽地带，芹菜喜欢湿润土壤。喜欢冷凉的气候，白天 15～20 ℃，夜间 3～8 ℃。超过 25 ℃，对芹菜生长不利。浅根性作物，根系发达，再生能力强。喜欢有机质丰富的松软的土壤。高温、干旱、强光对芹菜生长不利。

（2）栽培方式与栽培季节　芹菜属于半耐寒性蔬菜，根据北京露地及不同保护地的气候特点，对应芹菜的生理特点，进行适合的茬口安排（表 6－1），是获得芹菜高产、优质、高效的重要措施，也是科学种田的具体体现。

表 6-1　芹菜不同季节、不同栽培方式的主要茬口安排

	播种期	定植期	收获期
秋冬温室栽培	8月	10月	1～3月
冬春温室栽培	10月下旬至11月上旬	1～3月上旬	4～5月
春大棚栽培	12月上旬	2月下旬至3月上旬	5月上旬
秋大棚栽培	7月上旬	9月上旬	11月上旬
春露地栽培	12月下旬至翌年2月下旬	3月中下旬至4月中下旬	6月中下旬
秋露地栽培	6月上旬	8月上旬	10月下旬

（3）品种选择

① 西芹。

皇后：法国进口品种，种子价格高，文图拉类型品种，叶色浅绿，生长快、商品性好。

奥尔良：文图拉类型品种，叶色浅绿，株型紧凑，生长较慢，比重大，适合西芹或长时间栽培。

京芹2号：北京蔬菜研究中选育的品种，文图拉类型，叶色浅绿，株型紧凑，生长较慢，比重大，不易空心。

京芹3号：北京蔬菜研究中心选育的品种，文图拉类型品种，叶色浅绿，植株高大，生长快、商品性好。

百利：高犹他类型西芹。株高65～70厘米，叶色深绿，叶柄肥大，质地脆嫩。晚熟，不易抽薹，叶柄实心，不易中空。

② 本芹。

鲍芹：山东章丘地方品种。根系发达，植株高大，色泽翠绿，茎柄充实肥嫩，入口香脆微甘，嚼后无丝无渣，芹芯生食，芹香浓郁，爽口生津，回味无穷，是本芹中的稀有品种。

马家沟芹菜：山东青岛平度马家沟地方品种，叶柄嫩黄，梗直空心，棵大鲜嫩，清香酥脆，营养丰富，嫩脆无筋。

红芹1号：本芹特色品种，早熟，叶柄红色亮丽，芹菜味浓厚，大小株均可收获，尤其适合小株收获。

白芹1号：本芹特色品种，生长旺盛，叶柄粗壮，白色，实心，芹菜味道浓厚，产量高，适合小株收获。

西芹商品性好，植株紧凑，棵大，柄厚柄实，不易抽薹，味淡。本芹植

株开张，叶柄细长，容易抽薹，商品性欠佳，尤其空心品种，但食用品质好、味浓，适合中国烹饪。

2. 育苗管理

（1）种子特性与浸种、催芽　芹菜种子小，千粒重 4 克左右，油性大，吸水慢，出芽慢（10 天左右），有热休眠现象（自我保护）（25 ℃以上发芽迟缓、30 ℃以上不发芽）。

① 浸种。24～36 小时，每天淘洗两遍。

② 催芽。浸种完，把种子水分甩干，15～20 ℃条件下催芽，每 3～4 小时翻动一次，每天淘洗 2 次。

（2）播种及覆土

① 播种。催芽 4 天左右，不等种子出芽，把种子摊开晾干后播种，也可以和干细土、细蛭石拌开播种，平畦撒播或穴盘点播、机播。手工点播：种子小、出芽率低、出苗慢、风险大，采用 128 或 200 穴盘，每穴播种 3～5 粒，留苗 1～2 株。一次成苗。机械播种：采用滚筒式播种机或气吸式播种机、手持式播种机播种（图 6－1～图 6－3）。

图 6－1　滚筒式播种机

图 6－2　播种机播种效果

图 6－3　128 穴盘单株苗和双株苗

② 覆土。覆土宜浅，种子发芽需光，盖住即可，出芽前不盖土，出苗后撒一层薄细土。

（3）*播后管理* 保持土面湿润，夏季要覆盖遮阳网，根据天气状况及时进行出苗前的水分管理。正常情况下，10天左右出苗，经过4天催芽的可以提前2～4天出苗。芹菜苗龄50～60天，植株有5～6片叶时即可出苗定植。

二、整地、施肥、作畦

1. 整地

种植地块务必平整，避免落差太大，影响浇水均匀。

2. 施肥

芹菜喜欢松软、有机质丰富的土壤，每亩施用腐熟的牛粪、羊粪或堆肥15～20米^3，以及普通三元复合肥50千克/亩。

3. 作畦

温室东西向、大棚南北向作平高畦（图6-4、图6-5），畦宽1.4米，畦面宽1.0米，机械作畦，铺设2道滴灌带，覆盖黑色地膜或透明地膜。

图6-4 微耕机作畦

图6-5 微耕机作畦效果

温室东西向（大棚南北向）平高畦的优点：①有利于作畦、覆膜、定植、收获等机械化作业；②有利于滴灌管铺设；③有利于地膜覆盖作业；④高平畦保持土地疏松，有利于作物生长，还可实现免耕栽培；⑤高平畦栽培不会积水，水分均匀、生长一致；⑥高平畦有利于通风，可以减少病害的发生；⑦高平畦便于定植、除草、收获等农事操作；⑧东西向高平畦与温室的等温线、等光线、生长线一致，有利于浇水、收获；⑨东西向栽培可以免除温室后边的走道，冬季利用，可以提高温室的土地利用率；⑩高畦、滴灌使得土壤疏松，芹菜根系好，吸收水肥良好，节水节肥，因此芹菜生长状况好，产量品质好，效益高。

三、芹菜定植及定植后管理

1. 定植密度

1.33 米宽平高畦，双株定植 4 行，穴距 20 厘米，每亩约 1 万穴，2 万株苗，128 孔穴盘双株苗，用苗 80 盘；单株定植 6 行，株距 15 厘米，每亩定植 2 万株，200 孔穴盘单株苗，用苗 100 盘。具体见图 6－6。

图 6－6 左为 4 行双株栽培，右为 6 行单株栽培

2. 栽培管理

芹菜喜欢冷凉湿润的气候。土壤湿度不能大旱再大水。烧尖问题：与干旱、光强、高温、水分不匀有关，生理性缺钙所致。侧枝问题：主芽受到抑制，侧芽发生多，高温干旱都会促进侧芽生长，双株栽培比单株栽培侧芽少。

四、收获

不同的季节温度不同，生长收获期也不同，密度不同，生长期也不同，种植越密，生长期越短。秋冬季长的地区定植后 150 多天收获；春季温度高，生长期短，一般定植 60～70 天即可收获；一般温度正常情况下，70～80 天收获；如果进行西芹大棵栽培，生长期需延长。

春季收获需及时，温度不易控制的田块，要及时收获，避免病害的发生。后期植株大，通风不良，容易发生病害，如叶斑病、软腐病等。

五、保护地芹菜轻简化栽培要点

（1）机械化、集约化、专业化育苗。

（2）200 孔穴盘单株或 128 孔穴盘双株育苗。

（3）温室东西向、大棚南北向作畦。

（4）微耕机作平高畦，畦宽 1.4 米，畦面宽 1 米，高 15～20 厘米。

（5）铺设滴灌管，覆盖黑色地膜。

（6）双株苗定植 4 行，行株距为 30 厘米×20 厘米，机械移栽（尚不能实现）。单株苗定植 6 行，行株距 20 厘米×20 厘米。

（7）水肥一体化管理。

（8）及时收获。

导读：叶菜主栽品种生菜的轻简化操作如何实现，在起垄、播种、育苗移栽、水肥一体化管理、病虫害防治、收获等环节上有哪些关键的产品及配套技术？

第二节　设施生菜东西向栽培综合管理技术

设施蔬菜东西向栽培是一种适合机械化生产的新模式。东西向栽培的初衷是加强机械应用、减少人工劳动，目前北京市设施蔬菜生产中的生产参与者老龄化严重，而且人员数量十分短缺，对于劳动密集型的设施蔬菜生产而言，按照原有的栽培模式，一些劳动强度高的生产环节很难维持和完成，因此采用机器代替人工成为一种迫切的需求。基于此，北京市农林科学院在设施生菜中开展了东西向栽培与机械化生产的配套研究与实践，以期为京郊都市农业轻简化生产提供技术支撑。

1. 设施生菜东西向栽培技术

将原来南北向的定植模式改为东西向栽培，设施内的光照和通风状况将会受到影响。温室内北侧的植物由于受到遮挡，光照可能会减少。为了降低这些不利影响，首先在易于开展东西向栽培的蔬菜作物上试验，我们选择了株高较低的生菜。设施生菜东西向栽培可以采用两种方式：一种为起垄，垄上双行定植（图 6－7）；一种为平高畦，畦上定植 4 行（图 6－8）。垄上双行适合春季生产，畦上 4 行适合秋冬季生产。

生菜采用统一育苗，常规方法为人工穴盘育苗。但人工育苗耗时长、效率低，穴盘点播机是目前育苗过程中常用的轻简化机械，按照成本可分为自动和手动两种方式（图 6－9、图 6－10）。按一定行距和穴距，可以将种子成穴快速均匀地播种。每穴可播 1 粒或数粒种子，分别称为单粒精播或多粒穴播。这个机械要比人工点种的效率提高很多倍。通常，不同形式和不同规格的吸种板与不同规格的育苗穴盘相配套，播种时一次一盘，播种速度为 200～500 盘/小时（根据种子不同而变化），播种率可达到 85%～95%。

图 6-7　春季垄上双行东西向定植

图 6-8　秋冬季畦上 4 行东西向定植

图 6-9　育苗用自动播种机

图 6-10　育苗用手动气吸式播种机

春季栽培选用的生菜品种一般为结球型，主要品种有射手 101、凯撒（Kasier）、大湖系列等。苗龄四叶一心时，可以移栽定植。垄宽 80 厘米，垄面宽 60 厘米，沟宽 20 厘米，生菜定植株距 35 厘米，每亩定植 4 500 株左右。

冬季栽培选用的品种一般为散叶型，主要品种有美国大速生、罗莎绿、罗马直立、西班牙绿等。也采用提前预苗、移栽定植的方法。畦宽 1.5 米，行距 30 厘米，株距 30 厘米，每亩定植 6 000 株左右。

平整土地后，开始起垄。由于改变了传统的南北向种植方法，东西向栽培增加了定植垄的长度，使得机械化起垄更加符合劳动习惯，起垄效率极大提高。传统的南北向栽培，垄长太短，一般 6～10 米，机器需要不停地转弯往返，频繁改变方向使得机器基本无法使用。但改成东西向栽培后，垄的长度一般都在50米以上，一个温室仅仅需要几次转弯就可完成。采用小型起垄机起垄，垄高可达25～30厘米，垄宽11～40厘米，配套5.88～9.56千瓦风冷汽油或柴油机。发动机要求重量轻、动力输出强劲、转速稳定。与人工相比，机器起垄的生产效率至上提高5倍以上（图6-11）。

图6-11 用机器替代人工起垄室外展示

生菜栽培全部采用水肥一体化管理。水肥一体化是指把溶解性较好的速效肥料溶于水中并以水带肥进行施肥灌溉的技术方式，这种技术将施肥和灌溉有机结合，可以显著提高生产效率。一般在田间将化肥溶解并混合于施肥器或水池中，以水为载体，滴灌的同时将施肥完成。肥料养分随灌溉水渗入到土壤中，再通过质流、扩散和根系截获等方式到达根表，供作物吸收利用。这种灌溉施肥方式的特点是实现了水肥协同供应，施肥效率提高，施肥总量降低。每次施肥的多少，需根据作物种类和不同生育期需肥规律配置氮、磷、钾的数量，同时与所灌溉的水量相匹配。灌溉施肥的肥效快，养分利用率高，还可以避免传统施肥引起的挥发损失、溶解速度慢，最终降低肥效的问题，尤其可以避免铵态和尿素态氮肥施在地表发生氨挥发损失的问题，既节约氮肥投入又有利于环境保护。所以，应用水肥一体化技术使得肥料的利用效率大幅度提高。

当前常见的水肥一体化设备有3类，分别如下。

（1）机械注入式（图6-12） 这种方法应用比较广泛，是生产中最常见的设备，具有造价低、操作零活方便等优势。在灌溉施肥开始时，采用人工、水泵、压差式施肥罐或文丘里吸肥器等装置将肥料注入小水渠或水管中，随灌溉水将肥料带入农田。

图 6－12　机械注入式施肥罐

（2）自动配肥式（图 6－13）　这种方法在规模化园区应用较多，是指在灌溉配肥时，根据作物的灌溉施肥的指标或阈值，设定肥料配比程序，通过文丘里或施肥泵，采用工业化控制程序，控制电磁阀，实现肥料的自动配比，是目前常用的自动化配比方式。

（3）智能配肥式（图 6－14）　根据作物生育期不同的需肥需水特征，耦合生产区环境因素构建智能决策模型，经过电脑运行计算，智能判断控制系统执行水肥一体化设备系统完成灌溉施肥。但这种方法目前应用的还比较少。

图 6－13　自动配肥式比例施肥器

图 6－14　智能式水肥一体化施肥机

设施生菜种植中最常用的是施肥罐模式，属于机械注入类型。双行定植的垄上铺设一根滴灌带，4 行定植的畦上铺设两根滴灌带，滴头间距 30 厘米，流量 1～2 升/小时。由于采用了东西向栽培，安装滴灌带的效率极大提升。南北向栽培时一个生产面积为 0.6 亩的温室需要安装滴灌带 80 条，每条都需打孔、打结、安装管带等，而东西向栽培只需要安装 7 条滴灌带，效率提高近 10 倍，极大地节省了人工成本和降低了劳动强度，为轻简化栽培提供很好的技术范例。

2. 设施生菜东西向栽培应用水肥一体化技术的产量与水肥利用效率

设施生菜东西向栽培与水肥一体化配套为生产提供了一项轻简化的技术组合，不仅增加了机械化的程度，而且可以提高灌溉的效率。但在实际生产中，这一模式却存在成本投入较大、操作繁琐的不足之处，有待进一步降低成本、提高操作的轻简化水平（图 6－15）。与传统沟灌或畦灌相比，滴灌施肥设施设备的成本投入增加十分明显，为了保证管路和滴头的通畅和持久，不仅需要购买水溶性很好的肥料，而且需要定时清理管路过滤器，不断检查管路滴头是否堵塞。水溶性肥料按照在水中的溶解程度其售价逐渐提高，相比普通复合肥价格高 2～5 倍。如果采用价格低的水溶肥料，滴灌设备堵塞的概率成倍增加；如果采用价格较高的水溶肥料，成本增加太多，在经济受益低的作物生产中难以承受，加上滴灌设施设备的投入，不利于大面积推广。为了解决固体水溶肥料的不足之处，采用液体肥水溶肥是一个有效的措施。液体水溶肥溶解速度快，几乎不存在堵塞和肥料溶解时间长的问题，也不需要分次不断地往施肥罐或施肥器内添加肥料，而且随着大量元素氮、磷液体肥料（尿素硝铵溶液 UAN、聚磷酸铵 APP）的普及，成本优势将得到充分发挥，其肥料成本相当或低于最便宜的固体水溶肥料（图 6－16）。因此，我们开展了液体水溶肥滴灌施肥与东西向栽培的配套技术研究。

尿素硝铵溶液（UAN，urea and ammonia nitrate，也称氮溶液）是目前最主要的一种液体氮肥，也是世界各国使用最多的一种的液体肥。UAN 由溶解的尿素和硝酸铵水溶液组成，氮含量为 28%～32%，含有三种氮素形态（酰胺态氮：硝态氮：铵态氮＝2：1：1），产品未经造粒及干燥过程，生产成本较尿素有所降低，废弃物排放也较少，是一种相对环保的肥料产品，目前国内已有多家大型肥料企业在生产。液体磷肥方面，聚磷酸铵（APP）是当前可以与 UAN 配合施用的一种较好的液体水溶性磷肥，其增加了磷酸根的聚合度，减少了被土壤固定的概率，同时具有一定的缓释性能，而且与 UAN 的相溶性非常好，是目前主推的一种磷肥产品，也有大型

图 6-15 固体肥料溶解加入施肥罐

图 6-16 液体肥料直接加入施肥罐

的磷肥企业开始了工业化的生产。基于这些新型的液体肥料，我们通过田间试验验证了其对作物生长和品质产量形成的影响，明确了其具有较好的农学效果，而且在品质等方面不会产生负面影响，同时探讨了在液体氮肥中添加氮肥增效剂、抑制剂等氮肥效率提升的手段（图 6-17）。为了进一步提高液体肥对生产园区的服务，我们探索建立了液体肥配肥站，可以更加方便快捷地服务整个园区（图 6-18）。

图 6-17 液体氮肥 UAN 与液体氮肥抑制剂配合使用对生菜产量与品质的影响

图 6-18 服务整个园区生产的液体肥配肥站

在明确液体肥对生菜生长和品质的基础上，我们连续监测了液体肥对生菜生产效率和资源投入的影响。在不同温室中比较了不同施肥管理措施，如表6-2所示，生产园区中12号棚采用液体肥滴灌施肥，13号棚采用土壤改良加习惯固体水溶肥管理，14号棚采用习惯固体水溶肥管理，经过两茬生菜试验表明，12号棚生菜的累计产量显著高于习惯管理，增产幅度10%～14%，同时实现氮、磷、钾减量8.92%～34.4%，总节肥比例19%，氮肥偏生产力提高26%，生产效率明显提高（表6-3）。液体肥在生产中的应用表明，其对产量和生产效率的提高具有明显的促进作用，而且可以减少操作的时间，是一种轻简高效的施肥方法。但目前，生产中应用液体肥的比例还很低，一方面与技术传播慢有关，另一方面液体肥的运输、供应还有待进一步完善。随着轻简化技术需求和技术传播的不断扩大，相信液体肥料的应用会得到进一步的普及。

表6-2　不同施肥管理对2017—2018年秋冬季两茬设施生菜产量（吨/公顷）的影响

温室编号	处理	2017年秋茬	2017年冬茬	累计
12号棚	液体肥优化	58.5a	45.9a	105.6a
13号棚	改土+习惯施肥	54.3ab	42.4a	95.8b
14号棚	习惯施肥	49.2b	43.1a	92.3b

注：不同字母代表处理间差异显著，$P<0.05$。下同。

表6-3　液体肥优化处理与习惯施肥用量及氮肥偏生产力

处　理	氮N（千克/公顷）	磷P_2O_5（千克/公顷）	钾K_2O（千克/公顷）	总节肥（%）	氮肥偏生产力（千克/千克）
液体肥优化	186	124	127		568
习惯施肥	204	142	194		452
节肥比例	8.92	12.5	34.4	19.0	

3. 生菜东西向栽培其他配套轻简措施与展望

我国大部分地区温室内的物料运输以人工搬运为主，劳动强度大，需要通过轨道方式来提高运输效率、减少人工。常见的有地面轨道式和悬吊式日光温室物料运输装置。其中，地面轨道式已经在很多园区使用（图6-19）。

地面轨道车、悬挂转轨车是利用温室结构特点，运行于温室内轨道上的一种运输设备。运输车将运输和转轨集于一体，分为手动、自动和遥控等多种控制模式，可以实时监控喷施机作业状态，自动调节喷施机运行速度，与喷施机结合可实现整个温室的喷灌、施肥施药等作业。

图 6-19　常见温室地面轨道（左：日光温室地面轨道，右：连栋温室地面轨道）

设施生菜种植采用东西向栽培，提升了机械化起垄、滴灌设施安装的轻简化程度，应用水肥一体化技术提高了灌水施肥的效率，减少了工人的劳动量。东西向栽培同时也为其他生产环节提供了便利，如收获和运输。传统的生菜采收需要人工搬运菜筐出温室，在东西向模式下，可以采用滑轨运输车来解决，而且为生菜分区采收提供了极大的便利。温室内最先采收的往往是靠近北墙的区域，这一区域温度高、生长快，采收常常要提前（图 6-20）。安装机械化的运输车，可以快速地完成生菜搬运（图 6-21），运输效率至少提高 5 倍以上。

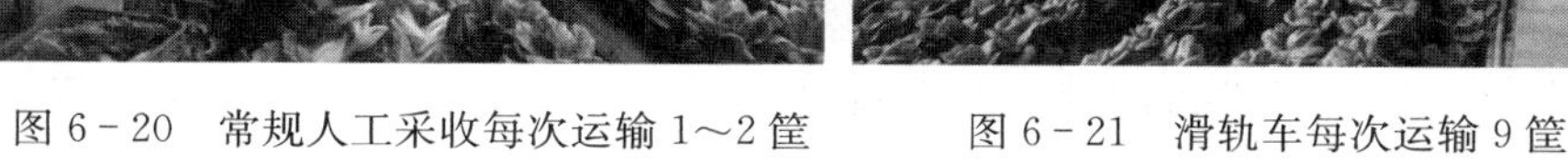

图 6-20　常规人工采收每次运输 1～2 筐　　图 6-21　滑轨车每次运输 9 筐

同时为了减轻育苗移栽和生长过程中打药的劳动强度，我们引入了育苗移栽器（图 6-22）和自动喷雾装置（图 6-23）。

目前在设施农业中用于收获的小型机械相对较少，特别是在我国的传统温室大棚中，如番茄、草莓采摘机械手或机械臂还没有应用。国外对蔬菜收

图 6 - 22　生菜移苗器

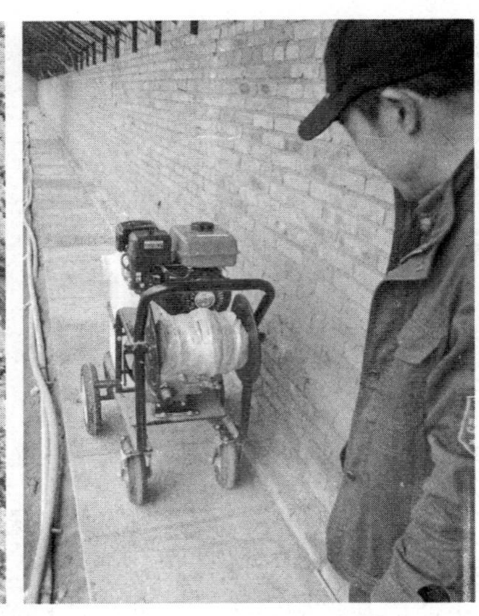

图 6 - 23　农药、叶面肥自动喷雾装置

获机械的研究起步较早，技术也相对成熟，欧美国家多采用大型侧牵引式联合收获机，适用于大农场作业。日本、荷兰等地区多采用小型自走式收获机，适用于垄作和小型地块，例如日本的番茄采摘机器人、荷兰的辣椒采摘机械臂，根菜类如胡萝卜收获机、马铃薯收获机等，都有商业推广的机型。国内对于蔬菜收获机械的研究处于刚起步阶段，除少数根类蔬菜有成熟收获机型外，多数蔬菜收获机械的研究处于理论阶段，还没有成熟机型供商业推广。

虽然我们完成一些轻简化的环节与配套技术，但还有一些环节没有实现机械化，仍然需要较多的人工，如生菜收获，需要较多的劳动量。基于轻简化的思想，我们在生菜生产中完成了多个环节的轻简化操作，为提高生产效率、降低劳动强度提供了有效的技术支撑。随着都市农业的不断发展，设施生产机械化、标准化操作仍将会有较大的需求，进一步加快发展设施生产中基于作物特点的轻简化生产还有很长的路要走，例如果类蔬菜的轻简化生产、东西向栽培模式的建设与配套技术的探索等（图 6 - 24）。未来轻简技术的研发与突破，不仅需要农业科研工作者的努力，还需要跨学科的合作，需要工业技术、信息化技术人才和专家的加入，来共同推动设施农业的轻简高效发展。

图 6－24　番茄东西向栽培模式探索

导读：蔬菜周年生产技术是确保蔬菜足量、优质供应的必要前提。作为北京市场最重要的结球生菜供应商，裕农公司结球生菜的周年标准化生产技术，如育苗、栽培、水肥及病虫害防控是如何实施的？

第三节　北京地区结球生菜周年生产技术

北京结球生菜自 1984 年引进以来，迅速赢得了广大市民的喜爱，也是宾馆饭店、快餐店不可或缺的蔬菜品种。目前北京生菜的销售有三个主要市场，即快餐市场、大众市场和宾馆市场。快餐市场主要客户包括肯德基、必胜客、麦当劳、福喜公司、空港配餐体系、吉野家等；这类市场的销量每年以 20％～25％的速度递增。大众市场主要集中在超市和批发市场。随着我国政府对农产品质量的日益重视，结球生菜的质量也有了大幅度的提升。据统计，目前北京每年对结球生菜的需求量约为 6 万吨。

生菜生产已经具备了一定的规模，目前京郊结球生菜复种种植面积约为 4 万亩，但农民对结球生菜周年生产品种、茬口时间安排、各主要茬口的栽培要点及病虫害防治及收获储存等问题，由于技术力量、资金、管理水平的限制，无法取得高的经济效益。概括起来，应解决以下三个问题。

首先要解决好农民“何时种”的问题。根据市场对生菜的需求，瞄准各类市场需求标准。有目的地引导农民合理安排茬口及发展高效的区域性种植，推广先进的技术获得更高的经济效益。

其次要解决农民“种什么”及“怎么种”的问题，提高生菜产品质量。

（1）农民种植品种单一，国内开始大规模生产生菜主要是为了供应饭店和快餐业的消费。这些行业对生菜的要求是口感好、易加工。而北京结球生菜生产，在不同茬口种植单一品种，造成品质参差不齐。

（2）农民对水、肥、土壤的管理以及保护地栽培中温室环境条件的管理技术缺乏必要的认识，造成保护地栽培中生物产量高、经济产量低的现象。

最后是解决“何时卖”及“卖给谁”的问题。北京地区的生菜已经有了很好的发展，种植面积迅速扩大。由于农民在种植中不了解生菜市场的规律，这就造成了近两年农民卖生菜难及种生菜不挣钱的现象。对结球生菜的发展产生了一定的不良影响。

因此，迫切需要总结结球生菜不同茬口的抗逆性强、优质新品种、周年的合理茬口安排及抗逆性栽培技术等关键生产技术，进一步提高北京市生菜生产技术水平和促进结球生菜产业化发展，加快农民致富步伐。

1. 优质、抗逆性强结球生菜新品种筛选试验

选择试销对路、抗逆性好的生菜新品种，对结球生菜生产至关重要。通过几年来的示范种植结果表明（表 6－4），“射手 101”品种因其具有叶片肥厚、水分含量少、抗逆性强，耐短暂低温（－2 ℃），球形大、产量高，叶片较绿、鲜亮，耐贮运、货架期长等特点，成为栽培时期最长的生产品种。

表 6－4 七个优质生菜品种的试验数据

品种	抗病	抗寒	抗抽薹	抗烧心	早熟	颜色	产量	适合茬口
射手 101	强	中等	中等	强	中等	较白	高	所有茬口，稳定
拳王 201	强	中等	中等	强	中等	绿	高	所有茬口，稳定
绿蕾	强	中等	中等	强	中等	淡绿	高	所有茬口，稳定
特利丝	强	中等	中等	强	中等	较白	高	所有茬口，稳定
雷达	强	中等	中等	强	中等	淡绿	较高	所有茬口，稳定
H12	弱	弱	强	弱	强	淡绿	中等	早秋露地，稳定性中等
阿黛	强	强	强	强	中等	绿	中等	早春露地，稳定性中等
皇帝	弱	弱	强	弱	强	白	中等	春温室、秋露地

（1）“射手 101” 中早熟，全生育期 85 天左右，叶片中绿色，外叶较大，叶球圆形，结球稳定整齐，单球重 600 克左右，品质良好。耐烧心、烧边，品质好，抗热，抗病性强，适应季节和种植范围较广，亩产 3 000 千克

以上。

（2）“拳王 201” 中早熟耐热型结球生菜新品种，叶球颜色绿，叶片厚，球形圆正，单球重 700 克左右，产量高，抗病性强，耐烧边、烧心等病害。

（3）“绿蕾” 结球生菜优良品种。中早熟，全生育期 85 天左右，叶片中绿色，外叶较大，叶缘略有缺刻，叶球圆形，顶部较平，结球稳定整齐，单球重 700 克左右。耐烧心、烧边，品质好，抗热，抗病性较强，适应季节和种植范围较广，亩产 3 000 千克以上。

（4）“阿黛” 中熟品种，定植后生育期 60 天左右，叶色深绿，叶缘缺刻少，叶柄宽平，结球力强，球形稳定美观，个头大，抗烧心、烧边，耐抽薹，适宜于夏季冷凉地区种植的加工型品种，一般亩产在 3 000 千克以上。4～5 叶 1 心时定植，定植株行距为 35 厘米×35 厘米，施足有机底肥，生长期间做好病虫害的预防工作，后期适当控水。

（5）“H12” 结球生菜品种。株型紧凑，结球坚实，叶片黄绿色，内外较均匀。口感甜脆，中柱较小。耐热性强，耐抽薹，耐顶部灼烧。适于晚春及早秋露地种植。正常条件下栽培，定植至采收 55 天左右。合理密植。建议株行距 30 厘米×30 厘米。

“射手 101”“拳王 201”“绿蕾”“特利丝”是北京大规模生产中栽培时期较长的优秀品种，口感好、易加工的特点非常符合快餐业和供应饭店的要求。适合所有茬口生产需要，建议交替使用，另外“射手 101”育苗表现最为整齐，可以大面积推广。

“阿黛”是早春露地头批使用最好的品种，品质好、抗寒性、抗病性强。“皇帝”及“H12”是早秋头批使用最好的品种，尤其“H12”特点是耐抽薹，颜色鲜亮，叶片浓绿。“雷达”是晚春露地及大棚与“射手 101”“拳王 201”“绿蕾”“特利丝”按两年交替一次的替换品种（注：如果生菜在同一块地种植同一品种超过两年就会出现品质及抗病性降低问题）。

2. 合理的周年茬口、批次安排

北京地区地处暖温带半湿润地区，属大陆性季风气候。北京四季分明，无霜期为 180～200 天（表 6－5）。全年可达到 9 个月的上市期，全国所有城市中北京是全年生产结球生菜上市期最长的城市之一。

结球生菜对气候的要求比其他生菜种类严格，是对光照、气温、湿度最敏感的蔬菜作物之一。结球生菜喜爱偏冷气候，气温条件对生菜的生长是一个重要的因素。菜头形成最佳温度条件为平均日温不超过 23 ℃，平均夜温低于 15 ℃。凉夜是生菜质量保证的基本条件。高温可诱导生菜很快从营养

表 6-5　北京市气象台历史气象信息

	1月	2月	3月	4月	5月	6月	7月	8月	9月	10月	11月	12月
平均气温（℃）	−3.7	−0.7	5.8	14.2	19.9	24.4	26.2	24.9	20.0	13.1	4.6	−1.5
各月降水量（毫米）	2.7	4.9	8.3	21.2	34.2	78.1	185	159	45.5	21.8	7.4	2.8
平均相对湿度（%）	44	44	46	46	53	61	75	77	68	61	57	49
日照百分率（%）	65	65	63	64	64	59	47	52	63	65	62	62
极端最低气温（℃）	−18.3	−16.0	−15.0	−3.2	2.6	10.5	16.6	11.4	4.3	−3.5	−1.06	−15.6
极端最高气温（℃）	12.9	17.4	26.4	33.0	36.8	39.2	39.5	36.1	32.6	29.2	21.4	19.5
累年最多降水量（毫米）	21.0	26.3	40.5	79.0	119.6	236	459	297	116.3	132	43.4	16.3
累年最少降水量（毫米）	0	0	0	0.4	1.8	4.0	26.5	41.0	4.2	3	0	0

生长期进入不可逆的开花期。另外，高温会导致菜叶松散、菜叶带苦味。高温下生长的生菜也会出现生理失调，如烧边。在菜头形成时充分的湿度和凉爽的天气是必要的。湿度不够或高温会引起烧边现象。过量的雨水或灌溉会带走土壤的养分并且增加病害和虫害的发病概率。

生菜适合种植于富含水分和养料的土壤的上层（15～20 厘米）。生菜根系比较脆弱且集中在土壤上层，肥沃且排水良好的土壤最适宜生菜生长。随着北京生菜消费量的快速增加，保护地栽培生产面积增加很快，利用日光温室、塑料大棚形式进行结球生菜的生产已经非常普遍，虽然增加了成本，但对提高结球生菜的供应时期，满足市场的需求起到了相当重要的作用。

（1）周年栽培生产　在北京裕农公司杨镇基地进行了多年定植时间效果试验，结果如下（表 6-6）。

通过在北京裕农公司杨镇基地进行的多年定植时间及上市期的试验得出如下结论（表 6-7）。

表 6-6 周年栽培生产

栽培季节及方式	11月	12月	1月	2月	3月	4月	5月	6月	7月	8月	9月	10月	11月	12月
冬春季温室栽培	定植			收获										
冬春季温室加覆盖栽培	播种	定植	定植		收获	收获								
春季大棚栽培		播种		定植		收获	收获							
春季露地小拱棚					定植		收获							
春季露地栽培				播种	定植		收获							
秋季露地栽培									播种	定植		收获		
秋季大棚栽培									播种	定植		收获	收获	
秋季温室栽培										播种	定植	定植	收获	收获

表 6-7 在山区北京裕农公司合同基地进行了多年定植时间茬口结果

地点	种植茬口	播种期	定植期	收获期	生产措施	生长表现
延庆	春露地	3月5日	4月20日	6月5～20日	地膜	稳定性中等
姜家台	秋露地	7月3日	7月26日	9月20～30日	露地	稳定性中等
怀柔	春露地	2月25日	3月15日	5月27日至6月10日	地膜	稳定性强
宝山寺	秋露地	7月10日	8月5日	9月20日至10月1日	地膜	稳定性强
怀柔	春露地	3月1日	4月15日	6月20～30日	地膜	稳定性强
杨木栅子	秋露地	7月1日	7月25日	9月15～25日	露地	稳定性强

注：怀柔宝山寺秋露地为坝上育苗。

供应期：利用保护地栽培生产及露地生产，北京全年的上市期为每年的9月25日至翌年5月底。平原地区全年的生菜上市期可以达到8个月。秋露地栽培生长期最短可以达到45天成熟，冬春温室栽培最长生长期可以达到110天。

北京地处山地与平原的过渡地带，山地约占62%，平原约占38%。平原地区三面环山，各山脊大致可连成一条平均海拔1 000米左右的弧形天然屏障，形成山前山后气候的天然分界线。由于这种地形的影响，北京的气候具有明显的地域差异，气候资源较为丰富。利用北部山区气候冷凉的特点，结球生菜上市期可以达到9个月，即9月20日至翌年6月30日。

（2）周年茬口批次　在北京裕农公司基地进行的多年定植时间批次试验，结果如下（图6-8）。

表6-8　周年茬口批次

种植茬口	批次	定植结束期	采收期	市场情况	销售形式
秋冬温室	3	10月10日	11月20日至12月20日	北京市场	订单
秋冬温室	2	10月15日	12月20日至翌年1月20日	北京、东北市场缺货	北京市场、订单
冬温室			1月20日至2月20日	北京市场	品质差、少种植
春温室	3	11月30日	2月20日至3月20日	北京、东北市场缺货	北京市场、订单
春温室	3	1月30日	3月20日至4月10日	北京市场	订单
平原春大棚	4	2月25日	4月10日至5月10日	北京市场	订单
平原春露地	3	3月25日	5月10～25日	北京市场	订单
山区春露地	2	4月25日	5月25日至6月20日	全国市场缺货	市场、订单
山区秋露地	2	8月10日	9月10～30日	全国市场缺货	市场、订单
平原秋露地	3	8月25日	10月1～20日	北京市场	订单
平原秋大棚	2	9月15日	10月20日至11月20日	北京市场	市场、订单

注：批次指此种植季节大面积种植时应分成几次栽苗，每次栽苗时间最好不超过3天。每批次之间一定要空出时间，包括农民自主种植时也最好计算产品在此季节哪个阶段上市。前一批次结束时和下一批次开始时质量会有区别，价格也会相差很大。

3. 关键时期栽培技术

在生菜栽培生产中，保护地栽培所占的比重大于露地栽培，各种类型的保护地如大棚、日光温室，都在一定季节发挥各自的作用。

（1）秋季大棚栽培　秋季秧苗生育期为20～23天，切忌过早育苗。生菜秧苗在8月25日后开始定植，9月8日后停止定植，按7天为一个批次，最好分成三个批次定植。头批秋大棚生菜在10月20日前后上市。当时露地气温适宜，光照充足，所以都采取先栽苗，后上棚布（薄膜）的做法。10月初气温开始下降，10月15日前应上好棚布，以保持适宜生菜生长的环境。原则上不要定植过早或者过迟，早则与露地生菜相遇，影响价格；晚则容易遇冻害影响品质或后期防冻增加成本。初上棚布时不宜盖严，门和通风口全部打开，昼夜不关。随着夜间温度的逐渐下降，再逐步把门和通风口关严。但白天还要打开通风，而每天通风口的大小和开闭的时间则要根据当时气温情况灵活掌握。原则是棚内温度在白天最高温度不超过25℃，夜间最低温度在叶球长成之前最好不低于10℃，在叶球已长成且可以收获时，棚内温度应低至不致受冻为宜。10月18日后，如外界气温急剧下降，为了防止棚内生菜受冻，要加强防寒保温，采取在大棚四周围加草帘的办法，这样可使大棚生菜生产维持到11月20～25日结束。

（2）日光温室　保护地栽培的重点在定植时间及温室环境条件的管理。试验在顺义区北京裕农杨镇示范基地、密云区河南寨及通州区西田营村进行，主要提温措施是增加后墙培土、屋面采用覆盖（单层草帘或一层草帘＋一层防寒布）；在前底角外增加一层覆盖物。冬季日光温室生菜栽培总体可以分为两大茬口。在每年11月20日至12月20日采收的为秋冬温室生菜，在3月10日至4月10日采收的为冬春温室生菜。

① 秋冬温室生菜。这茬生菜是接替大棚生菜之后供应市场的，收获期可由11月20日延续到翌年1月中旬。秧苗定植期也比大棚秋生菜晚，以9月10日后定植为宜，最迟定植期不宜晚于10月5日，否则不能形成良好的叶球。按7天为一个批次，最好分成三个批次定植。定植秧苗时气温还不低，采取先栽苗、后上薄膜的做法。覆盖薄膜的时间最好在10月15～25日。霜降前一定要上好薄膜，留出风口，夜间合严风口防寒，白天打开风口通风，避免畦内温度过高，与大棚生菜的温度要求相同。11月20日后，每天早上8时卷起草帘，把草帘卷到温室的后墙上，让畦内能够有充足的光照，最里边的生菜也要能晒到阳光。午后气温下降，太阳光离开畦面以前，把草帘放下盖严。阴天也要照常把草帘卷起和盖严。在管理草帘的同时，还要进行通风，调节畦内的温度和降低畦内的空气湿度，防止叶球烂心。

② 冬春温室生菜。这茬生菜管理温度是由低到高。北京地区12月至翌年2月的月平均温度在0℃以下，生菜生长极为缓慢，成熟时间较长。冬春

生菜总体又可分为两大茬口。前春生菜的定制期在 11 月 20 日至 12 月 20 日。后春生菜的定植期是在最冷的 12 月 20 日至翌年 1 月底，前茬在 2 月 25 日至 3 月 20 日采收，后茬在 3 月 20 日采收，至 4 月 10 日结束。定植后要设法提高温度，主要是争取太阳的光热，并加强保温，重点在于温室通风和真菌性病害的防治。在缓苗阶段同样进行放风，覆盖的草帘或蒲席要适当早盖、晚揭。另外，在有条件的地方，可增加两层覆盖，即在生菜畦上再加盖一层薄膜保温。缓苗后再逐步加强放风，随着早春气温的逐渐转暖，逐步加大放风量和延长放风的时间。根据生菜的不同生长阶段来调节室内的温度：秧苗定植后的缓苗阶段，室内温度可稍高，白天室温 22～25 ℃，夜间 5～10 ℃；缓苗后到开始包心以前，白天室温掌握在 0～22 ℃，夜间室温掌握在 12～15 ℃；从开始包心到叶球长成，室温再低一些，白天维持在 20～22 ℃，夜间维持在 5～15 ℃；收获期间为了延长供应期，室温宜降低，白天控制在 10～15 ℃，夜间控制在 5～15 ℃。此期间着重对霜霉病和蚜虫进行防治，杀菌剂与杀虫剂可同时使用，最少喷施 3 次。

（3）春大棚栽培　生菜秧苗定植期一般在 2 月上、中旬，栽后缓苗阶段一般不放风，以提高棚温。另外，在有条件的地方，可采用两层覆盖，即在生菜畦上再加盖一层薄膜保温。缓苗后再逐步加强放风。春大棚生菜进入包心期时，外界气温已较高，棚内升温很快，如果不加大放风，很容易出现球叶焦边或烂心的损失。同时，收获期不宜拖长。春季大棚栽培 12 月中、下旬温室播种育苗，翌年 2 月上、中旬定植，5 月上、中旬收获。

（4）春小拱棚栽培　生菜秧苗定植期一般在 3 月上旬，3 月 10 日左右。5 月 5 日后开始采收。此批生菜菜球大小中等，不易发生病虫害。管理关键点，在定植扣膜后的温度管理。首先，扣膜一定要紧实，防止漏风。其次，定植水一定要浇透，始终保持棚内湿润。白天日光充足时棚面布满雾气，防止心叶灼伤。扣膜时间随温度而定，一般控制在 20 天左右。选择阴天时提前一次性掀膜。掀膜后立即进行浇水追肥。

（5）春露地栽培　不用任何保护设施，依靠自然气候条件进行生产栽培，此方法产量高、成本低，为普遍生产方式。春季露地栽培 1 月 10 日后开始保护地播种育苗，3 月 10 日定植，5 月 10～30 日收获。此季节种植注意追肥以磷、钾肥为主。

（6）秋露地生菜　7 月中旬播种育苗，8 月 5 日山区冷凉地开始定植，8 月 10 日后平原地区开始定植，10 月 1～20 日收获。此季节种植注意定植不宜早，底肥少施，追肥多施，否则易抽薹。生菜秧苗如果采用在河北冷凉地育苗时栽苗时间可适当前提 1～2 天，上市期可提前到 9 月 15 日。

4. 标准化栽培技术及平衡施肥技术（以北京裕农公司基地多年种植为例）

（1）整地 首先用深翻犁深翻，以松动底层土，保护耕作层。而后用旋耕犁松动耕作层。作畦：以小高畦为主，春季南北走向以提高地温，秋季东西走向以降低地温。如未进行土壤测试可栽前每亩铺施腐熟有机肥 1 000～2 000 千克，每亩施 16∶8∶16 复合肥 40～50 千克。

（2）起畦

① 国内设备整地。起畦栽培，使用 80 厘米地膜，畦沟中心之间相距 80 厘米，畦宽 35～40 厘米，沟宽 40 厘米，畦高 15 厘米。球生菜两行种植，插花定植。

② 欧洲进口设备整地。起畦栽培，使用 170 厘米地膜，畦沟中心之间相距 180 厘米，畦宽 120 厘米，沟宽 60 厘米，畦高 15 厘米。球生菜四行种植，插花定植。

③ 日本小农机设备整地。起畦栽培，使用 130 厘米地膜，畦沟中心之间相距 130 厘米，畦宽 90 厘米，沟宽 40 厘米，畦高 15 厘米。生菜小品种栽四行，株距 25 厘米。苦苣株距可以达到 30 厘米。以 80 厘米为宽度起畦，畦面宽 35～40 厘米，两行种植，插花定植。

（3）定植 在两侧畦脊内侧 10 厘米处挖穴，定植前根据土壤湿度可少浇水提前洇畦，带坨定植。苗坨与畦面相平，要将定植穴用土压实，切忌形成“悬空苗”。栽后及时浇透定植水。定植密度根据不同品种、不同季节、不同栽培方式而略有不同。株行距一般是 30 厘米×35 厘米。

（4）浇水 最好使用滴灌。切忌大水漫灌，浇水时间以沟中见水为准，不要让水漫过畦面，以水淹到畦面一半为佳。防止畦面板结。定植时要浇透定植水，7 天后浇一次缓苗水，促进缓苗，然后中耕保湿，以后根据土壤墒情、天气和植株生长情况灵活掌握浇水。浇缓苗水后一定要等土壤水分蒸发到苗出现很轻微萎蔫时再浇水。此时注重生菜生根，叶片加厚，整体健壮。否则植株生长过快，后期易腐烂或出现内球烧心烧边现象。过后一般 10 天浇一次水，保持土壤见干见湿。冬季、早春及土壤保水力强时间隔时间要长，为 15～20 天浇一次水。夏季浇水间隔时间短，为 3～4 天浇一次小水，防止植株干旱即可，但不宜过勤否则植株瘦弱。结球生菜在结球期即心叶开始向内卷抱合形成叶球后，田间已封畦，蒸发量低，供水要均匀，既要保证植株水分又不能浇水过量，控制湿度不过大。缺水则生菜味苦，湿度过大则引起叶球开裂或引起植株腐烂，导致软腐病、菌核病。特别是保护地栽培，更应该控制好田间湿度和空气湿度。采收前 15 天停止浇水，利于采收。

（5）中耕 松土要根据气候决定，切忌深锄，以免破坏根系周围小环境。干旱天气松表层土，离根5厘米。连阴天时，要畦面排水，在两菜棵之间，用铲翻土，挖土不移土，提高地温，排除水分。

（6）追肥　定植15～20天后，为促进发棵及莲座叶的形成追第二次肥，最好用氮、磷、钾复合肥，每亩15～20千克。结球生菜在任何时期缺氮会抑制生菜叶片的分化，使叶数减少，幼苗期缺氮对生长影响显著，幼苗期缺磷不但叶片少而且植株矮小，产量降低。缺钾对叶片分化影响不大，但可影响叶重，尤其结球生菜的结球期会使叶球重量显著降低。因此，结球生菜开始结球时，在充分吸收氮、磷的同时，必须保持适当的氮、钾平衡，使生产的营养物质输送到叶球中，增加其叶球的重量。结球生菜在整个生长时期对氮、磷、钾的需求比例为2.1∶1∶3.7。

保护地应用节水灌溉技术，可以有效地降低棚室空气湿度10%～15%，提高地温2～5℃，降低作物发病率10%～21%，平均增产率为20%左右。土壤平衡施肥试验结果表明，应用配方施肥技术，底肥以优质有机肥为主，平均每亩施用量达到1 000千克以上，增强了作物的长势，平均可提高蔬菜产量20%以上。

5. 穴盘育苗（以北京裕农公司基地多年种植为例）

（1）配料　草碳∶珍珠岩∶蛭石＝5∶(3～3.5)∶2。每立方米营养土可播穴盘300盘，每盘200株。在同等份比例下，可根据原料的好坏适当添加其他配料补充。以每500盘为一批次计算：草炭200千克，珍珠岩60～70千克（春季70千克、夏季60千克），蛭石100千克，羊粪100千克。配好的基质每立方米再加入150～200克尿素、过磷酸钙250克左右为最佳。同时掺拌百菌清250～300克。

图6-25　欧洲进口设备整地

（2）装盘播种　把配好的原料搅拌均匀后喷施适量杀菌剂，拌匀，以用手抓其成团，放之即散为宜。装盘前空盘用杀菌剂（百菌清或多菌灵）浸泡消毒半小时。穴盘放平，用小木片把原料刮入苗孔内，均匀填实、刮平。然后把装好的盘放在事先刮好的平整地面，重新放料扫平，用喷壶喷水 2～3 遍，播种前保持湿润，不能干燥（播多少，喷多少，防止时间过长，压坑过硬）。

图 6-26 全自动气动播种机

播种：将待播的料盘放平，用完好空盘重叠对孔压坑，深浅均匀，达到苗孔的 1/3 深度为宜。①播种器用马蹄形小铁罐，一端开口。将细铁丝头部砸扁，带弯制成播种钩。每孔播种一粒，播完盘面用水拌好的蛭石覆盖，用小木片在种盘上反复刮平，再放到事先备好的床面上（每床插有温度计），一床放好后，用喷壶喷湿压膜。②建议可以使用气动播种机播种，播种效率高，深浅一致，对后期出苗一致、苗期管理降低成本及培育幼苗健壮质量有极大帮助。

（3）*出苗期温度管理* 压膜后的膜内温度可控制在 22～26 ℃。在适宜的温度下 3～4 日即可发芽出土。在幼苗拱土子叶似出未出时，用日晒过的清水喷洒穴盘，然后立即扣膜，保温保湿促小苗出土。当小苗出齐后从膜侧面小通风。午间温度过高时应加盖遮阳网覆于膜上。时间可根据阳光强弱，一般在上午 10 点至下午 3 点，由小到大逐渐通风至外界温度适宜时，完全撤膜，防止温度过高烤苗。遮阳网可防止发生高脚苗。用晒好的清水喷洒苗盘边缘部分，苗盘周边吸热性好，蒸发快，易干燥，应经常喷水。每天上午把水喷透，使土壤含水量保持在 75%～80%。

（4）*倒盘* 穴盘育苗生育期一般在 30～45 天，一般倒盘 2～3 次，床面有垫基倒盘 1～2 次即可。倒盘时穴盘转动方向，以利根系在穴内生长，并保证菜苗整齐度。其间进行间苗、定株、拔草。

（5）苗期追肥及植保管理

① 杀菌剂。子叶出土后5～7日第一次喷施，农药为百菌清、多菌灵，浓度为800倍液。以后每隔5～7日喷施一次，浓度逐渐增至500倍液。每百盘喷施250～350克。

② 追肥。子叶出土后7～10日第一次喷施磷酸二氢钾，浓度为800倍液。以后隔日喷施一次，浓度逐渐增至500倍液。每百盘从始至终喷施1～1.5千克。阴雨天停止使用。

③ 叶面肥。子叶出土后4～6日第一次喷施，浓度为500倍液。以后每隔4～5日喷施一次，浓度500倍液。最佳原料依次为“高美施”“叶霸”“磷酸二氢钾”。苗期共喷施8～10次。“高美施”每百盘喷施450～500克。

④ 杀虫剂。子叶出土后10～15日第一次喷施，农药为“斑潜净”“斑潜绝杀”，浓度为800倍液。

⑤ 生根粉。在第一片真叶展开时使用，每百盘使用50克。用后充分浇透清水，一次即可。

6. 生菜典型病虫害及防治

生菜以鲜食为主，防治病虫害要及早进行，要严格控制用药浓度，不可过量，避免农药残留量超标。采收上市之前7～10天，不可喷药，否则影响品质。

（1）霜霉病　为常见的真菌病害。主要危害叶片，首先在植株下部老叶上出现黄色近圆形或多角形病斑，湿度大时病斑背面产生白色霜霉层，后期病斑连成大片，导致全叶枯黄而死。防治时苗期应用精甲霜·锰锌或腐霉利1 000～1 500倍液喷施。

（2）灰霉病　苗期发病呈水渍状腐烂，上面着生灰色霉层。连阴天湿度大时病部迅速扩大呈褐色。病部多自下而上发展，蔓延至内部叶片，导致叶球腐烂。防治时苗期应用精甲霜·锰锌或腐霉利1 000～1 500倍液喷施。每隔7～10天喷药一次，连续喷2～3次。

（3）软腐病　主要表现为结球生菜的肉质茎或根茎部变为褐色，迅速软化腐败，病情严重时可深入根髓部或叶球内，导致全株腐烂。细菌性的软腐病只能用杀菌剂进行预防，在栽苗15天内喷施杀菌剂两次。真菌性软腐病主要由镰刀属或链格孢属真菌引起，可在定植前对土壤进行消毒处理，定植时用精甲·咯菌腈3 000倍液进行沾根处理，防止病害的入侵。

（4）菌核病　为真菌性病害，一般在近地的茎和叶柄基部开始发病，病斑初期呈褐色水渍状，叶柄受害或叶片凋萎。后期在病叶或茎上产生黑色鼠类状菌核。注意轮作与深耕（6厘米以下），将菌核深埋入土，减少病源。

还要注意及时清除病株和残体，保持田园清洁。

（5）黑斑病　主要危害叶片，叶片上形成近圆形褐色斑点，严重后病斑可连接成片。防治上应加强栽培管理，采用配方施肥技术，增施有机肥及磷、钾肥，提高植株抗病力。及时摘除老叶、病叶，集中处理病残体。发病初期可用异菌脲或苯醚甲环唑 1 000～1 500 倍液每 7～10 天喷洒一次，连续防治 2～3 次。

（6）茎腐病　环境湿度大时易发病，多在靠近地面的叶柄处先发病，病部初为褐色坏死斑，后扩展蔓延到整个叶柄，湿度大时病部溢出深褐色汁液。条件适宜时病部蔓延导致整个叶球呈湿腐糜烂状。要加强栽培管理，合理密植，保持田间通风透光，避免环境湿度过大。

（7）蚜虫　由桃蚜引起的一般破坏表现为生菜长势减弱及产量下降。植物病害特别是病毒如生菜花叶病的传染是由桃蚜引起的。要及早防除，应将桃蚜消灭在包心之前。生菜菜头发现蚜虫，即使是轻微的也必须作废弃处理。结球前期用吡虫啉 2 000～2 500 倍液防治 2～3 次。

（8）菜青虫　低龄幼虫常被发现在外叶，取食叶片，造成叶片出现孔洞或缺刻，严重时叶片全部被吃光，只残留粗叶脉和叶柄；老熟幼虫钻蛀菜球内为害，不但在菜球内暴食菜心，排出的粪便还污染菜心，并引起腐烂，降低蔬菜的产量和品质。而且幼虫钻入菜球后杀虫剂也难以发挥作用。生菜菜球，即使发现小的菜青虫幼虫也可能造成整个菜田的废弃。菜青虫是生菜上较严重的虫害，应在越冬成虫羽化产卵前提早加以防治。

（9）棉铃虫　棉铃虫对球生菜的危害以幼虫钻蛀菜球，在菜球上形成孔洞为主，造成整颗生菜的废弃，严重影响生菜的产量。对棉铃虫的防治可采用诱杀成虫、耕地灭蛹等无公害防治措施，控制虫口密度。以卵期和初龄幼虫阶段为防治重点，科学合理使用甲维·虱螨脲、氯虫·噻虫嗪等高效、低毒、低残留的农药。

（10）潜叶蝇　潜叶蝇幼虫潜食叶肉为害，在生菜叶片表面留下弯曲的“隧道”，影响生菜的光合作用，严重时造成叶片枯萎、死亡，严重影响产量。田间防治要及时清除植株残体，减少虫源数量。利用黄板和糖醋液对成虫进行诱杀。在田间初见幼虫时，可用内吸性药剂噻虫嗪进行防治。

（11）叶蝉　叶蝉刺吸取食生菜叶片汁液，在叶片表面形成淡白色斑点，在消化时会分泌蜜露黏着在叶片表面，引起煤污病，取食过程中会在植株内注入毒素，传播病毒病。防治叶蝉要注意及时清洁田园，降低虫口数量，利用成虫的趋光性用黑光灯进行诱杀。

（12）根结线虫　根结线虫可使根部形成明显的瘤。形成的瘤破坏木质组织，从而干扰水分传送至生菜。在苗期受感染的生菜生长矮小。根结线虫还在根表皮形成伤口，促进了土壤细菌对植株的侵染。农业操作上要注意采收后及时翻地闷棚，利用高温杀死线虫。也可采用更换棚室进行种植或者与非线虫宿主作物进行轮耕的方式控制线虫的数量。

(13) *根部害虫* 危害生菜根部的害虫主要有中华拟步甲、金针虫、蝼蛄、蛴螬、地老虎等，此类害虫主要为害生菜幼苗，取食、切断幼苗的根部，使植株整株死亡，造成缺苗断垄，甚至绝收。防治根部害虫要以田园清洁除草灭虫，采收后及时深翻土壤灭虫，利用害虫的趋性撒毒饵诱集灭虫，以及杀虫剂灌根多种措施相结合的方法灭虫。

(14) *烧心烧边* 烧边最初的症状是沿叶边有暗褐色的小斑点。这些斑点首先是出现在内叶，斑点后来汇聚，使得整个叶边都变成褐色并坏死。通常只有少量叶片受影响。烧边多出现在收割前成熟的菜头。根据报道，有七种环境条件有利于烧边的发展：①高温，特别是夜间温度高于 18 ℃；②有利于生菜快速生长的条件，如充足的水分和营养供应；③在生菜成熟时不足或不定的水分供应；④在早期生长期温度低，然后接着是在生菜成熟时温度高；⑤高的光照强度；⑥高的相对湿度；⑦高的大气二氧化碳浓度。生菜在排水好的土壤进行深耕种植可减少烧边。应避免过度施肥，过度施肥会导致生菜生长速率过快。当生菜接近成熟时不要浇水太多，特别是在暖和的、多云的和潮湿的天气下。一些生菜品种对烧边有忍耐力。

生菜干烧心多发生在结球后期，外部老叶叶缘枯焦变褐，纵剖叶球，可见叶球中部叶片呈干纸状，病、健交界分明，病叶与好叶相间。生菜干烧心是由植株体内缺乏钙、锰引发的生理性病害，其中缺钙是主要原因。导致生菜缺钙的主要因素：植物体内钙吸收困难，离子的颉颃作用，土壤反盐，氮肥施用量偏高，土壤过干或过湿。防治生菜干烧心：①可通过选择抗逆性强、耐高温、耐烧心的优良品种；②合理安排播种期，使生菜的结球期避开高温期；③选择生菜偏好的中性土壤的地块；④增施有机肥改善土壤的理化性质，施用钙肥和硼肥，促进钙肥的吸收，合理配合施用氮、磷、钾肥；⑤根据土壤保水能力，采用膜下滴灌技术，调控土壤含水量等措施。

以上为北京市裕农优质农产品种植有限公司基地多年总结的生产经验，希望能给种植生菜的农民朋友提供一些参考和帮助。

第七章 CHAPTER7
果类蔬菜高效栽培

导读：现代设施农业生产中，基质化育苗是培育壮苗进而实现作物高产稳产的关键技术环节。番茄基质育苗在北京经历了怎样的发展历程？关键的技术节点有哪些？

第一节　番茄基质育苗发展历程及关键技术探讨

1. 番茄基质育苗研究背景

番茄是我国设施蔬菜栽培的主要品种之一，在北方地区有较大的种植面积，主要是采用育苗移栽的方式进行种植。根据尚庆茂的研究，我国番茄的集约化育苗率在30%左右，番茄秧苗的质量直接影响到定植后的产量，原本采用的育地苗或者是营养钵土壤育苗极易使番茄苗感染土传病虫害，同时园土的理化性质及养分含量不同，导致番茄育苗过程不好把控，质量参差不齐。为了解决番茄育苗过程中的土传病害、水肥管理等问题，我国从20世纪70年代开始研究蔬菜的基质育苗技术，目前应用较多的是以草炭为主配制的商品基质或者自配基质，由于草炭是不可再生资源，科研人员还进行了椰糠、农林废弃物、菌渣等替代物的研究。

2. 北京番茄育苗的历史沿革

北京最早的基质育苗方式可以追溯到20世纪70、80年代的炉渣育苗，在丰台蔬菜站生产番茄等果菜的裸根苗，利用地热线加温，育苗效果良好，后由于原料及技术问题，在80年代中后期被轻型基质取代。

北京现代的基质育苗兴起于20世纪80年代，约在1985年，试用轻型基质进行蔬菜育苗取得成功（图7-1～图7-3）。北京市农业技术推广站成立育苗室，主要推广蔬菜育苗技术，每年基质育苗定植面积3 500亩左右。

到90年代后的十几年间，由于农业生产体制改变，多采用分散的塑料碗（图7-4）或土坨（图7-5）育苗。2000年之后，随着育苗穴盘国产化的技术日趋成熟，穴盘的成本大幅下降，更多的生产者采用穴盘生产番茄苗。使用穴盘培育番茄苗（图 7－6），同样的生产面积，土地产出率较营养钵提高 2.7 倍以上，较土坨育苗提高 3 倍以上。

2008 年，北京第一家专业集约化育苗场在大兴成立，开启了现代化的基质育苗技术阶段；2011 年北京市农业技术推广站恢复建立育苗技术科；2012 年北京建成了第一批 10 家市级集约化育苗场，开始大力推广集约化穴盘基质育苗技术；2012—2016 年，基质育苗数量增长速度较快，由 0.3 亿株上升到 2.3 亿株；2017 年后呈现稳中有升的趋势。目前北京市的番茄基质育苗量大约 8 000 万株，生产主体主要有专业集约化育苗场、规模园区育苗点及部分规模生产农户。

图 7－1　1985 年《人民日报》海外版报道欧共体合作援助工厂化育苗成功

图 7－2　1989 年 3 月 13 日《人民日报》报道北京基质育苗供应生产

图 7－3　1989 年左右北京的连栋温室基质育苗

图 7－4　塑料碗育苗

图 7-5　土坨育苗

图 7-6　穴盘基质育苗

3. 北京地区番茄基质育苗关键技术

培育健壮的秧苗是番茄正常生产的必要前提。番茄基质育苗技术流程大致可以分为设施设备消毒—种子处理—基质装盘—播种—覆土—覆膜—揭膜—水肥管理—病虫害防治—炼苗—出铺前管理—运输—定植等，相对关键的技术节点在基质选择、水肥调控、变温管理 3 个方面，牢牢掌握住关键时期的管理措施，可以有效地保证番茄基质苗生长健壮，为定植后稳产高产奠定基础。

（1）选择合适的育苗方式　传统的育苗方式有裸根苗、土坨育苗、营养钵育苗、地栽育苗等，目前番茄基质育苗方式以穴盘＋商品基质为主，基质类型主要为商品基质（国产、进口）、草炭为主的自配基质（草炭、蛭石、珍珠岩、肥料）及其他基质（椰糠、稻草、秸秆、农林废弃物、菇渣、中药渣、蚯蚓粪等），近两年随着工厂化生产的发展，育苗方式还有潮汐式育苗、水培育苗、岩棉育苗、扦插育苗、组培育苗等。

（2）选择适宜的育苗基质　关于番茄基质育苗，关键的技术因素之一就是基质的理化性质，理化性质适宜与否直接关系到穴盘苗的出苗、株型、水肥调控、田间管理、病害防治等环节，可以说是“基质不适毁所有”。

适宜的育苗基质要求粒径适宜、通透性好、pH 适合、具有一定的保水保肥能力、不含有害物质、缓冲能力强等，营养成分可根据生产经验自行掌握。育苗基质从养分含量上可以分为低营养基质和全营养基质。

① 低营养基质。养分含量可以维持种子出芽后到子叶展平期前后的营养供应，子叶展平后需要追加养分，优点是种子出芽一致，肥料供给一致，易于水肥调控。

② 全营养基质。养分含量 EC 值要在 1 以下，养分含量过高会抑制种子

的萌发，限制前期苗子的发育。一般使用 EC 值为 0.5～0.8 的基质，出现真叶后视情况追肥。

北京地区常用的商品基质存在一个普遍问题就是基质相对粒径较小，有机质含量比较高，透水能力略差，苗子小的时候劣势不明显，苗子长大后，叶子逐渐把穴盘遮盖住，基质的透水问题就显现出来了。粒径过细、有机质含量高的基质表面会有明显的青苔，水分不容易走出去，再加上冬季低温，就会出现沤根现象（图 7－7～图 7－9）。

图 7－7　整株苗子发黑，基质沤水，根系发黄直至腐烂

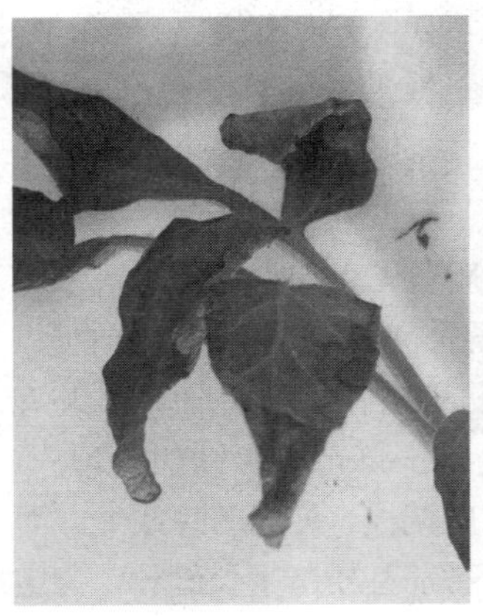

图 7－8　叶片边缘发黑，逐步萎蔫

图 7－9　改善基质环境后，控水升温，番茄根系重新生长，发出新根

（3）*病害问题不突出，防大于治*　现代集约化番茄基质育苗病害问题不是十分突出，由于定植时基质随苗一起定植下去，一般基质不做重复利用，生产者提前做到温室、苗床、工具、基质、穴盘彻底消毒，育苗过程中保证隔离病源、环境适宜，以及科学的水肥管理，穴盘苗很少有大规模土传病害发生。田间见到的症状多为环境不适、水肥管理不当等造成的危害。

北京基质生产中，种子带毒情况比较少。我们采用高通量基因分析技术对北京的番茄种子和种苗进行常见病害检测，没有发现黄化曲叶病毒，只在个别穴盘苗上发现了霜霉病病菌，因此在生产中要严格控制烟粉虱等害虫的数量，杜绝病毒的传播。

实际生产经验表明，在北京地区，推迟夏季番茄育苗时间、定植时间对于控制 TY 的发生有一定的作用。一般情况北京地区 8 月以后播种、8 月 25 日以后定植的番茄，黄化曲叶病毒病的发生会大幅度降低，当然也要防治得当。通过近两年的技术培训，黄化曲叶病毒在种植水平高的园区和种植户很少出现，散户还有发生。

（4）水分与温度管理　温度和水分对于番茄管理来说非常重要。夏季蒸发量大，需要补水，但是温度高，又需要控水；冬季夜温低，需要控水，但是晴天中午温度高，水分不够又萎蔫，不好兼顾。冬季番茄出芽温度 25～30 ℃，真叶出现前是控制徒长、调整株型的第一个关键期，需要按照季节调整管理方案，合理使用遮阳网、水帘风机、上下风口、灌水方式、棉被、光照、二氧化碳等。

不同番茄品种在育苗过程中表现出的耐水、耐肥和耐低温的能力也不同。例如，密云地区的原味一号番茄品种，果实味道很好，但是育苗过程中就需要比别的品种管理更加细致，属于“娇生惯养”型。温度不能高、不能低，水分和肥料不能多、不能少；穴盘里的基质水分固然重要，但是穴盘底部的通风也很重要。

这两年开始流行的潮汐式育苗方式，苗床托盘有两种形式：一种技术完善有导流槽，一种价格低廉没有导流槽。

有导流槽的苗床穴盘下部通风透水条件要好于平盘，苗子不易发生沤根（图 7－10～图 7－11）。

图 7－10　有导流槽

图 7－11　无导流槽

苗床育苗相对地面育苗，穴盘底部的通风条件要更好一些，但是穴盘容易缺水，需水量更大，地面育苗穴盘底部通风较差，更容易积累水分。另外，秧苗的根系容易从穴盘底部的透水孔伸出来扎到土中，容易感染土传病害，定植取苗时容易伤根，不利于培育壮苗。

所以在没有苗床的情况下，我们建议穴盘底部一定要离开地面，可以用地布、穴盘、竹排、空心砖等隔离，一是防止根扎入土壤发生土传病害，二是改善底部通风透水条件。

大部分番茄品种在冬季基质育苗时，夜温 10～13 ℃是临界点，夜温低于 10 ℃时，苗子生长缓慢，水分多容易沤根；夜温高于 13 ℃，苗子容易徒长变弱。但是在番茄秧苗发育到 2～3 片真叶时，花芽开始分化，此时要适当提高夜温到 12 ℃，夜温过低花芽分化受阻，果实易畸形（图 7 - 12），因此为了培育健壮的番茄秧苗，在育苗过程中根据不同发育时期酌情进行变温管理是关键技术处理之一。

图 7 - 12　番茄花朵、果实畸形

除了适温管理，番茄基质育苗的温差也很重要。有很多种植户并不在意温差，温差是保证苗子养分积累、根系强壮的关键因素之一。一般番茄基质育苗的适宜温差在 15 ℃左右。

如图 7 - 13 所示，前期温差合适，茎基部呈现紫色，苗子相对较壮，但是夜间温度较低，基质含水量大，有沤根现象，根部发黄，叶片边缘有发黑，萎蔫。

如果发生冬季沤根，要及时控制水分，适当提高夜温，苗子较大时拉开穴盘间距，加强温室通风，缓苗 1～2 天，观察根部有新根长出，基质含水量低于 40%、植株中午出现萎蔫时，用生根粉加到灌溉水里，适量灌溉，

图 7-13　番茄穴盘苗适宜温差及轻微沤根表现

一般情况下可以恢复。

4. 总结及展望

番茄集约化基质育苗已经成为番茄育苗的主要技术，近阶段也会继续发展，逐步增加集约化育苗率。随着生产成本的增加、科学技术的不断进步，番茄的基质育苗将会向着更标准、更智能、更省力、更高效的方向发展。

（1）*标准化育苗技术*　不同的番茄品种、生产基质、水肥管理、环境调控等技术环节导致番茄穴盘苗的质量良莠不齐，好的技术不容易复制，日后的育苗技术必将向着更标准化的方向发展。规范投入品使用、水肥调控等关键技术，使番茄的基质育苗技术形成一套规范的、标准的、实用性强的技术体系，真正做到指导生产、技术可复制，提高番茄基质育苗的集约化率。

（2）*潮汐式育苗*　潮汐式育苗是在育苗过程中采用潮汐式灌溉方法，灌溉策略可以采用光辐射控制、蒸发量控制、穴盘水分含量控制等多种控制途径。育苗基质可以使用以草炭为主的商品基质，也可以使用岩棉块、椰糠块育苗，其他水肥管理、环境调控等技术环节基本采用智能控制系统；育苗过程中节省了大量的人工，减少了人为因素的失误，提高了生产的标准化、智能化及高效化。因此，潮汐式育苗是一种省力高效智能的育苗模式，也将会成为未来育苗的发展方向之一。

导读：熊蜂授粉不仅能提高产量、改善品质，减少化学农药用量和农药残留，还能够节省人工。熊蜂授粉需要哪些环境条件？有哪些特殊情况要注意？如何处置相关事件？针对上述问题，本文将逐一回答。

第二节　熊蜂授粉技术与应用

熊蜂，属于膜翅目蜜蜂总科熊蜂属，介于高级社会性蜜蜂和独居蜂之间（图7-14）。常见于高山、高原地带，是自然界中许多濒危植物的理想传粉者，它在保持生态平衡方面发挥着十分重要的作用。熊蜂比蜜蜂更加原始，进化程度低、趋光性差、活动起点温度低，容易适应温室环境，在设施农业果菜生产中发挥着十分重要的作用。

图7-14　自然界中的熊蜂
（由嘉禾源硕生态科技有限公司供图）

我国现有熊蜂120多种，是世界上熊蜂物种资源最为丰富的国家。与发达国家相比，我国熊蜂研究起步较晚，工厂化繁育规模小、产品化程度还不够高。截止到2015年，全国蔬菜种植面积为3.2亿亩（数据来源于中国农业信息研究所），我国需要授粉的设施果菜约有600万公顷，同时设施农业正在以每年10万公顷速度增长。熊蜂授粉技术应用在我国有广阔的市场前景。

一、设施农业为什么要用熊蜂授粉

在自然条件下，昆虫（包括蜜蜂、甲虫、蝇类和蛾等）和风是最主要的两种传粉媒介。此外，蜂鸟、蝙蝠和蜗牛等也能传粉。有花植物如此之多，植物界如此繁荣，这和昆虫传粉是分不开的。

授粉也是果蔬生长不可缺少的环节，但在设施农业中的封闭温室里，缺乏授粉媒介（虫媒、风媒）的因素，大部分的设施农业基地针对茄果类作物采用人工授粉。人工授粉的成本很高，见表7-1。

人工授粉不是生物学意义上的真正授粉，是通过辅助手段授粉，虽有一定的效果，但存在果实畸形率高、费时费工、成本高等缺点，并且还会产生农药残留、影响品质等状况（图7-15）。欧美发达国家早在20年前就使用

表 7-1　熊蜂授粉与人工授粉成本对比

作物	授粉间隔	1 000 米^2 温室耗费工时	授粉人工成本
番茄	盛花期每周 2 次	每次 2 天	每周 700 元

（以上数据来源于嘉禾源硕生态科技有限公司山东莘县生态农业基地客户调查数据）

生物授粉技术。熊蜂授粉技术因省工、省力、高效、无公害等优势也开始被我国菜农认知和使用（图 7-16），目前生物授粉市场保有量还不到 1%。

图 7-15　人工药物授粉的番茄切面

图 7-16　熊蜂授粉的番茄切面

熊蜂授粉不仅能提高产量、改善品质，更重要的是能有效降低灰霉病的发生，减少化学农药用量和农药残留，是农药减量控害的有效措施，也是常用的绿色防控技术之一。熊蜂授粉的优点如下。

（1）提高蔬果的经济产量　熊蜂个体大、飞行时声震强。利用熊蜂为作物授粉，无论在坐果率、果实形状、单果重，还是单果的种子数，要比利用蜜蜂或人工授粉的高效得多，从而增加果实总量，提高经济产量。

有研究表明，利用熊蜂为番茄和茄子授粉产量可大大增加。

表 7-2　不同类型授粉方式对果实的影响

类　别	熊蜂授粉	震动棒授粉	蜜蜂授粉	对照组
番茄坐果率（%）	98.16	90.16	75.89	60.87
番茄单个果重（克）	140.85	98.58	90.30	75.54
桃树坐果率（%）	85.25	68.30	57.82	—
桃树畸形果率（%）	2.76	3.37	4.08	—

（以上数据来源于《熊蜂授粉技术的发展及在寒地的研究与应用》，2008）

（2）提高蔬果品质　由于熊蜂的授粉习惯是在花粉数量最多、活力最高时开始工作，从而使大量的花粉落到雌蕊柱头上并发育受精形成更多的胚珠，因此形成更多的种子。

利用熊蜂为蔬果授粉可以完全避免由于激素喷（点）花不当引起的畸形果和露子果实的产生，并且通过利用熊蜂授粉，可使果实内的种子充实发育。熊蜂授粉的畸形果率低于蜜蜂授粉。

表 7-3　不同授粉方式下番茄果实内种子数量对比

类　别	熊蜂授粉	震动棒授粉	蜜蜂授粉	对照组
授粉情况（番茄单果的平均种子数）	269.54 粒	196.80 粒	91.73 粒	89.40 粒

（以上数据来源于《日光温室蔬菜生产中应用熊蜂授粉技术》，2012）

（3）有效降低花期病害的发生概率　熊蜂授粉后，花瓣会迅速自然脱落，消除了病菌在残花上的滋生场所，大大降低了花期病害的发生。

（4）弥补蜜蜂授粉方面的不足　熊蜂个体强壮，对温室环境适应力强，能忍耐温度低和湿度大等恶劣环境，在蜜蜂不能工作的环境下熊蜂仍然可以正常工作。熊蜂能够为蜜蜂不能授粉的番茄等具有特殊气味的作物授粉。

（5）简单便捷　节省人工　因授粉工作主要由熊蜂完成，简便易行。蜂箱里糖水几乎可以满足熊蜂整个生命周期的全部需求，一旦进入温室大棚则不需要额外管理，能大大节省授粉（蘸花）人工费用。

（6）减少激素残留　与传统激素蘸花技术相比，用熊蜂授粉不会产生任何激素残留的果蔬。

二、如何在设施农业蔬菜种植中科学应用熊蜂

1. 使用熊蜂的温室条件

（1）最佳预定蜂箱时间　作物花开 5%～15%是熊蜂进棚最佳时间。由于熊蜂从孵化到成品蜂需要 10 周时间，为了不影响作物正常授粉需求，建议提前预订。

（2）安装或检查防虫网　温室通风口、天窗等地方尽量在蜂箱未进棚前安装防虫网（40 目），已安装防虫网要检查防虫网是否有破损，如有破损要及时修复，防止熊蜂进入棚内后飞逃。

（3）熊蜂授粉温、湿度　授粉适宜温度：10～30 ℃。授粉适宜湿度：

50%～80%。

（4）禁止喷施高毒农药 在种植过程中，不要底施、喷施、熏蒸高毒、高内吸、高残留的药剂，如一颗一片、辛硫磷、甲拌磷、特丁硫磷、吡虫啉、高效氯氰菊酯、毒死蜱、1605、甲胺磷、氧乐果、烟熏制剂、乳油类药物、敌敌畏、菊酯类药物等。如果使用过高毒、高残留、高内吸的农药，很容易导致熊蜂死亡。

2. 以碧奥特（Biobest）熊蜂产品为例，介绍蜂箱的操作步骤

（1）第一步 打开糖水盒，保证熊蜂有食物（图 7－17）。

打开糖水盒步骤演示：

拿出塑料巢箱

打开糖水盒盖子

放回塑料巢箱

轻轻按下塑料巢箱

图 7－17 打开糖水盒步骤示范

（2）第二步 蜂箱的摆放。要诀：朝向正确，高度适中，务必遮阳（图 7－18～图 7－21）。

夏季气温高于 27 ℃可采用下沉式摆放方式（图 7－22），注意要与周边隔离，避免其他昆虫爬入蜂箱；冬季温度过低时蜂箱摆放于温室保温墙上（图 7－23），另外根据情况可以外加保温箱。

图 7－18 设施内正确的蜂箱摆放方式

图 7－19 不同环境下蜂箱正确的摆放方式

图 7－20 错误蜂箱摆放方式（敞开蜂箱盖子）

图 7－21 错误蜂箱摆放方式（不遮阳摆放）

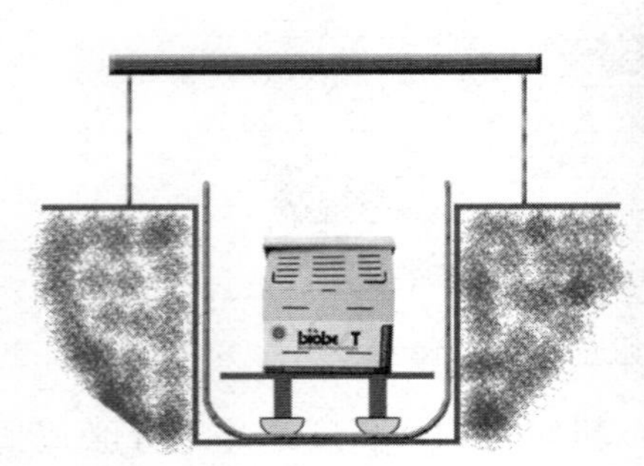

图 7－22 夏季下沉式摆放方式

图 7－23 冬季保温墙悬挂式摆放方式

（3）第三步 静置 1 小时，打开蜂锁。封锁的三种类型：A 可进可出、B 只进不出、C 完全关闭（图 7－24）。

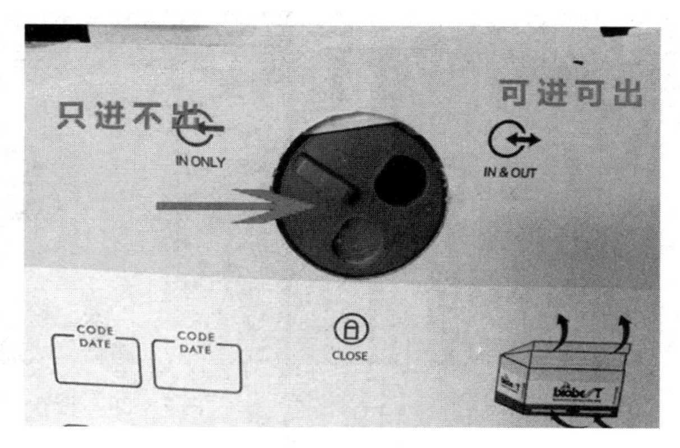

图 7-24 蜂箱封锁使用方法

此外，蜂箱操作过程中应注意的事项如表 7-4 所示。

表 7-4 在操作过程中的注意事项

注意事项	标准
摆放朝向	熊蜂出入口朝东和南 45°夹角范围内
摆放高度	勿将蜂箱放置在地面或者作物上方，尽量与需授粉花高度接近
摆放密度	1 个标准箱/亩
最大密度	一个放置点最多放置 6～8 箱
摆放位置	距离走道最远不超过 5 米的作物中
连栋温室	将蜂箱均匀分布于温室内
务必措施	蜂箱必须用不透水材质的物品为其遮阳

三、如何观察授粉效果

1. 授粉正常效果

熊蜂授粉后会在作物的花朵上留下咬痕，尤其在番茄上比较明显，如图 7-25 所示，留下褐色标记视为授粉正常。

熊蜂授粉后咬痕应为褐色，如果咬痕颜色发黑，视为授粉过度，如图 7-26所示。此时应该调整蜂箱密度或使用时间。

2. 授粉不足效果

熊蜂授粉后会在柱头上留下褐色标记。如褐色标记颜色过浅，视为授粉不足，如图 7-27 所示。此时应该观察蜂箱状况及检查温室环境，及时找出授粉不足的原因并解决问题。

图 7-25　授粉正常

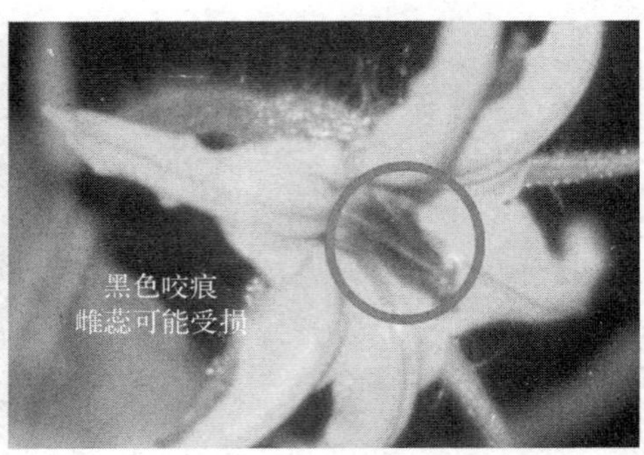

图 7-26　授粉过度

图 7-27　授粉不足

四、特殊情况处理

1. 蜂箱防潮

由于昼夜温差大，夜间棚内会产生雾或凝结成水珠。建议晚上使用泡沫箱或棉被将蜂箱包裹起来。同时要留一定的缝隙用来通风。如不做防潮处理会导致蜂箱内的棉花变潮湿，盖住蜂巢或峰卵，会导致熊蜂大量死亡。

2. 熬制蜂箱糖水的方法

以碧奥特（Biobest）熊蜂产品为例，蜂箱出厂时所带糖水量非常充足，足够熊蜂 2 个月食用。如遇到特殊情况需要为熊蜂熬制糖水可按照以下方式操作。

（1）将 500 毫升的水加入锅内煮沸，关火。

（2）再将 500 克白糖放入沸水中搅拌均匀。

（3）将熬制好的糖水倒入烧杯/杯子或其他容器中冷却待用。

（4）将冷却好的糖水倒入糖水盒中。

（5）将糖水盒放回蜂箱即可。

3. 蜂蜇处理方法

相对而言，熊蜂性情温和，只有在自我防御时才会蜇人。

蜂蜇通常会引起24～72小时的局部肿胀，冷敷处理可缓解症状。

如果出现更为严重的反应，可能是过敏反应。请前往医院就诊，遵医嘱治疗。

请大家注意尽量避免穿明黄色和亮蓝色服装靠近熊蜂，尽量不使用刺激性气味刺激熊蜂，比如女士香水、男士抽烟的气味等。

五、设施农业果蔬熊蜂授粉发展现状及案例展示

1. 设施农业果蔬应用熊蜂授粉的范围

目前全国25个省（自治区、直辖市）的108个城市已经开始使用熊峰技术。

2. 可应用熊蜂授粉的作物

事实证明，大部分的开花蔬菜和果树，以及西、甜瓜均可使用熊峰授粉技术，具体见表7-5。

表7-5　可应用熊蜂授粉的农作物一览

分类	名　称
蔬菜	番茄、豆类、椒类、圆茄、西葫芦、苦瓜
水果	樱桃、桃树、苹果、梨树、蓝莓、草莓、树莓、猕猴桃、水杏
瓜类	西瓜、甜瓜

3. 熊蜂授粉案例展示

（1）番茄授粉案例　下面以图片的形式展示不同作物应用熊峰授粉技术。应用基地从北方到南方，从蔬菜到水果均展现出较好的效果。

① 技术展示基地之一：京鹏环球科技股份有限公司，位于北京市通州区（图7-28、图7-29）。

② 技术展示基地之二：北京极星农业科技园，位于北京市密云区（图7-30）。

③ 技术展示基地之三：弘稼农业科技有限公司，位于广东省河源市（图7-31）。

图 7-28　设施番茄熊蜂授粉
（图片来源：北京市通州区京鹏科技番茄熊蜂授粉基地）

图 7-29　设施番茄熊蜂蜂箱摆放位置
（图片来源：北京市通州区京鹏科技番茄熊蜂授粉基地）

图 7-30　设施番茄熊蜂授粉坐果情况
（图片来源：北京极星农业科技园）

图 7-31　基质栽培番茄熊蜂蜂箱位置
（图片来源：广东省河源市弘稼农业番茄熊蜂授粉基地）

④ 技术展示基地之四：青柯四季果园，位于浙江省宁波市（图 7-32）。

（2）草莓授粉案例

① 技术展示基地之五：普罗米绿色能源（深圳）有限公司，位于广东省深圳市（图 7-33）。

图 7-32 正在授粉的熊蜂
（图片来源：浙江省宁波市青柯四季果园番茄熊蜂授粉）

图 7-33 草莓熊蜂授粉
（图片来源：广东省深圳市普罗米绿色能源草莓熊蜂授粉基地）

② 技术展示基地之六：广东省深圳市鹏城农夫草莓，位于广东省深圳市（图 7-34）。

（3）西葫芦授粉案例 技术展示基地之七：普蓝德金色阳光农业科技有限公司，位于天津市河西区（图 7-35）。

图 7-34 应用熊蜂授粉技术的草莓
（图片来源：广东省深圳市鹏城农夫草莓熊蜂授粉基地）

图 7-35 西葫芦熊蜂授粉
（图片来源：天津市河西区普蓝德金色阳光农业熊蜂授粉基地）

（4）其他授粉案例

① 技术展示基地之八：大棚蓝莓熊蜂授粉案例，位于山东省胶南市（图 7-36）。

② 技术展示基地之九：大棚樱桃熊蜂授粉，位于山东省潍坊市（图 7-37）。

图 7－36　树莓熊蜂授粉蜂箱摆放
（图片来源：山东省胶南市大棚蓝莓熊蜂授粉基地）

图 7－37　设施樱桃熊蜂授粉
（图片来源：山东省青州市大棚樱桃熊蜂授粉基地）

③ 技术展示基地之十：青柯四季果园树莓熊蜂授粉，位于浙江省宁波市（图 7－38）。

图 7－38　树莓授粉蜂箱摆放位置
（图片来源：浙江宁波青柯四季果园树莓熊蜂授粉基地）

熊蜂授粉产品化和产品技术应用的探索才刚刚开始，需要广大的用户在使用中不断摸索，更需要以技术服务为核心的公司来不断收集数据和总结经验。生态农业高效产品和技术应用研究对于生态农业基地的日常作业非常重要。本文仅作为目前熊蜂授粉应用中的指导和参考资料，希望更多的生态农业人能够精诚团结，集思广益，提出问题，解决问题，将熊蜂授粉产品和技术应用形成更为科学规范的技术性文件，为该项技术更好地传播和应用打下坚实的基础。

导读：蔬菜是日常饮食必不可少的食物，是人体摄取营养的重要来源。蔬菜中所含的营养及功能物质具体都有哪些？其含量高低受哪些因素的影响？又有哪些可采用的品质有效提升策略？

第三节　设施蔬菜营养评价及提升策略

蔬菜是人类平衡膳食的重要组成部分，是人体摄取营养素的主要来源。和西方国家相比，我国的膳食结构以植物性食物为主。蔬菜在我国居民膳食中的食物构成比高达33.7%。蔬菜中含有多种维生素、丰富的矿物质和膳食纤维。蛋白质含量仅2%左右，除根、茎类的薯、芋、山药、莲藕等以淀粉为主，可提供人体一定的热量和蛋白外，一般蔬菜中碳水化合物、脂肪含量很少，能量低。据联合国粮农组织统计，人体必需的维生素C有90%、维生素A有60%、叶酸有60%、维生素B_2有50%都来自蔬菜，与健康密切相关的膳食纤维主要来自蔬菜。此外，蔬菜中还含有多种植物化学物是被公认的对人体健康有益的成分，如类胡萝卜素、硫苷、黄酮类化合物、二丙烯化合物、甲基硫化合物等，如番茄中的番茄红素、甘蓝中的萝卜硫素、洋葱中的有机硫化物等。许多蔬菜还含有独特的微量元素，对人体具有特殊的保健功效，蔬菜不仅为人体提供多种营养物质，而且能刺激食欲，调节体内的酸碱平衡，促进肠的蠕动，帮助消化，对人体的血液循环、消化系统和神经系统都有调节功能。

一、蔬菜主要成分

1. 蔬菜的主要营养素

（1）水分　蔬菜中水分含量丰富，多数在70%～95%，但是番茄、黄瓜的含水量大于95%。水分是影响蔬菜嫩度、鲜度、风味及其特性的重要指标。蔬菜中的水分主要以自由水和束缚水两种形式存在，前者容易蒸发，后者在贮藏、加工及烹调中不易丢失。游离水和束缚水的总和构成了蔬菜中总的含水量，通常蔬菜中游离水/束缚水比例越小，蔬菜的抗寒性、耐贮性越强。

（2）碳水化合物 蔬菜中的碳水化合物包括可溶性糖、淀粉和膳食纤维。大部分蔬菜的碳水化合物含量较低，仅为2%～6%，几乎不含有淀粉。根茎类蔬菜的碳水化合物含量比较高，如马铃薯为16.5%、藕为15.2%，其中大部分是淀粉。菌类蔬菜中的碳水化合物主要是菌类多糖，如香菇多糖、银耳多糖等，它们具有多种保健作用。海藻类中的碳水化合物主要是海藻多糖，如褐藻胶、红藻胶、卡拉胶等，能够促进人体排出多余的胆固醇和体内的某些有毒、致癌物质。一些蔬菜中还含有少量菊糖，如洋葱、芦笋、莴苣等。

蔬菜中膳食纤维含量如表7-6所示。鲜豆类中的含量通常为1.5%～4.0%，叶菜类为1.0%～2.2%，瓜类蔬菜较低，为0.2%～1.0%。

表7-6 蔬菜中膳食纤维含量（%）

蔬菜名称	膳食纤维	蔬菜名称	膳食纤维	蔬菜名称	膳食纤维
毛豆	4.0	芥菜头	1.4	甘蓝	1.0
香菇	3.3	韭菜	1.4	大白菜	0.8
蚕豆	3.1	芹菜	1.4	豆薯	0.8
豌豆	3.0	蒜黄	1.4	南瓜	0.8
豇豆	2.7	甜椒	1.4	绿豆芽	0.8
苋菜	2.2	苦瓜	1.4	马铃薯	0.7
菜豆	2.1	蕹菜	1.4	冬瓜	0.7
蘑菇	2.1	球茎甘蓝	1.3	莴苣	0.6
豌豆苗	1.9	大葱	1.3	丝瓜	0.6
菱白	1.9	茄子	1.3	番茄	0.5
竹笋	1.8	花椰菜	1.2	黄瓜	0.5
蒜苗	1.8	莲藕	1.2	海带	0.5
刀豆	1.8	韭菜黄	1.2	西瓜	0.3
荠菜	1.7	胡萝卜	1.1	芜菁	1.1
菠菜	1.7	芥蓝	1.6	小白菜	1.1
草菇	1.6	黄豆芽	1.5	芋头	1.0

（3）蛋白质和脂肪 新鲜蔬菜的蛋白质含量通常在3%以下。在各种蔬

菜中，以豆类蔬菜、菌类和深绿色叶菜的蛋白质含量较高，如鲜豇豆蛋白质含量为2.9%、金针菇为2.4%、蘑菇为2.7%、苋菜为2.8%。瓜类蔬菜的蛋白质含量较低。蔬菜蛋白质质量较佳，如菠菜、豌豆苗、豇豆、韭菜等的限制性氨基酸均是含硫氨基酸，赖氨酸则比较丰富，可与谷类发生蛋白质营养互补。菌类蔬菜中的赖氨酸特别丰富，蛋白质含量通常可达2%以上。

蔬菜中往往含有一些非蛋白质氨基酸，其中有的是蔬菜风味物质的重要来源，如S-烷基半胱氨酸亚砜是洋葱风味的主要来源，而蒜氨酸是大蒜风味的前体物质。

蔬菜中的脂肪含量极低，一般不超过1%。

（4）维生素　蔬菜提供人体需要的多种维生素，维持人体正常的新陈代谢，增强抗逆性和免疫能力。新鲜蔬菜是提供维生素C、胡萝卜素、维生素B_1、维生素B_2、维生素E、维生素K和叶酸的重要来源。

①维生素C。在各种新鲜蔬菜中普遍存在，绿叶菜类、辣椒、番茄、甘蓝、青菜、花椰菜、萝卜等含丰富的维生素C，其次是根茎类，一般瓜类蔬菜所含的维生素C较低，但苦瓜较高（表7-7）。

表7-7　常见蔬菜中每100克蔬菜维生素C的含量（毫克）

蔬菜类别	维生素C	蔬菜类别	维生素C	蔬菜类别	维生素C
黄豆芽	4	莲藕	25	花菜	88
绿豆芽	6	大白菜	19	南瓜	4
鲜毛豆	25	小白菜	60	冬瓜	16
豌豆	14	韭菜	39	苦瓜	84
豇豆	19	蒜苗	42	丝瓜	8
马铃薯	36	大葱	14	番茄	20～33
胡萝卜	36	茭白	3	油菜	51
莴苣	16	茄子	3	菠菜	90
辣椒	185	雪里蕻	83	芹菜	60

②维生素A和胡萝卜素。胡萝卜素含量与蔬菜的颜色有明显的相关关系，绿叶菜和橙黄色蔬菜都有较多的胡萝卜素。胡萝卜素含量较高的蔬菜有胡萝卜、菠菜、苋菜、落葵、蕹菜、韭菜、白菜、甘蓝、辣椒、芥菜等，胡萝卜素被人体吸收后可以转化为维生素A。浅色蔬菜如冬瓜中胡萝卜素含量较低。

③ B 族维生素。金针菇、香椿、芫荽、莲藕、马铃薯等富含维生素 B_1；维生素 B_2 含量较高的蔬菜有菠菜、芥菜、白菜、芦笋、蕹菜、金针菜等；含维生素 P 较多的蔬菜有茄子；菌类蔬菜中含有维生素 B_{12}；豆类蔬菜和豆制品中还含有较多的维生素 B_6 和 B_{12}，豆类和绿叶菜中含有较多的维生素 E；菌藻类蔬菜中维生素 B_2、烟酸和泛酸等 B 族维生素的含量较高；绿叶蔬菜是膳食中维生素 K 的主要来源。

（5）*矿物质*　蔬菜富含矿物质，对于调节人体酸碱平衡具有重要作用。蔬菜为高钾低钠食品，也是钙、铁和镁的重要膳食来源。不少蔬菜每 100 克的钙含量超过 100 毫克，如油菜、苋菜、芹菜、白菜、芥菜、蕹菜、菠菜等。绿叶蔬菜如菠菜、芹菜、结球甘蓝、豌豆苗、白菜、荠菜等含铁较高，每 100 克蔬菜含铁量在 2～3 毫克。茄子、洋葱、丝瓜、豌豆、菜豆、青花菜、芥菜、大蒜等含磷较多；部分菌类蔬菜富含铁、锰、锌等微量元素。叶绿素中含有镁，故绿叶蔬菜是镁元素的最佳来源之一。

（6）*有机酸*　有机酸可使食物保持一定酸度，对维生素 C 的稳定性具有保护作用，在体内并不呈现酸性。蔬菜中含柠檬酸、苹果酸、琥珀酸等有机酸和各种糖类，能促进消化液的分泌，有助于食物消化。

2. 蔬菜中的植物化学物（phytochemicals）

蔬菜中除了营养素外，还含有许多对人体有益的物质。这类来自植物性食物的生物活性成分，被称为“植物化学物”。植物化学物是植物代谢过程中产生的多种中间或末端低分子量次级代谢产物，除个别是维生素的前体物外，其余均为非传统营养素成分。

蔬菜中的植物化学物不仅参与健康的调节和慢性病的防治（如保护健康、抗癌、抗氧化、调节免疫、降低胆固醇等），还是蔬菜不同风味和颜色的主要来源。

（1）*植物化学物质分类*

① 类胡萝卜素（carotenoids）。类胡萝卜素是蔬菜和水果中广泛存在的植物次级代谢产物，为一类脂溶性多烯色素。类胡萝卜素广泛分布于绿叶蔬菜如菠菜中，以及橘色和黄色蔬菜，如胡萝卜、南瓜、番茄等中；藻类也是天然类胡萝卜素的重要来源；动物体内不能合成类胡萝卜素。类胡萝卜素主要分为 α-胡萝卜素、β-胡萝卜素（黄橙色蔬菜）、γ-胡萝卜素、叶黄素（深绿色蔬菜）、玉米黄素、番茄红素（番茄）等，具有抗癌、抗氧化、增强免疫、降胆固醇和保护视觉等多种生物学作用。

② 硫代葡萄糖苷（glucosinolates）。硫代葡萄糖苷存在于十字花科蔬菜中，如花椰菜、甘蓝、结球甘蓝、白菜、芥菜、萝卜、辣根等，硫苷的降解

物质异硫氰酸酯类化合物具有抗肿瘤、抗菌、调节机体免疫、降低胆固醇的作用。最主要的活性物质是异硫氰酸苄乙酯、吲哚-3-甲醇、吲哚-3-乙酰腈和萝卜硫素。特别是萝卜硫素，它是迄今为止发现的最强烈的Ⅱ相酶诱导剂，能使致癌基因失去作用。十字花科蔬菜中以青花菜、芥蓝中萝卜硫素前体含量最高。不同芸薹属蔬菜总硫代葡萄糖苷的含量有很大的差异（图7-39）。

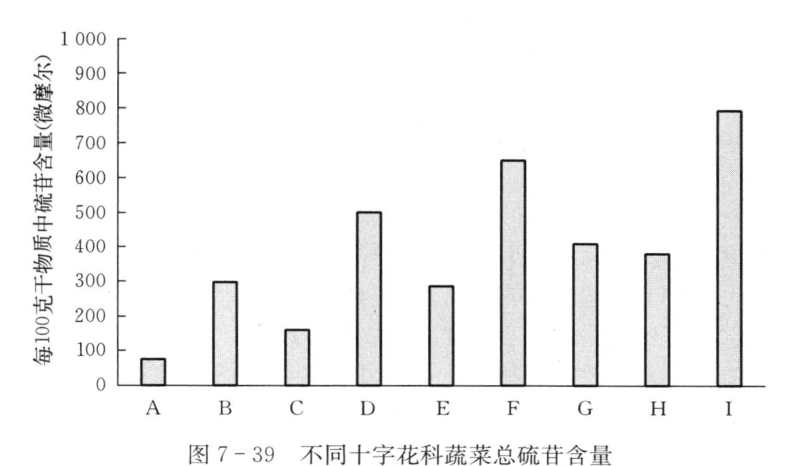

图7-39　不同十字花科蔬菜总硫苷含量

A. 小白菜　B. 菜心　C. 薹菜　D. 包心芥菜　E. 小叶芥菜　F. 大叶芥菜　G. 芥蓝　H. 羽衣甘蓝　I. 散叶甘蓝

③ 多酚、类黄酮（polyphenols and flavonoids）。多酚是所有酚类衍生物的总称，包括茶多酚、花青素、单宁。多酚类化合物广泛分布于各种植物性食物中。新鲜蔬菜中多酚可高达0.1%（表7-8）。多酚类化合物具有抗氧化、抗肿瘤、保护血管、抑制炎症反应及抗微生物等作用。

表7-8　常见蔬菜中每100克蔬菜总多酚的含量（毫克）

蔬菜	总多酚含量	蔬菜	总多酚含量	蔬菜	总多酚含量
豇豆	141.54	萝卜	57.90	球茎甘蓝	32.17
蒜薹	88.76	香瓜	55.72	番茄	31.49
黄豆芽	73.78	洋葱	54.02	芹菜	31.23
大蒜	76.40	四季豆	47.16	大白菜	29.31
大葱	72.23	卷心菜	45.06	胡萝卜	25.56
青椒	71.70	生菜	40.74	黄瓜	23.02
土豆	63.40	甘薯	36.81	西葫芦	9.21
韭菜	62.02	茄子	33.89		

类黄酮是植物重要的一类次生代谢产物，具有增加色彩、抗氧化功能。蔬菜中含有叶绿素、胡萝卜素、番茄红素、辣椒红素、姜黄素、花青素等天然色素。茄子、芹菜、芦笋、洋葱、辣椒等蔬菜中富含类黄酮。

④ 有机硫化合物（organosulfur compound）。有机硫化合物是主要存在于百合科葱属植物中的一系列具有生物活性的含硫化合物的总称。其中大蒜和葱（洋葱）中最为丰富，大蒜中的主要活性物质是氧化形式的二丙烯基二硫化物，亦称蒜素，蒜素中的基本物质是蒜氨酸。当大蒜结构受损时，蒜氨酸在蒜氨酸酶的作用下裂解生成蒜素。有机硫化物具有抗微生物、抗氧化、抗癌、调节免疫、抑制炎症、降低胆固醇、促进消化等多种生物活性。

⑤ 单萜类化合物（monoterpene）。单萜类化合物广泛存在于高等植物的分泌组织里，如大蒜、伞形科、葫芦科及茄科植物中。调料类植物中所存在的植物化学物主要是典型的单萜类化合物，如薄荷中的薄荷油、香菜种子中的香芹酮，具有抗癌、抗菌、抗微生物等作用。

蔬菜中常含有各种芳香物质，其油状挥发物称为精油，主要成分为醇、酯、醛、酮等（表 7－9）。有些蔬菜如辣椒、姜、大葱、大蒜、洋葱、萝卜等，含有特殊的辛辣味；有些蔬菜如茴香、芹菜、芫荽、芥菜、薄荷、黄瓜等，含有特殊的芳香味，可使食物香味溢散，促进食欲。

表 7－9　某些蔬菜的香气成分

蔬菜种类	化学成分	气味
萝卜	甲基硫醇、异硫氰酸丙烯酯、二丙烯基二硫化物	刺激气味
大蒜	甲基丙烯基二硫化物、丙烯硫醚、丙基丙烯基二硫化物	辛辣气味
葱类	甲基硫醇、二丙烯基二硫化物、二丙基二硫化物	香辛气味
姜	姜酚、水芹烯、姜萜、莰烯	香辛气味
芥菜	异硫氰酸酯、二甲基硫醚	辣味
叶菜类	叶醇、壬二烯、2，6－醛	青草气味
黄瓜	壬烯－2－醛、乙烯－2－醛	清香味

（2）植物化学物的生物学作用

① 抗癌作用。在各种癌症类型中有 1/3 与营养素有关。蔬菜中所富含的植物化学物（如芥子油苷、多酚、单萜类、硫化物、植物雌激素等）通过抑制致癌物质的活化、抑制 DNA 损伤等起到防止人类癌症发生的潜在作用。植物化学物抗癌的另一种可能机制是调节细胞增生，单萜类可减少内源性细胞生长促成物质的形成，从而阻止对细胞增生的异常调控作用。

② 抗氧化作用。癌症和心血管疾病的发病机制与活性氧分子及自由基的存在有关。人体对这些活性物质的清除系统包括抗氧化酶系统（如超氧化物歧化酶、谷胱甘肽过氧化物酶）、内源性抗氧化物系统（尿酸、谷胱甘肽、α-硫辛酸、辅酶Q等）及具有抗氧化活性的必需营养素系统（维生素E和维生素C等）。现已发现的植物化学物，如类胡萝卜素、多酚、植物雌激素、黄酮醇（槲皮素）、蛋白酶抑制剂和硫化物等也具有明显的抗氧化作用。

③ 免疫调节作用。免疫系统主要具有抵御病原体的作用，同时也涉及在癌症及心血管疾病病理过程中的保护作用。类胡萝卜素对免疫系统刺激作用的动物实验和干预性研究结果表明类胡萝卜素对免疫系统有调节作用。部分黄酮类化合物具有免疫抑制作用。

④ 抗微生物作用。研究已证实，大蒜中的有机硫化物蒜素，水芹、金莲花和辣根中的芥子油苷的代谢物异硫氰酸盐和硫氰酸盐具有很强的抗微生物作用。

⑤ 降胆固醇作用。动物实验和临床研究均发现，以皂苷、植物固醇、硫化物和生育三烯酚为代表的植物化学物具有降低血胆固醇水平的作用。其机制可能与抑制胆酸吸收、促进胆酸排泄、减少胆固醇在肠外的吸收有关。

⑥ 其他作用。植物化学物除了调节血压、血糖、血凝以及抑制炎症等方面的作用外，还构成产品的独特外观和风味、并具有杀菌和防治疾病的医疗保健作用。蔬菜含有芳香油、有机酸和硫化物等多种植物化学物，如辣椒中所含的辣椒素，生姜中的姜油酮，洋葱中含有的槲皮素，紫色、黑色蔬菜如紫甘蓝、紫菜薹、茄子、紫皮马铃薯等中富含抗氧化成分花青素等。大蒜中含有植物杀菌素和含硫化合物，具有抗菌消炎、降低血清胆固醇的作用。

二、蔬菜营养特点及影响因素

1. 蔬菜类型与营养特点

从营养角度讲，绿叶类蔬菜的营养价值普遍高于根茎类和瓜类蔬菜，豆类的营养价值也很高（表7-10）。绿叶类蔬菜能提供丰富的维生素C和胡萝卜素，也是维生素B_2的重要来源之一。此外，绿叶类蔬菜含钙、铁丰富，吸收率也较高。

表 7-10 不同类型蔬菜的营养素平均含量（每 100 克可食部分）

蔬 菜	水分（%）	热量（千焦）	蛋白质（克）	粗纤维（克）	胡萝卜素（毫克）	维生素 B_1（毫克）	维生素 B_2（毫克）	烟酸（毫克）	维生素 C（毫克）	钙（毫克）	磷（毫克）	铁（毫克）
叶菜类	91.9	25.8	2.3	1.3	1.88	0.06	0.11	0.66	36.5	110.1	42.1	2.6
豆类	83.3	64.5	6.4	1.1	0.26	0.21	0.11	1.40	12.6	54.0	105.5	1.9
根茎类	86.0	47.2	1.6	0.8	0.49	0.06	0.04	0.45	1 539	28.0	41.2	1.0
花菜类	93.1	21.6	2.0	0.8	1.15	0.05	0.09	0.72	66.2	76.6	49.8	0.9
果菜类	94.2	19.9	1.0	0.7	0.38	0.03	0.03	0.41	34.9	16.8	21.2	0.5

2. 蔬菜颜色和部位与营养特点

蔬菜因颜色深浅、可食部位不同，营养成分及含量也不一样。蔬菜的营养价值与其颜色有密切关系。不同种类蔬菜由于颜色不同，营养功能也有差别。一般来说，颜色深的营养价值较高，颜色浅的营养价值较低。按照营养价值高低的排列顺序依次是绿色＞红色＞紫色＞黄色＞黑色＞白色。颜色深的蔬菜营养更为丰富，其营养价值比起颜色浅的蔬菜高得多，如菠菜、韭菜、苋菜、芥菜等，富含胡萝卜素、维生素 B_2、蛋白质。同类蔬菜中由于颜色不同，其营养价值也不同。颜色较深的小白菜的营养价值比颜色浅的大白菜高得多；黄色胡萝卜比红色胡萝卜营养价值高，其中除含大量胡萝卜素外，还含有强烈抑癌作用的黄碱素。不少根茎类蔬菜的叶子很富有营养，如莴苣叶的维生素含量是茎部的几十倍。

绿色蔬菜是指各种绿色的新鲜蔬菜，其中以深绿色的叶菜最具代表性。绿色蔬菜可提高肝脏之气，排毒解毒。绿色蔬菜都含有丰富的膳食纤维，具有调整糖类和脂类代谢的作用，能结合胆酸，避免成为胆固醇沉积在血管壁。绿色蔬菜还含有酒石黄酸，能阻止糖类变成脂肪。绿色蔬菜含有丰富的维生素和矿物质，主要包括菠菜、空心菜、小油菜、小白菜、芹菜、芥菜、韭菜、芫荽、茼蒿、青花菜、青椒、葱、抱子甘蓝、雪里蕻等，含有丰富的维生素 C、维生素 B_1、维生素 B_2、胡萝卜素及多种微量元素，对高血压及失眠者有一定的镇静作用。

红色蔬菜是指偏红色、橙红色的蔬菜。红色蔬菜富含铁，可提高心脏之气，补血、生血、活血。如番茄、红辣椒、胡萝卜等，能提高人们的食欲和刺激神经系统的兴奋，其中含有的胡萝卜素和其他红色素一起，能增加人体抵抗组织中细胞的活力。

紫色蔬菜中的花青素除了具备很强的抗氧化能力、预防高血压、减缓肝功能障碍、调节神经和增加肾上腺分泌等作用外，还具有改善视力、预防眼部疲劳、抗衰老等功效。紫色蔬菜有紫茄子、紫甘蓝、紫扁豆等。研究发现，紫茄子比其他蔬菜含更多维生素P，能增强身体细胞之间的黏附力，降低脑血管栓塞的概率。

黄色蔬菜可提高脾脏之气，增强肝脏功能，促进新陈代谢，所含的维生素和矿物质均较少，或者只含某一种维生素较多，如胡萝卜、南瓜等含维生素A多，黄色辣椒则含维生素C多。如韭黄、南瓜、胡萝卜等，富含维生素E，能减少皮肤色斑，延缓衰老，对脾、胰等脏器有益，并能调节胃肠消化功能。黄色蔬菜及绿色蔬菜所含的黄碱素有较强的抑癌作用。

黑色蔬菜指颜色为黑色或深色的天然食品，以黑色菌菇类、海藻类为主，具有较强的保健作用。黑色蔬菜含多种维生素，可提高肾脏之气，其有润肤、美容、乌发及延缓衰老的作用；黑色蔬菜含丰富的矿物质，如锌、锰、钙、铁、碘、硒等，能平衡体内电解质，维持生理功能正常。富含铁的食物，如海带、香菇、黑木耳等，能刺激人的内分泌和造血系统，促进唾液分泌。香菇中含多糖，能抑制肿瘤，增加细胞免疫和体液免疫的功能，提高身体免疫能力，抵抗多种疾病。现代医学研究表明，黑色食品的保健功能与其所含的黑色素、黄酮类物质、微量元素、蛋白质及氨基酸等成分有关。

白色蔬菜可提高肺脏之气，清热解毒、润肺化痰。白色蔬菜富含黄酮素，如菱白、莲藕、竹笋、白萝卜、白菜花、大白菜、银耳、金针菇、蘑菇、冬瓜等，对调节视觉和安定情绪有一定的作用，对高血压和心肌病患者有益处。因其缺乏色素，主要成分为水和糖，故营养价值较低。笋类富含膳食纤维，能加速大肠蠕动，帮助排便。

蔬菜颜色影响营养价值，还反映在同类蔬菜中，如紫皮茄子含有较丰富的维生素P，而白皮茄子却含量甚微；红色胡萝卜与黄色胡萝卜相比，前者比后者就含有较多的胡萝卜素和黄碱素。

蔬菜的不同部位由于颜色不同，其营养价值也不同。如大葱的葱绿部分比葱白部分营养价值高得多。每100克葱绿含维生素A 1 750个国际单位，而葱白几乎不含维生素A，维生素B_1及维生素C的含量也不及葱绿部分的1/2。芹菜的绿叶要比茎部含胡萝卜素多6倍以上，维生素C多4倍以上。小白菜的菜叶比菜茎部分的营养含量高。

蔬菜的叶片和花的营养价值较高。绿叶是植物进行光合作用的部位，因此，它的营养素密度一般会比其他部位高，其中叶绿素、蛋白质、维生素C、维生素B_2、叶酸、维生素K、类胡萝卜素、类黄酮等多种营养成分含量都很高。同时，还含有膳食纤维、钾、镁、钙等营养物质。花是代谢非常旺盛的部位，植物的营养物质优先输送到花里，也是营养丰富的部位。

人体的营养是多方面的，不同蔬菜或蔬菜部位所含的维生素各有侧重，只有食用多种不同颜色的蔬菜或蔬菜部位，才能达到营养互补。保持健康膳食的首要任务是“食物多样化”。选用蔬菜时除了要注意蔬菜的颜色和部位，还应考虑多种蔬菜的搭配以保证营养平衡。

三、设施蔬菜营养品质提升策略

蔬菜生长快、周期短，设施蔬菜一年内可以多次种植。但是蔬菜需肥量大，特别是氮肥。多年来，生产者在追求经济利益时偏施氮肥，导致耕作土壤结构被破坏，土壤肥力逐年下降，致使蔬菜品质和产量严重降低。因此，通过土壤改良、节水灌溉、科学施肥以及合理的栽培措施都可以提高蔬菜的品质，达到优质高产的效果。

1. 土壤调理剂提升蔬菜品质

研究发现，施用生物炭（稻秆炭、竹炭）增加小青菜产量，当稻秆炭及竹炭用量为40吨/公顷时，均提高小青菜体内维生素C的含量，总糖分别增加31.2%、19.5%，小青菜硝酸盐的含量下降15%、16.4%。这可能是由于施用生物炭以后改善了土壤孔隙，增加了土壤肥力，从而提高小青菜品质（表7-11）。施用生物炭（稻秆炭化），明显提高黄瓜可溶性糖含量25%和有机酸含量17.6%。土壤调理剂除了能改良土壤的理化性质，还能促进植物根系对营养物质的吸收，黄瓜、油麦菜的产量分别增加2.27%、3.36%，维生素C含量分别增加5.41%、24.51%。施用钙肥型土壤调理剂增加番茄产量及可溶性固形物含量。

表7-11 生物炭对小青菜品质的影响

处 理	每100克蔬菜含维生素C（毫克）	总糖（%）	粗纤维（%）	蛋白质（%）	硝酸盐（毫克/千克）
不施肥对照	34.5±1.19b	1.25±0.09a	0.65±0.05a	1.22±0.05c	535±78ab
无生物炭对照	32.4±4.22b	0.77±0.09d	0.70±0.07a	1.71±0.13ab	565±29a
稻秆炭10 t/hm^2	34.9±1.10b	1.01±0.09b	0.65±0.05a	1.55±0.16bc	513±55ab
稻秆炭40 t/hm^2	40.8±6.32a	1.00±0.17b	0.62±0.09a	2.08±0.49a	480±20b
竹炭10 t/hm^2	31.6±2.85b	0.82±0.10cd	0.68±0.04a	1.61±0.39bc	543±75ab
竹炭40 t/hm^2	33.9±1.34b	0.92±0.04bc	0.73±0.04a	1.66±0.44ab	473±5.0b

2. 节水灌溉与蔬菜品质

适当的灌水是保证生产优质、高产蔬菜的关键。当灌溉下限为田间持水量的60%、上限为田间持水量的90%时，温室蔬菜白萝卜的品质最优。有研究结果表明，当灌溉量为蒸腾蒸发量的80%时（灌水量轻度亏缺），番茄体内维生素C、可溶性固形物、可溶性糖含量均高于灌溉量为蒸腾蒸发量的100%、120%时的含量。在西瓜栽培过程中，采取亏缺灌溉能够提高可溶性糖的含量，这说明轻度水分亏缺对果实品质有一定的提高。而不同的灌溉间隔时间对蔬菜品质的影响也比较明显。

3. 施肥对蔬菜品质的影响

控制化肥施用量，合理施肥对减少农业面源污染及种植高产、高品质的蔬菜具有重要意义，有机肥等养分替代施肥模式中黄瓜的可溶性糖及维生素C含量比常规施肥的高。用蚕沙作有机肥种植菜心，可以提高菜心维生素C及可溶性糖含量，同时可以降低40%硝酸盐含量，这主要是由于蚕沙作为有机肥使用可以增加土壤酶活性，培肥地力。同一元素的不同肥料形态对蔬菜的品质也有一定影响，菠菜施用硝态类氮肥可以显著提高产量，但施用过量会导致其安全品质降低，适量施用铵态氮肥可以调节菠菜体内的氮代谢，减少硝酸盐、亚硝酸盐的含量；两者配合施用，既可以提高蔬菜品质，又可以获得高产。与习惯施氮（270～300千克/公顷）相比，减少施氮量20%～40%可以提高番茄、黄瓜的可溶性糖、维生素C含量。在肥料中加入硝化抑制剂及脲酶抑制剂不仅可以控制硝化速率，降低在养分土壤中的损失，而且减少硝酸盐在小白菜体内的积累。

叶面施肥不仅在以高产、质优为目的的现代农业中发挥重要作用，还能利用其独特的优点有针对性地调节改善设施蔬菜品质。研究发现氨基酸叶面肥对蔬菜品质具有影响，可显著增加黄瓜、茄子、空心菜的总糖含量，分别较对照增加12.00%、22.30%、12.10%，维生素C含量较对照的增加幅度为4.76%、24.80%、10.90%（图7-40）。

4. 环境调控与蔬菜品质

光质能影响植物的许多生理过程，尤其在光合作用和植物形态建成方面具有重要的作用。对特定的光波的合理利用有利于提高蔬菜的营养品质。对于大多数作物来说，红光和蓝光是最基本的生长光谱，远红光对于植株的光形态建成非常重要。通常认为，红光有利于碳水化合物的积累，能促进可溶性糖的合成，但不利于可溶性蛋白的积累；而蓝光能促进蛋白质形成。红蓝光有助于减少硝酸盐的吸收量。各品种叶用莴苣的可溶性糖含量在蓝光或红蓝光处理下较高。与白光相比，红光和蓝光处理显著降低了叶用莴苣地上部

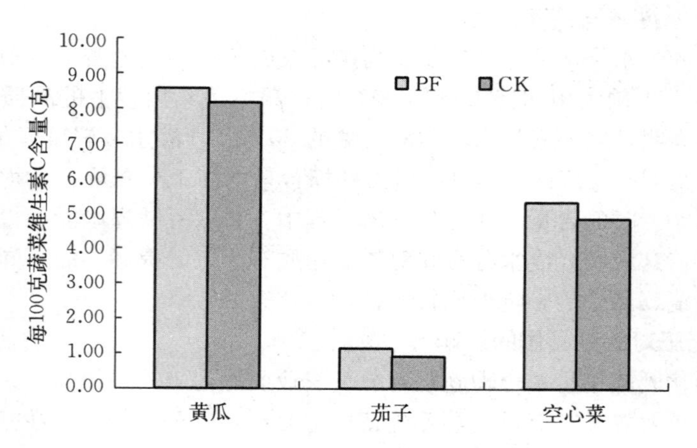

图 7－40　不同蔬菜喷施叶面肥的维生素 C 含量
PF 为喷施叶面肥　CK 为清水对照

分硝酸盐的含量。在相同光强和光照时间条件下，红蓝白混合 LED 光照与红蓝光相比，能降低更多的水培硝酸盐含量；在白光条件下，补充蓝光或绿光的处理降低了叶用莴苣中硝酸盐含量。

大量研究结果显示，红蓝光组合对植物营养品质的提高效果显著高于单色光。与白光相比，蓝光或红蓝光处理下的叶用莴苣和小松菜的维生素 C 含量显著提高。在可控环境条件下，红蓝光是最适宜用于提高紫苏中紫苏醛、柠檬烯和花青素含量的光照处理。与不添加蓝光相比，在红光中添加一定比例的蓝光（59%、47%和 35%）后发现绿叶莴苣和红叶莴苣的叶绿素含量、总酚含量、总黄酮含量以及抗氧化能力都有显著提高。相对于白光处理，红蓝复合光能够促进芹菜可溶性蛋白含量的提高，而降低硝酸盐含量，茄肉中可溶性糖及茄皮中总酚、红色素、黄色素含量和总抗氧化能力也得到提高。与白光相比，红蓝组合光（1∶1）提高果实可溶性糖、番茄红素含量；红蓝组合光（3∶1）显著提高游离氨基酸和可溶性蛋白含量。与其他处理相比，70%红光＋30%蓝光处理能够显著提高叶用莴苣的单株鲜重以及叶绿素和类胡萝卜素含量。

5. 栽培方式与蔬菜品质

对比甜瓜的基质栽培模式与土壤栽培模式，基质栽培模式使黄瓜的生育期缩短，果实品质更佳。目前水培对改善蔬菜营养品质的研究比较多，有研究显示，在营养液中添加适量的硒后，韭菜的叶绿素增加 39%，还原糖增加 60%，维生素 C 增加 54%，硝酸盐降低 37%，品质改善效果明显。气雾栽培蔬菜比其他栽培方式更具有优势，相关研究表明，气雾栽培蔬菜后营养品质得到明显改善，可以使叶菜类蔬菜减少病虫害的发生，同时增加维生素 C 和氨基酸的含量。

水培生产的绿叶蔬菜，如芥菜、蕹菜、小白菜等，由于水分和养分供应充足，其生长速度较快，而粗纤维和木质素的累积速度要比其他氨基酸、蛋白质等风味物质的累积速度相对滞后，因此粗纤维和木质素的含量较少，而维生素 C 和其他营养成分的含量则显著提高。水培的番茄、黄瓜、厚皮甜瓜等瓜果类作物的外观整齐、着色均匀，口感适宜，营养价值更高。有试验表明，水培番茄的维生素 C 含量为 154.9 毫克/千克，而土壤栽培的维生素 C 含量为 124.2 毫克/千克，水培番茄的维生素 C 含量比土壤栽培番茄的维生素 C 含量高 19.8%。水培芥菜粗纤维含量为 2.8%，而土壤栽培的粗纤维含量为 4.6%，水培芥菜粗纤维含量只有土壤栽培芥菜组纤维含量的 61%。因此，水培蔬菜的口感优于传统土壤栽培蔬菜。

四、结语

通过设施栽培提高蔬菜营养品质是今后现代农业的研究方向，科研人员进行了大量的研究和探索，采取一些措施方法来改善其品质，并取得了很好的效果，同时由于改善蔬菜的品质涉及因素较多，还需要进一步在蔬菜生产中进行实验探索。今后会有更多绿色环保的新方法、新技术、新产品应用到设施蔬菜栽培，以提升蔬菜营养品质，为消费者提供营养健康的蔬菜。

第八章 | CHAPTER8 国内外设施产业与轻简技术发展

导读：寿光是我国较早开展蔬菜产业化生产的地区，经过30多年的发展，设施生产已经成为寿光的一张重要名片，然而生产中也面临着严峻的挑战和问题。如何看待寿光的成就，未来的设施生产该走向哪里，技术该如何突破？

第一节　华北设施蔬菜生产问题与对策探讨
——以寿光为例

寿光是著名的“中国蔬菜之乡”（图8-1），现有蔬菜种植面积60万亩，其中设施蔬菜占比90%以上，年产蔬菜450万吨，产值110亿元，年

图8-1　俯视寿光设施生产一角

果蔬深加工 10 万多吨，其中，年产果蔬脆、冻干果蔬 5 000 多吨，加工冷冻果蔬 3 万吨，是全国蔬菜集散中心、信息交流中心和价格形成中心。仅蔬菜一项，农民年人均纯收入近万元。寿光蔬菜种植品种以茄果类为主，主要为番茄、黄瓜、茄子、辣椒、丝瓜、苦瓜、韭菜、胡萝卜等，其中，番茄种植面积 10 万多亩、茄子种植面积 9 万多亩、黄瓜种植面积 9 万多亩、胡萝卜种植面积 5 万亩、辣椒种植面积 3.5 万亩、西甜瓜种植面积 3 万多亩。寿光是全国蔬菜产业的排头兵，寿光市委、市政府对蔬菜产业均十分重视，都把蔬菜生产作为城市的名片，尽全力去维护和发扬。

一、寿光蔬菜产业的优势

1. 蔬菜发展历史悠久

寿光人自古就有种植蔬菜的传统，当地流传下来了如“一亩园十亩田”“旱耪地涝浇园”“春阴不生、秋旱不长”等众多农业谚语，诞生了《齐民要术》的作者——“农圣”贾思勰，拥有深厚的蔬菜文化底蕴。20 世纪 80 年代末，三元朱村党支部书记王乐义率先引进试验了冬暖式大棚技术。新时期县委书记的榜样——王伯祥在寿光工作期间，影响力最大、受益人群最广、社会效益最突出的工作就是推广冬暖式大棚，奠定了寿光蔬菜产业的发展基础。

2. 蔬菜科技发展迅速

寿光高度重视蔬菜科技的发展，积极与高端科研院所开展合作，先后与中国农业科学院、中国农业大学、山东省农业科学院、山东农业大学等 46 家省级以上科研院所建立了合作关系，推动了蔬菜育种、栽培、植保、设施等一系列新品种、新技术的研发，其中水肥一体化、沼气综合利用、臭氧抑菌等技术的研究和推广取得了明显成效（图 8-2～图 8-4）。

图 8-2 优质高效盆栽韭菜新技术

图 8-3 专业化茄子新品种嫁接育苗

图 8-4　青椒（左）、辣椒（右）新品种示范展示基地

3. 技术服务体系完善

建立了以农民专业合作社为基础，以农业科研、教育机构为引导，以农业龙头企业为补充的多元化农业技术推广体系。目前，全市共有市级以上农业龙头企业 93 家，其中国家级 3 家、省级 16 家，农民专业合作社发展到 2 400 多家，每年培训农户 10 万人次，辐射带动了 80%的农户直接或间接地参与产业化经营，真正实现了农业增效、农民增收。

4. 蔬菜质量监管严格

寿光是对蔬菜质量监管最严、成效最好的地区。从 2017 年开始，寿光陆续研发投用了农业智慧监管公共服务平台和农产品生鲜溯源平台（图 8-5），对全市各镇街区蔬菜产地、1 556 处农资经营店、1 020 家蔬菜市场以及所有蔬菜种植户的相关信息进行集中采集，实现了对蔬菜产前、产中、产后全过程的实时智慧监管。在农业农村部每年 5 次对全国 50 个抽检城市进行的农产品质量抽检中，寿光的合格率始终名列前茅。2017 年，寿光市被命名为国家农产品质量安全县。

5. 蔬菜物流体系发达

寿光是全国蔬菜的集散地，拥有全国最大的农产品物流园（图 8-6），占地面积 3 000 多亩，交易蔬菜品种达 300 多个，经营旺季日交易量达 2 000

图 8-5　寿光蔬菜产品智慧监督服务平台

图 8-6　寿光蔬菜物流园

多万千克，年交易量达到 40 亿千克，年交易额 80 亿元，销售地区覆盖全国 20 多个省（自治区、直辖市）。山东寿光果菜批发市场占地 1 000 亩，有 10 个果菜理货区，年交易量达 10 亿千克，年交易额 20 多亿元。为方便菜农交易，寿光在蔬菜生产重点村，引导发展了 1 020 处田头市场，并对田头市场实行严格的管控，对销售蔬菜建立了严格的市场准入制度，既方便了菜农交易，又保证了蔬菜的安全流通。近年来，寿光还探索了农超对接、冷链物流、电子商务等新型营销模式，蔬菜、种苗等电商年交易额达26亿元。

6. 品牌建设成效显著

寿光市出台了一系列优惠政策，不断完善经营体系，积极引导企业开展“三品一标”、名牌农产品、知名商标等品牌创建。目前，寿光拥有“三品”农产品355个、国家地理标志产品16个、蔬菜品牌200多个，其中，“乐义”“七彩庄园”被认定为中国驰名商标，13个蔬菜品牌被认定为地理标志证明商标。

7. 信息化程度比较高

寿光全力打造服务农产品流通的信息体系，新农村商网、中国寿光蔬菜网、寿光电视台“蔬菜频道”以及寿光农业信息网等网络媒体的设立，成为蔬菜种植技术、蔬菜流通和农资市场信息、相关政策等重要信息的交流平台（图8-7）。

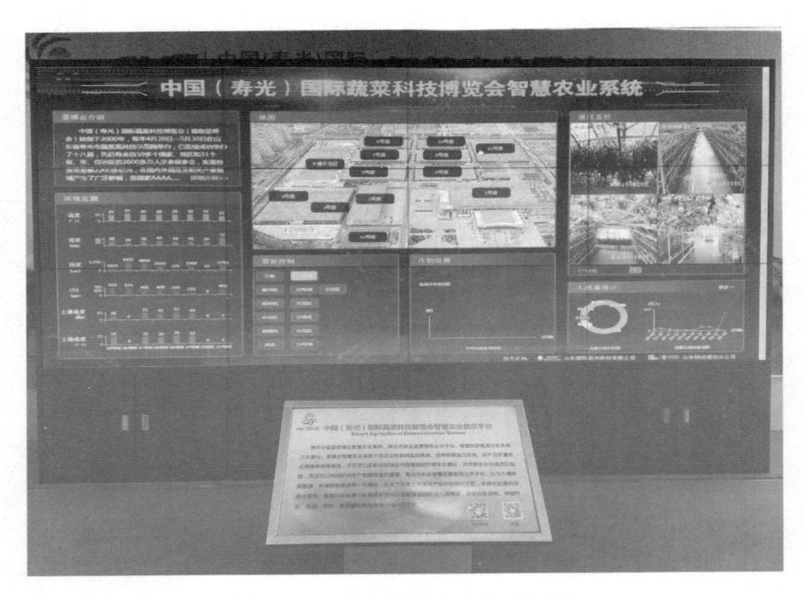

图8-7 寿光智慧农业生产系统

二、存在的问题

1. 土地制约

一方面，寿光能够发展蔬菜产业的土地已经很有限了；另一方面，大水大肥的传统种植方式对土地造成了一定程度的伤害。

2. 组织化

主要是经营体制体量的问题。寿光蔬菜生产目前仍以一家一户的个体经营为主，缺少整合，限制了蔬菜产业的发展，笔者认为这个问题对寿光蔬菜产业的发展影响很大，甚至会造成产业发展瓶颈和天花板问题。

3. 技术创新体制

从长远看，寿光应该打造蔬菜产业科研高地，不过这项工作对一个县级市来说，难度很大，但要保障寿光蔬菜产业的健康持续发展，这个方向不能变。

4. 新农人培养

从某种角度讲，寿光蔬菜产业的今天是由千千万万经验丰富的“老把式”支撑起来的。当这些“老把式”退出蔬菜产业后，寿光已经不可能再走花几十年时间培养“老把式”的老路了。那么，到那时会有多少人愿意种植大棚蔬菜？新农人又是否能支撑得起蔬菜产业的发展？这是非常值得关注的问题。

5. 技术集成创新

经过多年发展，寿光人创造了很多先进技术，如尾菜秸秆等的处理还田（图 8-8），也有很多外部先进成果和技术在寿光得到了很好的集成创新，但目前还没有形成具有较强可复制性的全链条技术集成体系。

图 8-8 设施尾菜秸秆处理还田技术

6. 形象宣传

寿光蔬菜名扬天下，但盛名之下也引来了一些负面影响。这主要是因为有针对性的精准宣传做得不够，以及让广大消费者了解寿光蔬菜品质的宣传不够。笔者初来寿光时也对寿光蔬菜的安全和质量存在过疑虑，但经过深入调查了解，笔者的疑虑被彻底打消了。不可否认，寿光蔬菜发展走过弯路，但寿光蔬菜已经发展到了新的阶段，我们不能再用老眼光看寿光蔬菜。

7. 品牌

寿光蔬菜的整体品牌影响力很大，但是单体品牌的影响力与整体品牌的影响力不是很匹配，缺乏像马家沟芹菜一样在全国叫得响的单体品牌。

三、未来的发展方向

总体来说，寿光蔬菜产业的精细化发展还有很大潜力。那么，寿光蔬菜未来的主要发展方向是什么呢？笔者认为就是要不断赋予“寿光模式”新的内涵，继续在全国保持领先优势，带领全国蔬菜产业继续发展。

主要思路是按照党的十九大报告提出的“产业兴旺、生态宜居、乡风文明、治理有效、生活富裕”的总要求，以及习近平总书记作出的“推动乡村产业振兴、人才振兴、文化振兴、生态振兴、组织振兴”的新指示，以实现农业现代化为目标，以推进农业供给侧结构性改革为引领，结合寿光市蔬菜产业发展实际，在实施乡村振兴战略中，以产业强市和品质城市建设为抓手，进一步完善、延伸、创新产业链条，针对蔬菜产业产前、产中、产后等各个环节，不断推动科技化引领、产业化创新、标准化管理、品牌化发展“四化”体系建设，以及一二三产业融合发展，走产出高效、产品安全、资源节约、环境友好的发展道路，重点发展蔬菜种业、品牌农业和农业“新六产”，进一步提高蔬菜产业发展质量，加快培育现代农业发展新动能。总结起来就是一句话：大力发展品质蔬菜，由数量发展模式向质量发展模式转变。

一是制定产业标准。以全国蔬菜质量标准中心落户寿光为契机，打造全国设施农业全产业链的标准输出中心，形成一套全国可复制、可推广的生产、监管标准和集成解决方案，让寿光标准逐渐成为全国标准乃至世界标准。

二是打造科技创新高地。积极采取措施，大力引进外部先进技术、人才，打造“中国蔬菜硅谷”。

三是不断提升蔬菜质量安全监管水平。在加强市场监管的同时，着力推进标准化生产。进一步加大扶持力度，推进标准菜园建设，并由园到区、由产到销进行全程监管。

四是实施品牌提升计划。首先是打造由政府背书的寿光蔬菜区域公用品牌。其次是政府大力引导和扶持单体品牌，初期也考虑通过政府背书来支撑。政府背书会对政府造成很大的压力，但是寿光市委、市政府强调，政府一定要有作为、有担当！

五是创新现代农业生产经营体系。要改变小农生产经营体制，有组织地发展蔬菜产业。生产组织有 3 种参考模式：紧密性合作社、家庭农场、公司化托管。

六是推进一二三产融合发展。全力打造田园综合体、农业特色小镇、创意农业示范园等，充分发挥中国（寿光）国际蔬菜科技博览会的优势（图 8－9），发展主体公园等。

图 8－9　寿光国际蔬菜博览会

七是大力培育新型职业农民。重点面向蔬菜产业，培育新型农业经营主体带头人和农机、植保等专业化服务人员和管理经营型人员。统筹利用农技推广机构等各类教育培训资源，充分运用信息化手段，开展在线学习和在线服务，实现培育工作线上线下融合发展。

导读：轻简化栽培技术也具有一定的地域适应性，在菜田主要分布在山坡坡地的华南地区，如何实现蔬菜育苗及栽培的轻简化管理？有哪些轻简化育苗设施及技术？定植后避雨栽培技术的应用潜力如何？根区水肥精准控制如何实现？

第二节 华南设施蔬菜轻简化栽培现状与需求

一、华南地区蔬菜轻简化栽培技术的应用背景

在大田作物生产机械化程度越来越普及的今天，蔬菜生产机械化程度却显不足。相对而言，胡萝卜、大葱等蔬菜机械化程度较高，其他蔬菜生产的机械化程度较低。华南地区蔬菜生产机械化尤为困难，除了受蔬菜多次采收习惯的影响外，菜地规模小且常分布在山地坡地区域是重要限制因素。

设施蔬菜的生产过程包括种子的消毒、催芽、播种、育苗管理、田间除草整地、打穴移栽盖膜、补苗定苗、搭架整枝、病虫防治、多次施肥除草、化学调控、频繁打顶除蔓，还常需要人工授粉和棚体消毒、土壤修复等大量程序，不仅费工多而且劳动强度大。目前在农村劳动力大量转移的形势下，费工费时和缺乏配套栽培技术是制约华南设施蔬菜生产发展的重要因素。轻简化栽培是减轻劳动强度、简化种植管理、节本增效的栽培方法。尤其在夏季高温伏旱、台风暴雨、强光辐射等恶劣气象条件带来巨大种植风险的华南区域特点下，研发和推进轻简化栽培手段，是促进产业提质增效的重中之重。

二、华南地区设施蔬菜产业现状与存在问题

华南地区是我国设施蔬菜发展重点区域之一，设施类型涵盖华南型大型连栋温室、塑料大小拱棚和遮阳棚等多种规格。从构件材料上区分，有连栋钢架大棚、简易连体式钢架大棚、单栋钢架大棚、简易竹木大棚、水泥立柱连栋大棚等。其生产的蔬菜产品在满足当地需求基础上，主要供给港、澳和出口海外，具有较高的经济价值。近年来，消费者对高端优质蔬菜的周年需求日益强烈，当地政府也以现代农业“五位一体”示范项目为契机，大力支持玻璃和PC板温室、科研及观光温室等大型高档设施建设，使华南设施蔬菜发展呈现起步晚，但起点高的特点。

华南地区对蔬菜设施的功能需求与我国其他地区存在显著差异。本地区具有早春低温潮湿；夏秋高温、多台风暴雨极端天气、日照强度大；冬季温

度低、日照时数不足的气候特点。与北方重视保温功能不同，本地区蔬菜设施更强调避雨、降温、遮阳和补光功能，以及相应的栽培调控技术。因此，华南型蔬菜设施是我国蔬菜设施多样化的一个体现，也是我国蔬菜设施不可或缺的组成部分。

理论上，华南蔬菜设施具有周年生产的能力，然而目前产业发展突出特点是重硬件、轻软件，缺乏与华南设施特点匹配的栽培技术，致使设备虽然先进，但成效低，甚至出现高投入建设的连栋大棚荒置的现象。

三、华南设施蔬菜轻简化栽培技术

华南地区设施蔬菜栽培的主要模式包括：集约化育苗、冬春小拱棚防寒栽培、夏秋抗热避雨栽培以及设施周年栽培。无论哪一种种植模式，实现轻简化栽培的原则都是从单项技术轻简化入手，育种、农艺、农机有机融合，逐步实行全程轻简化。

1. 育苗轻简化

蔬菜种子价格相对贵，有的苦瓜种子可以达到 9 元/粒，有的番茄种子甚至达到 18 元/粒，因此保证足够高的成活率和壮苗率是保障效益的第一步。对于农户，育苗环节存在技术风险，而且制作育苗基质、育苗钵耗时耗力。现在越来越多的种业公司开始拓展种苗业务。

关于华南地区的育苗设施，目前还是以简易类型为主，总体环境可控程度较低，呈现：①台风季节防风防雨能力差，遇到强风暴雨，设施自身受损程度往往较大，所起的防风防雨作用大为降低；②每年 7～9 月，广东省等地平均温度高，简易设施的降温能力有限，进而导致在此阶段内的设施大量闲置，利用率降低；③华南各地春季都阴雨连绵，光照相对较弱且分布不均匀，因此也需要 LED 的补光处理，但目前仍然存在运营成本高的问题，需要进一步突破。

对于播种环节和水、肥、药管理环节的设备，应用相对比较普遍，但嫁接育苗设备还不太成熟。值得一提的是，对于很多蔬菜种子质量标准而言，要求出芽率达到 85%即为合格，但是在广泛应用育苗设施设备的集约化管理模式下，发芽率应达到 95%～100%，因此，如何进一步提高种子发芽率是提高播种环节育苗效率的切实需求。另一个欠缺的是育苗场内部的物流体系建设，由于集约化育苗包括催芽、愈合、包装等环节，这些环节需要苗盘的转运，耗费人工较多。这些可以配套苗盘周转车和建立物流运输体系来实现。华南地区常见的育苗方式（图 8－10～图 8－13），主要包括传统的穴盘育苗、漂浮育苗和潮汐式灌溉育苗等。

图 8-10　华南地区常见的拱棚穴盘基质育苗

图 8-11　华南地区常见的拱棚漂浮育苗

图 8-12　潮汐式育苗

图 8-13　华南育苗设施 LED 补光场景

本研究团队在过去传统穴盘育苗管理技术基础上，最近在尝试潮汐式灌溉的育苗方法（图 8-12）。相对于顶部喷灌，潮汐式育苗表观上只是改变了水分进入基质的方向，实际上它以毛细管吸水为主要技术特征，配套了自动控制和循环管路系统，通过水肥闭合循环利用实现精准供给，切合绿色发展理念，具有广阔的应用前景。但是，潮汐式育苗的科技研发和实际应用的历史还很短，理论知识和实践经验都不足，许多问题如基质养分运移和病虫害管理等技术还有待于进一步研究。

2. 定植后的设施蔬菜栽培

定植后，除自动卷帘设备和水肥一体化系统在设施蔬菜生产中有较大面积使用外，其他环节，如环境控制、机械落蔓、物流运输等设备的研发和应用程度还十分有限。缺乏与设施环境相配套的栽培技术。多数种植者仍沿用露地肥水栽培经验管理设施蔬菜，而华南高降雨条件下露地蔬菜不合理施肥主要引起养分淋洗损失，但在高温高湿避雨设施内，不合理施肥和灌水措施直接造成严重的植株光合产物分配失调、落花落果和次生盐渍化现象（图 8－14），难以体现设施优势。越是高档的设施类型，由于对光、温、水、肥、气等综合栽培管理技术依赖性越高，不合理肥水措施对产量的负面影响越为严重。因此，在华南设施蔬菜栽培技术发展初级阶段，简易的、开放性高的避雨栽培设施反而能够体现一定的种植优势（图 8－15）。

避雨栽培有效阻控养分损失，减少养分投入数量和次数，在华南园艺作物生产过程中有良好的增产增效潜力和应用基础。苦瓜发育早期，相对于露地栽培，避雨设施显著提高了群体生物量，促进蕾、花、幼果的生长，奠定了增产基础。但是进入盛果期后，并未观察到预期的产量优势。进一步解析发现，虽然避雨设施下苦瓜群体叶面积较露地栽培提高 38.2%，但是其叶片载荷量降低了 13.6%，表明避雨栽培时群体叶片同化能力减弱，单位叶面积碳水化合物转化为产量的能力下降。进一步解析环境因素得知，区域光照条件限制和棚膜透光性差等原因造成的设施内光照不足是限制产量优势发挥的主要原因。因此，即使是简易避雨设施，无论是针对设施设备还是配套种植技术，都仍然有改进空间。

图 8－14　华南连栋设施内苦瓜挂果率低的普遍现象

图 8－15　华南地区简易避雨栽培设施

此外，在学术领域里，蔬菜减肥省工的养分管理技术研究是热点，但这一环节应当强调以产品和设备为抓手。比如过去基于 N_{min} 方法的精准施肥技术，在粮食作物上发挥了节本增效的显著作用，但是在蔬菜上，农事操作过于复杂，难以推广，所以最好有基于这一理念的肥料产品，比如研发速效与长效结合的蔬菜专用复合肥。

水肥一体化技术在蔬菜生产环节已经广泛应用，但是华南地区地下水位较高，针对华南区域这一特点，笔者团队在过去几年蔬菜水肥一体化研究的基础之上，最近正在致力于以水定肥的水肥耦合技术，其核心理念是综合地上部蔬菜需水规律、根部土壤持水特性，以及自然降雨状况来制定灌水制度。再依据养分需求规律，随时调整营养液的供给浓度和频率，这样才能真正做到调控蔬菜根区养分浓度，而不是现在的调控配肥池的养分浓度。基于此，我们也研发了以土壤水分传感器为核心的"升级版"水肥一体化系统——蔬菜测墒自动灌溉系统。将普通土壤水分传感器以一个测定点的监测取样方式改变为一个土块的监测取样方式，并根据蔬菜根构型特征设置土壤墒情传感器的位置，这样不仅提高了墒情监测的精确性，而且能有效综合地上部、地下部和土壤与水位等影响。同时，解决了普通土壤水分传感器监测点狭小，监测结果稳定性不高、代表性不强，需要多个监测参数修正的问题，达到实时精准监测土壤墒情的目标。该系统已经在多个企业和示范单位应用，节水节肥效果十分显著。

四、总结与展望

总体而言，现有的蔬菜轻简化程度不足，搭架、打枝除蔓和后期收获等劳动力密集环节还缺乏标准化的栽培技术为机械化提供参数。应当一方面加强适合农机农艺结合的品种研发，有目标地选育一些耐高温寡照、开花集中、株型紧凑、抗逆性强的蔬菜品种，同时也要配套标准化的栽培技术，通过对种植密度、整枝打顶、施肥及化控等环节研究优化、制定规程或标准，实现蔬菜集中管理和统一采收，即育种、农艺、农机有机融合，是蔬菜轻简化的根本途径。此外，通过职业农民培训，完善专业化的社会服务也是应对劳动力短缺、提高生产效率的另一个有效措施，如业已成熟的专业整地服务、嫁接育苗服务、菜心采收服务等。

导读：他山之石，可以攻玉。日本、美国、以色列和荷兰的设施栽培技术位居世界前列，尤其日本的设施栽培以其实用性强和品质高著称，对我国发展设施栽培技术具有较强的借鉴意义。其设施番茄生产可借鉴的技术有哪些？

第三节　日本设施番茄栽培技术

近年来，日本在传统农民式精耕细作的设施栽培技术之外，利用各种财政支持和科技投入形成了另外三种设施番茄栽培模式。传统的优秀农民的设施番茄生产一般是以家庭为单位的生产经营模式，有的也会雇佣几个人，但大多数为家庭经营，3 000～5 000 米^2 塑料温室规模，设施番茄产量在 30 千克/米^2 左右。不过，真正能达到这个设施番茄产量水平的其实也不多，一般农民的产量水平也就 20 千克/米^2 左右。与我国的设施产业发展状况完全不同的是，日本农民以精耕细作的高品质生产为基准，不存在过度追求产量和经济效益的目标，所以设施生产稳定，蔬菜的质量安全无可挑剔，尤其是其高品质程度处于世界前列。当然，这与日本政府和产业界推行的蔬菜育种先行和地方农业试验场的技术支持，加上农协服务模式的贡献密不可分。近年来，由于电子和制造等产业的萎靡，很多大企业甚至是世界 500 强企业也陆续转型投资农业，尤其是 2010 年古在丰树教授推动政府支持植物工厂产业化以后，设施番茄出现了三种新型的生产模式。

一、荷兰式长季节吊蔓栽培

在日本推广的荷兰式长季节吊蔓番茄栽培并没有照搬荷兰模式，而是通过各种技术改进使得公顷面积以上规模的环控型温室的番茄年产量达到 50 千克/米^2 以上（图 8-16）。有几个下一代设施园艺导入加速化支援示范项目选定的荷兰式长季节吊蔓番茄栽培企业，温室规模在 3 公顷以上的大果番茄产量已经连续三年超过 50 千克/米^2。

图 8-16 日本的荷兰式长季节吊蔓番茄栽培

二、日本式低段高密度栽培

日本式低段高密度番茄栽培是结合人工光育苗和温室栽培形成配套化设施番茄生产技术体系，从而适应老龄化劳动力的轻简化作业（图 8-17）。栽培密度在 10 株/米^2 以上，每株植物留 3～4 穗果实，使用 D 型穴盘栽培大苗，生产期为三个月，一年生产四茬，番茄年总产量也能达到 30～40

千克/米^2；日本全农还开发了仅采收一穗果的高密度栽培模式，设施番茄产量也不低（图 8－18）。这个技术最早是由静冈大学提出来的，最近几年形成了独特的日本模式，在日本全境的推广率很高。

图 8－17　日本式低段高密度番茄设施与人工光育苗技术

图 8－18　日本农协和千叶大学的低段高密度番茄栽培

三、高糖度番茄设施栽培

高糖度番茄设施栽培是利用各种胁迫调控技术培育高糖度番茄的技术，尽管番茄产量不高，但品质好、售价高，经济效益好。代表性栽培模式之一为早稻田大学客座讲师森有一开发的 IMEC 栽培，就是利用一种原来在医疗使用（脏器移植）的功能性膜，铺在根系层，利用薄薄的一层营养液和基质进行栽培，营养离子可以透过薄膜被植物吸收，但污染物和病菌透不过去（图 8-19）。该技术充分利用植物根系的水分胁迫和营养胁迫，使得番茄含糖量提高。这种番茄的售价是普通番茄的三倍，尽管产量不高，但市场供不应求，效益很好。日本从南到北有不少企业在使用这项技术，不过学术界对该栽培模式的评价毁誉参半。

图 8-19　日本富山某企业的高糖度番茄栽培

笔者认为这项技术不可行，光靠灌溉水的水分胁迫和营养液的 EC 调控想要实现高糖度番茄种植并不容易，尤其是同时实现产量高更不容易，还需加上离子水平浓度和离子之间的平衡控制才可以。因为开发该技术的专家和企业并不是农业出身，在栽培技术上无法做出更加科学而合理的解释与培训，生产中需要各企业技术员认真揣摩技术诀窍才可能保证设施番茄的优质高产。

设施番茄生产的产量控制确实是荷兰的技术第一，但品质控制就是日本的长项了。国内在杭州附近的阳田科技股份有限公司也利用 IMEC 方法在塑料大棚生产高糖度番茄，面积近 10 000 米^2，目前通过电商结合和高端客户开发，据说产品批发价在 80 元/千克（图 8 - 20）。

图 8 - 20　国内应用 IMEC 栽培的高糖度番茄栽培

无论是哪种设施番茄生产模式，只要能够有效地、因地制宜地达到高产高效、优质稳定生产，都是可商业化推广的。我国的设施番茄生产目前无论是日光温室栽培还是荷兰式栽培，都未能有效地利用当地气候与温室特点；在番茄设施生产上所需求的光、温、水、气、肥等主要因子的环境调控都很难做到综合有效，尤其是适宜番茄品种的选择更需要因地制宜。设施番茄栽培盲目追求产量或品质都是不可取的，只有因地制宜地利用好番茄品种特性与环境综合调控，使得设施番茄产量与品质达到设施盈亏点之上并满足市场品质要求，才是好的栽培模式，值得推广。

导读：荷兰设施农业的成就令世人瞩目，“荷兰模式”为全世界设施农业的发展提了一个可借鉴的样板。如何看待荷兰模式的成功？其成功背后的原因是什么？我国设施农业的发展可以获得哪些重要的启示？

第四节　荷兰模式的成就与原因分析

荷兰植根于大众心中的两个形象是风车与郁金香，风车用于农业生产和农产品加工，而郁金香则是园艺生产的作物之一。这或许说明了荷兰对于农业发展的重视。从 20 世纪 90 年代末上海孙桥科技园区整套引入荷兰文洛型温室起，荷兰的设施农业发展一直是国内学习和模仿的对象。2017 年 9 月的美国《国家地理》杂志发表了一篇名为《小国喂养世界：荷兰的可持续发展农业》的文章，描述了荷兰作为一个国土面积 4.1 万千米^2，人口约 1 700 万的小国，依靠先进农业科技成为世界农产品出口第二大国（仅次于美国）的故事。再一次引起人们对荷兰农业，特别是设施园艺生产行业的讨论。

一、荷兰农业概况

2017 年荷兰总计出口农业—食品类别产品 1 010 亿欧元（约合人民币 7 545亿元），其中：材料与技术 91 亿欧元、花卉 91 亿欧元、蔬菜 67 亿欧元。最大的三个出口国分别为德国、比利时与英国。荷兰是欧盟第一大农业—食品出口国，世界第二大出口国。图 8－21～图 8－24 分别展示了荷兰单位农户拥有的温室面积、主要温室果蔬总产量及单位面积产量（荷兰统计局网站）。可以看出，荷兰的典型温室（图 8－25）正在以集中化的趋势发展，单位农户拥有的温室面积已经持续增长近 40 年。番茄作为最主要的温室果蔬作物，总产量及生产面积也在持续增加。几种典型的荷兰温室果蔬作物在 2017 年也取得了较高的平均产量。

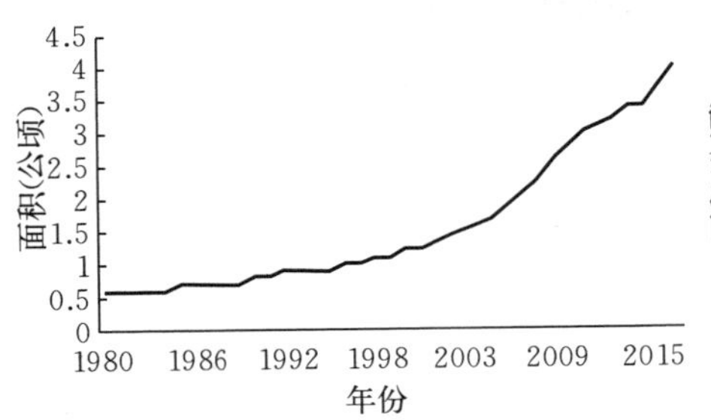

图 8－21　荷兰蔬菜生产每农户平均温室面积变化

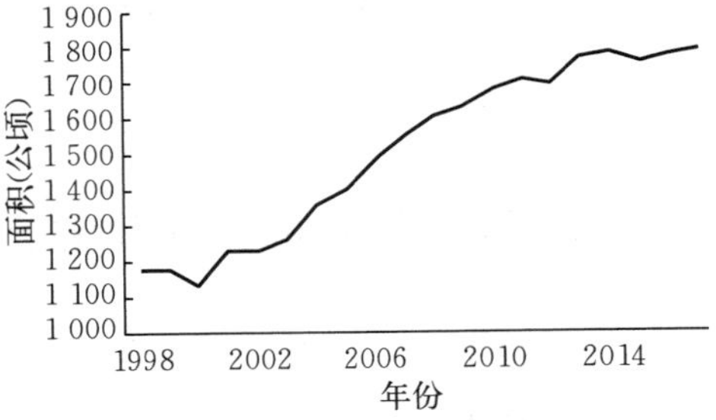

图 8－22　荷兰番茄生产温室面积变化

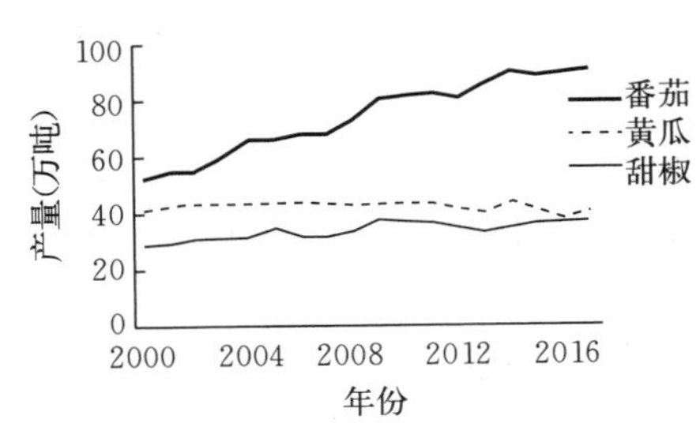

图 8－23　荷兰温室番茄、黄瓜及甜椒年产量变化

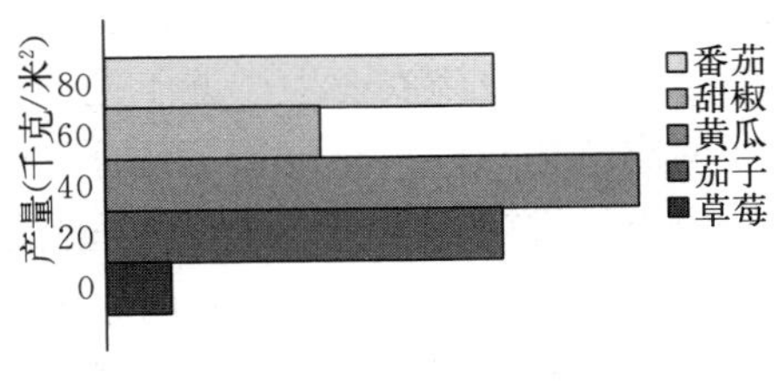

图 8－24　荷兰温室作物 2017 年平均产量

图 8-25 荷兰典型番茄生产用连栋温室

二、荷兰模式取得成功的原因探讨

“荷兰模式”区别于“西班牙模式”或“以色列模式”，是常用的统称荷兰设施农业发展与现状的名词。通常意味着高大的文洛型玻璃温室、周年生产及先进的管理手段等。称之为“模式”，虽便于理解，但隐含的一种“正确答案式”的思路却值得考量。荷兰设施农业的形式一直未曾停止改变，无论是种植技术手段还是组织管理形式（从“农场数量与面积”一图可以看出的是，荷兰设施农业生产近年处于合并的潮流中）。因此，当前荷兰设施农业的成就是一种多年发展累积下的动态平衡。可供其他地区和组织借鉴的，应当是成就背后的思路，而非表象。本文期待以气候条件开始，讨论荷兰设施农业发展取得如今成就的原因。

1. 适宜的环境温度是荷兰设施农业发展的根本

在荷兰的 Media Market 或 Expert 电器连锁商店中，零星出现的冷风扇（或者空调）对于荷兰家庭来说并不是一个必备的电器。有荷兰生活经历的人也许更有感悟，相比于国内很多地区“转瞬即逝”的春秋两季，荷兰几乎是以平均时长的形式呈现四季。有统计的年温度记录曲线可以支持这一结论（数据来源：Climate-Data.org 网站）：荷兰城市海牙最温暖的月份是 8 月，其平均气温为 16.9 ℃；温度最低的月份是 1 月，其平均气温为 2.6 ℃。相比之下，北京最炎热的月份是 7 月，其平均气温为 26.3 ℃；最寒冷的是 1 月，平均气温为－4 ℃。

因此总体上荷兰地区的温度可以概括为“冬季不冷，夏季不热”。由此带来的冬季加温与夏季降温负荷对于温室内气候调节而言非常理想。使用温室形式种植的目的即保留光照的同时，适当提高作物周围的环境温度，缩短作物生长的时间，提高效率。但带来的负面影响为光照强度减弱及额外降温需求。对于荷兰的室外气候而言，栽培期使用遮阳（减少光照热量）、顶窗通风及迷雾加湿系统即可满足降温需求。在几十年前温室栽培发展初期，环境控制手段有限的条件下，相对容易实现理想室内气候的环境条件，帮助温室栽培这一形式在荷兰广泛应用。

相比之下，由于环境温度高于荷兰，国内（特别是设施农业发展的核心区，如京津冀、长三角等地区）常见连栋温室普遍配置湿帘风机系统。作为一种主动降温手段，在室外空气温度高、相对湿度低时使用可有效降低温室内温度。但受限于湿帘风机系统的降温有效距离，配置该系统的温室不能超过 50 米宽，使得温室单位面积生产效率受到影响。可以明显体现出区别的是荷兰茄果类作物温室工作用走道通常位于温室中间，栽培槽沿走道两侧依次布置，而国内温室通常将走道布置在温室一侧。但近年来，依赖于条形顶部开窗技术的应用，国内也有不使用风机湿帘系统的番茄栽培温室，如位于北京市密云区的极星农业温室、大兴区的宏福农业温室等。

2. 充沛的光照保证作物生长

荷兰位于欧洲大陆北部，地处高纬度地带，夏季日照时间长，单日光照最长可以达到 17 小时，更加有利于温室作物生产，特别是常规茄果类温室作物（图 8－26）。日落后温度降低，有利于作物光合作用产物的累积。在设施农业发展有限的初期，充足的光照可以保证设施内作物的高产。

与此相对应的是，荷兰冬季的日光照时长可低至 6 小时，因此对于不使用（或有限使用）补光系统的温室，常规应用 1 月定植、11 月拉秧的栽培计划。充分利用夏季长日照、高温度的条件进行生产，并在外界环境进入非适合期后停止生产，对于花卉产业也是如此（图 8－27）。直至今日，仍有商业番茄生产温室没有使用补光系统的案例。

图 8－26　荷兰草莓温室生产实例

图 8－27　荷兰非洲菊温室生产实例

3. 高降水量保证灌溉

设施农业的发展初期，在滴灌等节水灌溉技术尚未应用时，地区降水量决定了栽培作物的生产能力。荷兰以其充沛的雨量，保证栽培时足量的灌溉。以荷兰温室园艺发展主要地区 Westland 中心城市海牙的年降水量为例（数据来源：Climate-Data. org 网站），海牙平均年降水量为 777 毫米，降水量最低的月份是 4 月，为 45 毫米；降水量最高的月份是 10 月，为 85 毫米。相比之下，北京年平均降水量为 610 毫米（数据来源：Climate-Data. org 网站），降水量最低的月份是 12 月，为 3 毫米；降水量最高的月份是 7 月，为 195 毫米。因此，虽北京地区年降水总量与海牙地区接近，但一年中波动大，（由排水不佳造成的）洪涝与干旱轮流发生，对作物生产有负面影响。

因此，荷兰总体气候满足作物栽培所需的温、光、水等因素，保证即使设备条件简陋，使用设施仍能够带来显著的生产能力提升，帮助温室这一栽培设施在荷兰得到广泛应用。而温室的广泛应用，则培养了大量温室领域的专业公司与人才，使得与学术研究或其他行业融合发展时，能够以相对理性和务实的角度出发进行定位（图 8－28）。笔者以为，适宜的气候条件使得荷兰广泛使用温室作为作物生产的设施，同时配合政府的政策支持、高校及科研机构的科技支持，帮助荷兰种植者赢得国际订单，造就了当前的巨大优势。

4. 以热电联产为例介绍荷兰政策对设施农业发展的助推

热电联产机组（CHP：Combined Heat and Power）是以燃烧化石能源（以天然气为主）产生热能与电能的燃机系统，作为热能与动力来源广泛应用于市政、工业等领域。对于温室生产而言，由于热电联产机组燃烧天然气的产物之一是二氧化碳，可以作为作物光合作用的补充气肥。因此，可以进一步提高热电联产机组的应用效率。当前，热电联产机组被广泛应用于荷兰温室的生产过程（图 8－29）。

图 8－28　荷兰瓦赫宁根大学（Wageningen University & Research）进行低能耗温室的试验

图 8－29　温室用热电联产机组（图片来源：笔者于温室中拍摄）

荷兰电价在 20 世纪 70～80 年代期间上涨了一倍，天然气的价格与电价之间的差距被进一步加大。80 年代后，荷兰政府开始给予热电联产项目补贴，使得一批花卉种植者开始使用热电联产作为电能的来源。花卉种植者要使用大量的电能进行补光，因此初期主要目标是降低电费成本。同时使用热能为温室加温。根据荷兰代尔夫特理工大学 2012 年 12 月的报告《热电联产机组在荷兰温室的分布——案例分析》，自 1989 年电力法案催生出了电能与热能分销业务，温室开始与公司合作使用热电联产机组，温室提供土地的同时获得低价的热能。这使得应用热电联产机组的项目进一步增加（图 8 - 30）。而在 2002 年，电力市场开始对设施农业行业开放，温室可以将多余的电能销售给电网，从而进一步增加投资热电联产机组的收益。从全荷兰的装机容量来看，2002 年后迎来了一个快速发展期。但当前荷兰已经在减少化石能源的使用，越来越多的温室开始使用热泵或地热技术获得冬季加温的热能。地下含水层储能（ATES：Aquifier Thermal Energy Storage）是荷兰当前应用范围广泛、技术成熟的能源解决方案之一。数千个实际应用的项目（涵盖了楼宇与温室）遍布荷兰全国，在中心城市（如阿姆斯特丹、鹿特丹及海牙等）更为集中。使用该系统并不直接产生热能与冷能，而是使用热泵与地下储能技术调度能源，极大地降低了能源的利用与单位价格。目前，这一领域可提供成熟解决方案的公司包括 Priva 等。

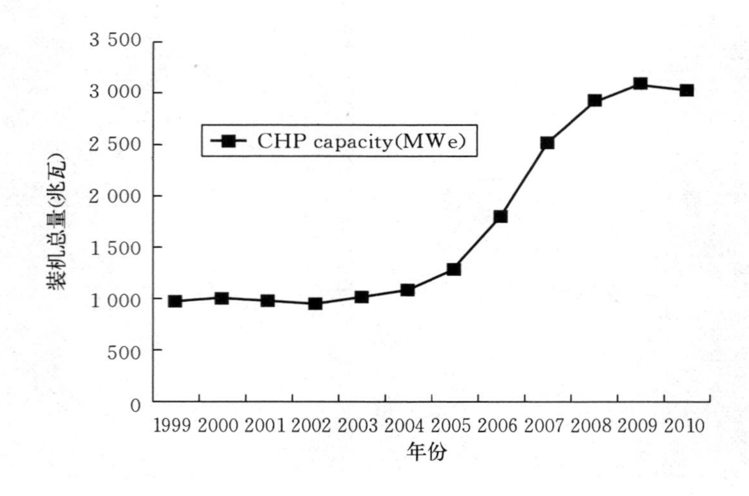

图 8 - 30　荷兰热电联产机组装机总量变化曲线（van der Velden and Smit，荷兰农业经济研究所，2011）

因此，在可见的将来，荷兰温室能源技术仍将维持领先地位，在进一步提高可持续性上，继续降低能源价格，使温室作物的生产成本降低。

三、荷兰模式对我国设施农业发展的借鉴

1. 荷兰模式：幸运的荷兰人

荷兰种植企业或设备供应商们可以感到“幸运”的是，他们的发展起步于非常初级的状态，并在长时间的互动之中累积起竞争优势，使得今天的后来者，特别是中国的种植者们感受到了巨大的差距，似乎难以超越。所谓“后发优势”，笔者理解是由于后来者可以借鉴先行者的成功案例，使得很多开发中的失败和错误得以避免，缩短了从无到有的时间。然而，具体到设施农业生产领域，正是由于荷兰人在众多失败和错误中累积起的经验和教训，才加深了他们全行业对于设施农业的理解。国内设施园艺行业可以整套引进荷兰的先进装备、聘请荷兰专业的栽培顾问进行指导，但全行业的发展还是要依赖于全行业对于设施农业的理解更进一步加深时才能实现。在有“好老师”的前提下，国人已经在多个领域实现了对发达国家的反超，因此，笔者相信国内的设施农业也会有跨越式的进步。

2. 对国内设施园艺发展的借鉴意义：以植物为本，因地制宜做适合国内的温室形式

荷兰模式之所以可以称之为模式，除了基于成功的种植及销售外，更是由于荷兰面积狭小造成的温室形式单一（否则就该是北荷兰模式、南荷兰模式等）。而中国幅员辽阔，气候、环境等因素各异，因此，一味照搬荷兰温室的形式应用于全国，必然会有水土不服的情况。诚然，考虑到结构规模、配套系统尺寸等因素，不可能根据国内每个气候特点单独开发温室形式，但国内面临高温等环境特点时，对荷兰温室的引进必然需要通过改进后才可能大规模应用。然而，国内当前众多温室被建造成超市或公园形式，偏离了温室作为生产设施的初衷。荷兰温室行业内的企业与从业人员，之所以可以在世界各地站稳脚跟，无外乎对于作物栽培管理的理解在行业内处于领先地位。而这一领先的意识，笔者以为主要来源于不断挖掘作物生产性能并严苛对待生产成本的工作态度。而这一态度，完全需要基于种植者自身定位为生产者，而不是休闲观光供应商的角色。国内当前温室业态各异，笔者相信是由于单纯种植无法获得足够回报导致的。因此，期待中国设施农业可以尽快创造回报，以支持全行业的健康发展。

导读：西班牙的阿尔梅里亚在2000年前后实现了全省水肥一体化全覆盖，当地农民依靠设施蔬菜生产脱贫致富。西班牙发展现代农业的模式和经验可为我国发展现代农业提供重要指导，其在发展理念、温室构建、水肥植保、资金扶持、科普及组织管理方面有哪些具体可借鉴的经验？

第五节　西班牙设施农业发展模式
——以阿尔梅里亚为例

一、西班牙阿尔梅里亚农业概况

西班牙位于欧洲西南部的伊比利亚半岛，1986 年加入欧盟，享受欧盟共同农业政策待遇，是目前欧盟成员国中的第四大经济体。位于西班牙南部的安达卢西亚自治区是西班牙现代农业发展的中心，南临大西洋、直布罗陀海峡和地中海，是西班牙第一农业大区，其 88 万公顷耕地致力于打造全球闻名的有机农业园区。阿尔梅里亚省位于安达卢西亚自治区东南部，是其所属的八个省之一，也是地中海盆地最干旱的地区之一，全省面积 8 774 千米^2，人口 63.6 万人。年平均温度在 15 ℃以上，夏季温度可达到 40 ℃；气候干燥少雨，平均每年降水量为 300 毫米，且降水集中在冬、春季节，7～8 月的月均降水量不足 5 毫米，属于典型的地中海气候。该省农业包括蔬菜、水果、油料、畜牧和水产，从事农业生产的人数约 6 万人，有 1.5 万个种植户，虽然阳光充足，气温较高，但气候干燥，且地貌大部为山区、丘陵和沿海滩涂（图 8－31），蔬菜和西甜瓜只能在温室中生产，设施农业成为当地的支柱产业。阿尔梅里亚是欧洲冬、春季蔬菜和瓜果的主要生产基地，素有欧洲“菜篮子”之称。

图 8－31　阿尔梅里亚典型地貌

阿尔梅里亚的温室生产始于20世纪50年代初期，经过半个多世纪的快速发展，目前，该地区设施农业总规模2.7万公顷，并以其卓越的产量（其园艺生产量占安达卢西亚大区的55%）和特色的塑料大棚集约化生产成为安达卢西亚农业的核心部分，其中有机蔬菜占蔬菜生产总面积的7.93%，纯基质栽培占蔬菜生产面积的20%以上。2011年阿尔梅里亚出口180万吨的新鲜蔬菜和西甜瓜到欧盟、美国和加拿大等国家和地区，占全国蔬菜水果出口量的30%以上。除番茄和甜瓜外，阿尔梅里亚的每一种蔬菜和西瓜的出口量都占全国的50%以上。了解阿尔梅里亚设施农业的发展过程和特点可以为我国设施农业提供借鉴。

二、发展集约化蔬菜生产的关键做法和技术措施

1. 以工业化和商业化的思路和模式发展现代农业，凸显规模化、集约化、现代化和品牌化

（1）规模化　从高空中望去，阿尔梅里亚堪称“温室的海洋”，大范围、高密度连片种植的温室成为这个南方地区的第一张名片。由于当地60%以上的土地为荒山和戈壁，为提高生产效益，当地政府采取了一系列措施鼓励农户进行规模化种植。当前常规的温室面积达2～3公顷，最大可达15～20公顷，由此产生了一系列明显的规模效应：一是提高了土地利用率。在城市东部温室分布带的土地利用率可达85%以上（在北京郊区这一数字仅为50%左右）。二是凸显了新技术、新产品的推广应用的规模化效应。这也是制约我国当前小农户生产背景下新技术推广的重要因素。以某项技术平均增产3%为例，阿尔梅里亚一个典型的3公顷的番茄温室可增收5 550欧元（以2010年平均单产7.4千克/米^2，2010—2011年度市场价0.5欧元/千克计算），而北京郊区典型的1亩温室增收则不过289元人民币（以2010年平均单产4.81千克/米^2，2010—2011年度市场价1.8元/千克计算），因此，农户对新技术、新产品的应用心态更加迫切。三是简化了技术服务模式。由于技术人员面临的服务对象减少，使得技术人员可以深入地进行全程跟踪服务，提高了服务质量，节约了成本。以服务单个面积为1.5公顷以上的温室为例，每个技术人员最高可服务80公顷（1 200亩）的温室。

（2）现代化　经过半个多世纪的发展，当地已建起了高素质的农业从业者队伍，逐渐摆脱了传统农业对外界条件依赖，初步实现了以现代工业装备农业，以现代科技武装农业，以现代管理理论和方法经营农业的标准。一是扎实的基础性研究为开展现代化生产奠定了基础。当地科研和推广人员在长期的发展中，系统地研究了番茄、黄瓜、青椒、西甜瓜等主栽作物对水、

肥、光、热等基本生物学特征以及土壤、病虫害和温室构造等外部因子的基本规律，基本做到了指标化、数字化，为下一步开展现代化工业生产奠定了良好基础。二是较高的生产自动化和机械化水平。在深入的基础性研究的基础上，高效的工厂化育苗、能够依据作物需求与外界条件自动调节的智能温室、自动化水肥监测与补给系统、自动化施药系统、自动化分拣包装系统等基本覆盖了从生产到销售的各个环节，大大提高了生产效率，降低了生产成本。三是建立起了与现代农业相适应的管理体制和服务保障体系。将发展现代农业作为一项基本策略，从基本法律保障、税收与补贴优惠、农业保险、技术服务、市场信息服务保障等一系列方面加强服务与监管，通过农业专业合作社的组织形式最大限度保护农民利益和农业生产。

（3）集约化　纵观主要西方国家的农业发展，其都经历了一个由粗放经营到集约经营的发展过程。在阿尔梅里亚，自从 20 世纪后半段以来，当地政府将打造现代集约化农业作为区域经济的新引擎，通过不断的改革与创新，逐步形成了完善的产业链条和产业集群。一是纵向上形成了完整的产业链条，消除了产业发展瓶颈。目前，阿尔梅里亚已形成涵盖农资生产与经销、良种培育、种苗生产、土壤消毒、温室维护、农机具生产与经销、分拣与包装、运输与销售、金融服务、风险担保等各功能环节的完整的产业链条，各环节之间相互往来、相互协作，不仅促进了产业的整体协调发展，控制了产业风险，也实现了全产业链的最大效益。二是横向上在各领域逐步培育了具有一定实力的大型企业。在农业企业发展中，政府发挥了重要的协调与支持作用，制定了完善的鼓励竞争与合并的政策，改变了农业企业小、散、乱的局面，在每个领域形成了数量合理、带动能力强、具有一定市场话语权的龙头企业，特别在生物防治、滴灌设备生产、农民合作组织等领域涌现出了在安达卢西亚大区乃至西班牙全国、欧盟都具备一定影响力的企业，如天敌生产企业 Agrobio、农民信用合作社 Cajamar、农业信息化服务企业 Hispatec 等。

（4）品牌化　激烈的市场竞争迫使当地农户和合作社、协会等从产品质量、价格、成本等各个方面挖掘潜力。通过多年的长期发展，当地农产品市场已步入成熟阶段，通过培育知名品牌实现了农产品的优质、优价的竞争策略。如 Fashion 的西瓜、Kumato 的黑番茄（先正达公司生产），通过标准化的生产管理体系生产出优质的商品，经过去杂、筛检和包装，依靠电视、广播、户外广告和网络传播，获得了较高的市场认可度，从而提高了附加值。

2. 因地适宜，充分发挥自然环境优势，打造欧洲冬季“菜篮子”

通过半个多世纪的努力和积累，如今的欧洲蔬菜生产的基本格局呈现

“北荷兰、南西班牙”之势。与荷兰通过高科技和现代化装备实现高投入、高产出的基本模式不同，以阿尔梅里亚为代表的西班牙南部的农业发展则秉持“因地制宜”的思路，充分利用当地的光热资源优势，突破了贫瘠、恶劣的土壤条件和严重缺水的限制，走出了具有鲜明地域特色的现代农业发展之路，实现了农民收入快速增长，将农业发展成为当地经济社会中的重要产业。据统计，农业在整个西班牙国内生产总值中的比例不足 3.5%，而在阿尔梅里亚，仅农产品生产本身就占当地生产总值的 28%，加之与农产品相关的加工、运输、包装等，总共可达 55%，堪称当地经济的命脉。

阿尔梅里亚奇迹（Miracle of Almeria）的出现，不仅是因为其在几乎不可能的条件下发展了举世瞩目的现代化农业，更在于其能长期保持领先的技术支撑。当地农业部门以技术驱动产业进步，在发展的每个关键时期，都会有相应的革命性技术及产品出现（表 8-1），确保产业顺利平稳发展。

表 8-1　自 1950 年以来推广应用的关键技术

年份	主要技术
1950	Sand culture（沙培技术）
1970	Almerlm-type greenhouse（阿尔梅里亚特色大棚）
1980	Hybrid seed（超级育种）
1981	Drip irrigation（滴灌技术）
1984	Thermal plastic（塑料大棚）
1986	Integrated drip-line（水肥一体化滴灌技术）
1990	Soilless culture（无土栽培）
1991	Bumblebee pollination（熊蜂授粉）
1992	New seed variation（品种改良）
1997	Technologically improved greenhouse（温室技术升级）
1999	Automatic drip head（自动化滴灌头）
2000	Automatic climate control（智能小气候控制）
2005	Biological control（生物控制）

（1）*改良土壤*　历史上，阿尔梅里亚一直是一片干旱、缺水的不毛之地，土壤深层是透气性差的黏土，表层则为戈壁荒漠的大块砂石，均不利于发展农业生产。自 20 世纪 50 年代开始，当地农技人员和农户开展了多种形式的适应性改良。经过长期摸索，终于形成了下层黏土（20～30 厘米）、中间土壤或有机质（3～5 厘米）、上层沙土（10～15 厘米）的“三明治”式土壤结构（图 8-32）。此种分层土壤具有如下优势：一是由于土壤或有机质

体量小，更换容易，可以 2～3 年更换一次，新加入的有机质可进行彻底消毒，从而避免了连作障碍，可以持续多年生产同一种作物。二是有利于防止土壤盐渍化。表层沙土孔隙大，有效减少因地表剧烈蒸发引起的盐分表聚。三是根系水、气条件适宜，沙土透气性好，黏土保水性好，而作物根系主要分布于沙土层和有机层。

图 8－32　阿尔梅里亚地区典型的“三明治”土壤结构

（2）*发展具有鲜明地域特色的温室*　阿尔梅里亚终年气候温热、干旱少雨，冬季平均最低温度通常在 10 ℃以上，终年无霜。在这种特殊的气候条件下，一种以钢管为骨架，以钢丝网作为基本支撑，以网质材料或塑料棚膜进行覆盖的塑料大棚得到了普遍推广应用。这种大棚从外观上看来平淡无奇，甚至被很多没有深入了解的外来人员所不齿，但却适应了当地独特的自然条件，除具备成本低廉的优势外，还具有土地利用率高、维护简单、空间宽敞等优点。

（3）*大力发展节水技术*　长期的干旱少雨使得当地的节水技术得以迅速发展。目前阿尔梅里亚灌溉用水主要来源于地下水、雨水收集和海水淡化三种渠道，由于海水淡化成本依然较高，而地下水实行配给制，从而使得发展节水农业成为唯一的选择。

当地发展节水农业的主要做法：一是收集自然降雨：阿尔梅利亚地区设施均配有集雨窖，一般每公顷设施配备集雨窖 100 米^3。集雨窖中的雨水集满后，多余的雨水流入蓄水坑，经过滤后补充地下水，以种植番茄为例，年降水量为 300 毫米时雨水替代地下水的比例可达 30％。二是采用滴灌施肥：

当地设施农业均采用滴灌施肥技术，由合作社或专业公司向农户提供滴灌施肥设备，由传感器监测土壤成分变化，然后将计算结果反馈到控制中心的计算机上，再由自动化水肥系统控制肥料配比和水肥混合液的浓度，实现全自动化灌溉施肥。除此之外，目前，当地在土壤水分监测、气象监测、田间试验、作物种植等方面均实现了自动化、数字化、远程化。

3. 阿尔梅里亚在植保方面的九项措施

（1）*特色的温室结构，有效减轻了病虫害的发生*　首先表现为温室高度高、风口大。与我国国内典型的日光温室和塑料大棚相比，在物理结构方面，阿尔梅里亚的塑料大棚无论从单体规模、棚室空间结构方面都具有无可比拟的优势（当然，这一优势的前提是当地终年无雪的气候条件），一般棚室高度在4～5米，由于高度相对较高、相对空间足，这不仅方便了农事操作，更在很大程度上降低了棚室湿度，减轻了病害的发生。其次，温室采用网质材料覆盖。由于当地全年月平均最低气温在10℃以上，因此在阿尔梅里亚东部靠近穆尔西亚的番茄种植区，轻便、防虫、透气的网质材料大量代替了塑料薄膜作为温室的覆盖材料，大大降低了温室湿度，对预防病害起到了重要作用。最后，普遍使用了双层门结构。几乎100%的温室都采用了双层门结构来阻断虫害的传播，两层门之间有3～5米间距，部分温室设置了消毒地毯，尤其在辣椒、番茄等易受病毒病侵害的地区，农户科学使用双层门防虫意识非常强烈。

（2）*特色的栽培形式减少了病害的发生*　株、行间距大。行距通常在1.5～2米，主干路宽度在3～5米，以番茄为例，当地一年一大茬的栽培密度一般为2.0米×0.5米，种植密度为650～700株/亩，一小茬栽培密度大致在1 300～1 400株/亩，明显小于北京郊区秋大棚3 000株/亩以上、冬春茬2 500株/亩的密度。为了弥补低密度栽培引起的产量损失，当地的农户几乎100%采取了“向高处要效益”的方法，几乎所有的常规蔬菜品种均采取了高架栽培的方式，以精细化的水肥监测、计算和供应为基础，充分挖掘植株的生物性潜质。2010年西班牙全国番茄平均产量7.4千克/米^2，比我国平均产量（4.8千克/米^2）高出54.2%。

（3）*以作物需求规律为依据，实施精细化灌溉技术，减少湿度*　大力推广滴灌设备和技术是当地克服水资源限制的重要举措，当地农业科技工作者为农户提供了针对不同主栽品种不同时期的需水量，通过自动化的温、湿度传感监测设备随时了解土壤墒情，及时、精量地实施补水的技术。该项技术不仅节约了宝贵的水资源，也减少了水汽的蒸发，降低了湿度，降低了病害发生的概率。在阿尔梅里亚，滴灌技术作为一项基本技术，除蔬菜生产领域外，在果树、草场乃至园林作物维护等领域也得到广泛应用。

（4）大面积推广使用地膜、地布，减少地面蒸发和控制杂草　为了减少地面蒸发引起的湿度增加和控制杂草，当地普遍采用行间铺设聚乙烯黑白双面地膜和拉菲草地布的方法，铺设时黑色面朝下，可起到防草、提高地温、保湿等作用；白色面朝上，可以增强阳光反射，清洁田园。该材料轻便、结实、成本低廉，即使在遍布碎石、沙砾的地面上，聚乙烯地膜仍可以反复使用3～4年，而拉菲草地布成本虽高，但可持续使用13～14年。

（5）充分利用阳光进行高温闷棚，适时换土　阿尔梅利亚地区具有充足的光照与较高的温度。夏季温度可达35～40℃，夏季月降水量不足5毫米，是进行高温闷棚的绝佳的自然条件（图8-33）。除高温闷棚外，由于当地土壤的特殊结构——“三明治”式的多层结构（有机质层不足10厘米），中间层的有机质或土壤可2～3年整体更换一次，补充新的经过消毒处理的基质或土壤（图8-34），从而基本控制了土传病害等连作障碍问题，能够多年连续种植同一种作物。

图8-33　温室内进行高温闷棚

（6）高度重视、大力发展生防产业，提高农产品质量安全水平　随着目标市场欧盟各国对食品安全的重视程度不断提高，当地近年来大力发展生防技术和产品，取得了良好的效果。当地最早自1990年前后开始发展生防产业，但由于生产能力的限制以及配套技术的缺乏，发展速度较为缓慢。为此政府进行了大量的补贴，至2007年步入快速发展阶段，近几年发展非常迅速，生防技术应用面积已由2006—2007生产季的不足20公顷发展至20 750公顷（2011—2012生产季）（表8-2）。除天敌昆虫外，授粉昆虫也得到了普遍的应用。

图 8-34　定期更换土壤有机质

表 8-2　阿尔梅里亚地区主要作物天敌应用情况

作物	大量应用的天敌种类	应用面积（公顷，2011—2012 生产季）
茄子	斯氏钝绥螨、烟盲蝽	1 081
西葫芦	斯氏钝绥螨、科曼尼蚜茧蜂、潜蝇姬小蜂	1 106
豆角类	斯氏钝绥螨、科曼尼蚜茧蜂、潜蝇姬小蜂	81
甜瓜	斯氏钝绥螨、科曼尼蚜茧蜂、潜蝇姬小蜂	3 120
黄瓜	斯氏钝绥螨、科曼尼蚜茧蜂、潜蝇姬小蜂	2 350
辣椒	斯氏钝绥螨、科曼尼蚜茧蜂	7 142
西瓜	斯氏钝绥螨、科曼尼蚜茧蜂、潜蝇姬小蜂	2 720
番茄	烟盲蝽	3 154

阿尔梅里亚在西班牙蔬菜生产上的特殊地位吸引了众多的国际生防企业落户，也培育了一批本土领军企业，这些企业为当地开展生物防治提供了不可或缺的产品资源，推动了当地生防产业的发展。生产型生物防治企业（有自有产品并在当地生产）数量占全国的 48.1%，并培育出了 Agrob、Green Biological Systems 这样的本土领军型企业；全球生物防治领域的巨头——比利时的 Biobest Biological Systems、荷兰的 Koppert Biological Systems、瑞士的 Syngenta Bioline 等也都设立了西班牙分公司，体现了对当地市场的高度重视。商业市场的逐步成熟也降低了生物防治的成本，据统计，2010 年冬季温室生产的生物控制成本比 3 年前降低了 25%左右。从西班牙全国情况来看，国内企业仍是生防产品供应的主力军，占到了 69%的市场份额。

（7）*实施严格的种苗检疫* 由于欧盟成员国之间取消了植物检疫措施，为尽可能杜绝出现的有害生物传播，西班牙政府在欧盟2000年29号法律的基础上，于2005年将植物检疫有关措施纳入皇家法令，并对有关植物检疫措施做出详细规定。

当地法律规定商业化育苗企业售出的每一批次种苗必须获得经过专门认证企业出具的检疫证书，证书附带的文件中详细记载了证书颁发机构代码、生产企业代码、生产地代码（国家、大区、省，如果不是欧盟国家需要直接标注名称）以及种苗的拉丁名、数量、育苗期间采取的病虫害防治措施等基本信息。检疫证书由在自治区农业部备案的具有资质的企业颁发，接受颁发机构的检查与监督。

（8）*严格的法律法规*

① 实施“绿色承诺”行动。对随意堆放植株残体等污染环境卫生的行为，处以最高45 000欧元的处罚。为此，当地农业部门常年安排4个人的小组，每天开车负责巡逻，唯一的任务就是检查这种违规现象，发现后，实施现场拍照、GPS定位并网络上传违规照片，现场贴出限期整改通知等行为，如10天内未彻底整改，将面临最高45 000欧元的巨额罚款，从而在源头上控制了病虫害的传播。

② 严格管理农药。一是在当地，并非所有的人员都可以喷施农药，喷施农药的人员必须具有大专以上学历，并经过240个小时的专业培训，获得相应的资格证书后才可持证上岗。二是喷药过程必须佩戴严格的防护设备。尽管按照欧盟各类产品质量标准的要求，目前生产商使用的大多数都是低毒、环保的农药产品，但当地依然严格要求农药喷施过程中必须严格佩戴相应的防护设备，操作人员在这方面的积极性也都很高，自我保护意识也很强，大多数农户在温室操作间里都备存了消毒液、绷带、胶布等急救物品。三是农药的安全存放。在每个生产基地，无论其生产规模大小，农药及喷药防护设备品都作为特殊的产品进行单独存放和管理，都要求有单独存放的密闭柜子，且必须标有醒目的危险化学品标志，防止意外发生（图8-35）。

（9）*加大农民教育培训，提高农民科学意识和技术水平* 一是实行普遍的岗前培训。与工业品生产、商业服务等任何行业一样，从事农业生产和服务工作的人员也必须经过严格的岗前培训并通过相关考核后方可进行操作（图8-36）。根据工作领域的不同，从业者可选择不同的培训模块，但病虫害管理及农药等化学品的使用是必选科目。从实际效果来看，经过培训的从业者普遍具有基本的病虫害识别、天敌保护、安全用药等技能和意识。二是政府鼓励农场主自主开展各种类型的培训，对于每年培训时间在 80 个学时以上的农户，政府将给予一定的税收优惠政策，这一政策的实施带来了明显的效果。

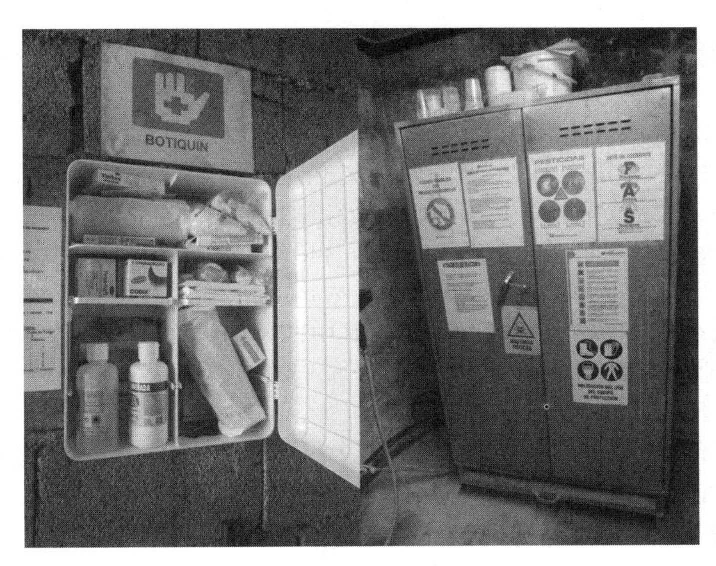

图 8－35　农药专用储存柜

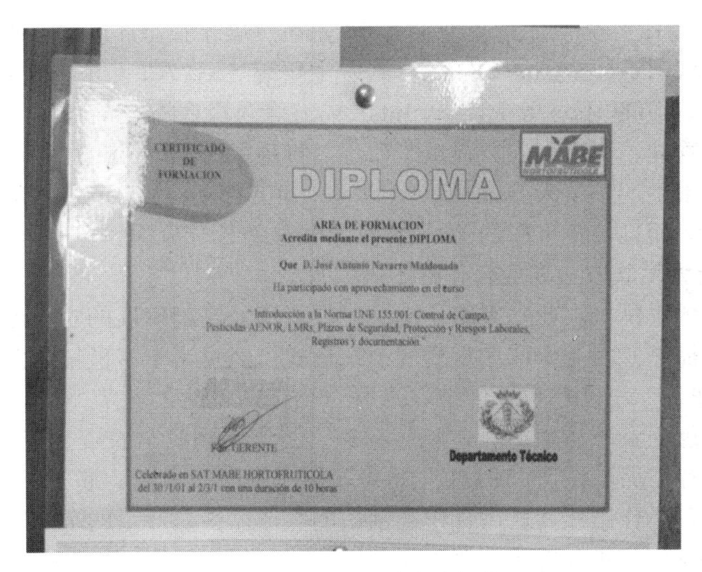

图 8－36　当地农业生产各类资格证书

三、高效的生产组织与管理模式

如果说先进的综合管理技术生产了大量优质的农产品，那么先进的农业管理模式则为农产品的销售和加工提供了保障，实现了“优质优价”，切实保护了农户的利益，拓展了农产品的产业链，使农户走出了利润率最低的生产环节。

1. 大力发展产业集群

当地的集约化农业衍生出了现代农业产业集群，涉及温室建设和维护、塑料薄膜、种子、种苗、包装品、农业化学投入品、生物农药、无土栽培基质、苗床、农业机械、农业灌溉系统、环境控制系统、质量检测和农药残留检测系统以及废弃物处理、金融服务、农产品物流、农产品贮藏、农产品加工、运输和超市等各类企业 250 家，其中西部的大面积设施农业带分布约 200 家企业，吸收劳动力 10 000 多名，他们参与设施农业产前、产中和产后服务，年经济效益 40 亿欧元。

以育种子和种苗行业为例，20 世纪 80 年代以来，当地农业专业化趋势日益明显，涌现出了一大批大小不一、质量参差不齐的育苗企业。为规范育苗企业的质量控制和行业发展，1992 年当地成立了园艺作物育苗协会（ASEHOR，The Association of Horticultural Nurseries），对育苗企业的行业标准、企业管理进行规范。

截至 2012 年，阿尔梅里亚拥有 13 家在西班牙农业部正式注册的专业化育苗企业（西班牙全国共 53 家），其中主要有 Seed Almeriplant S. L，Cristalplant Seed Division S. L，Confimaplant 等。这些育苗企业通过机械化、精细化的管理，为广大农户提供了质优、价廉的种苗，除生产种子外，每个蔬菜和瓜果生产季节为当地 15 000 多家种植户提供约 1 660 个品种、11 亿多株种苗，而且每年生产约 15 亿株种苗销往西班牙全国。

2. 大力发展农业专业合作社

西班牙农民（农业）组织化水平世界一流。高度发展的农业专业合作社成为阿尔梅里亚农业生产最重要的组织形式。经过半个多世纪的发展，当地“农业合作社”早已超越了传统农户联合生产、销售的狭隘概念，当地合作社早已渗透到农产品生产、包装、物流、销售、农机与农资生产乃至金融、商业、教育培训、科研和信息、服务等各个领域。目前，超过 60%以上的生产者加入了合作社，通过合作社销售的农产品占总产量的 70%左右。

（1）合作社基本情况　西班牙全国有 4 000 多个农业合作社，2007 年总交易额达到 180 亿欧元，平均每个合作社交易额达 430 万欧元。2010 年，阿尔梅里亚有农产品合作社 73 个，其中蔬菜和水果合作社 55 个，通常每个合作社有会员 100～200 个。尽管如此，西班牙仍是欧盟国家中合作社数量最多，但平均规模最小的，当地最大的合作社 CASI（二级合作社）的会员数超过 2 000 个（当地总农户数约 15 000 个）。AgrupaAlmeria，Camposol，Agroiris 等大型合作社会员数都在 300 户以上。

（2）*完善的基本政策保障*　在西班牙，有针对合作社专门的法律《合作经济组织法》，甚至将合作社写入《宪法》并单列一条。按照西班牙中央和地方分权的原则，各大区也制定了有关合作社的法律法规，强化了对合作社的支持和保护政策，如企业所得税税率为 35%，而合作社为 20%，部分符合一定要求的合作社为 10%；失业人员可以向政府申请将失业救济金作为入社资金；对于合作社职工加入社会保险也有一定的优惠政策；法律法规明确规定对农业合作社的负责人进行培训。完善的法律和优惠政策促进了西班牙合作社的发展。

（3）*政府出资支持合作社合并与重组*　大型合作社在品牌建设、市场地位、科技创新等方面都有明显优势。因此，西班牙农业部和全国农业合作社联合会达成协议，农民自愿每合并成立一个联合合作社，最初的 1～5 年，西班牙农业部给予最高不超过 60 万欧元的资金支持（分 5 年拨付），主要用于支付联合合作社成立后的办公场所的租金、办公设备、人员开支、法律登记等费用。

（4）*科学的内部管理*　当地的合作社真正秉持了“自愿、自治和民治管理”的根本原则，并在此基础上形成了相对成熟的会费缴纳、试用期等制度。这些基本原则的坚持能够调动所有成员的主观能动性，使得合作社能够实现科学决策并长期存在，从而实现品牌的积累。如西班牙的蒙德拉贡合作社诞生于 20 世纪 50 年代，历经 60 年的发展，如今已发展成为具有 86 个产业合作社、44 个教育机构、7 个农业合作社、15 个建筑合作社、一个有 7.5 万个会员的航母型经济体，对当地经济社会发展产生了深远影响。

（5）*高效的市场机制*　一是合作社的存在减少了各级批发商的利润，通过对接超市有效地降低了交易成本，并提高了农户的市场话语权，保护了农民利益；二是通过拍卖机制实现了充分竞争，避免了市场垄断的出现；三是合作社通过参与从产地到餐桌的全产业链管理，充分汲取了各环节利润，维护了广大成员利益。

3. 高效的技术服务体系

经过多年的改革与建设，当地已建成了以政府公益服务为依托、农民专业合作经济组织为基础、农业龙头企业为骨干的相对高效的农业技术服务体系，形成了职责分工明确、优势资源互补的格局。

（1）*政府提供公益性基础服务* 由于行政体制的不同，西班牙的农业技术服务与推广职能全部下放至各自治区，国家农业部只负责全国性的基础农业政策和宏观规划，在国家层面没有全国性的农业技术推广与服务部门，基本上各自治区都有专门的农业技术实验站（或培训推广中心，如安达卢西亚自治区的安达卢西亚农业和渔业研究与培训中心 IFAPA，Institute of Agrarian and Fisheries Research and Training of Andalusia）在全省设立了13个技术咨询服务点，接收技术人员和农户的咨询，并以生产实际问题为课题开展相关研究（图 8-37）。

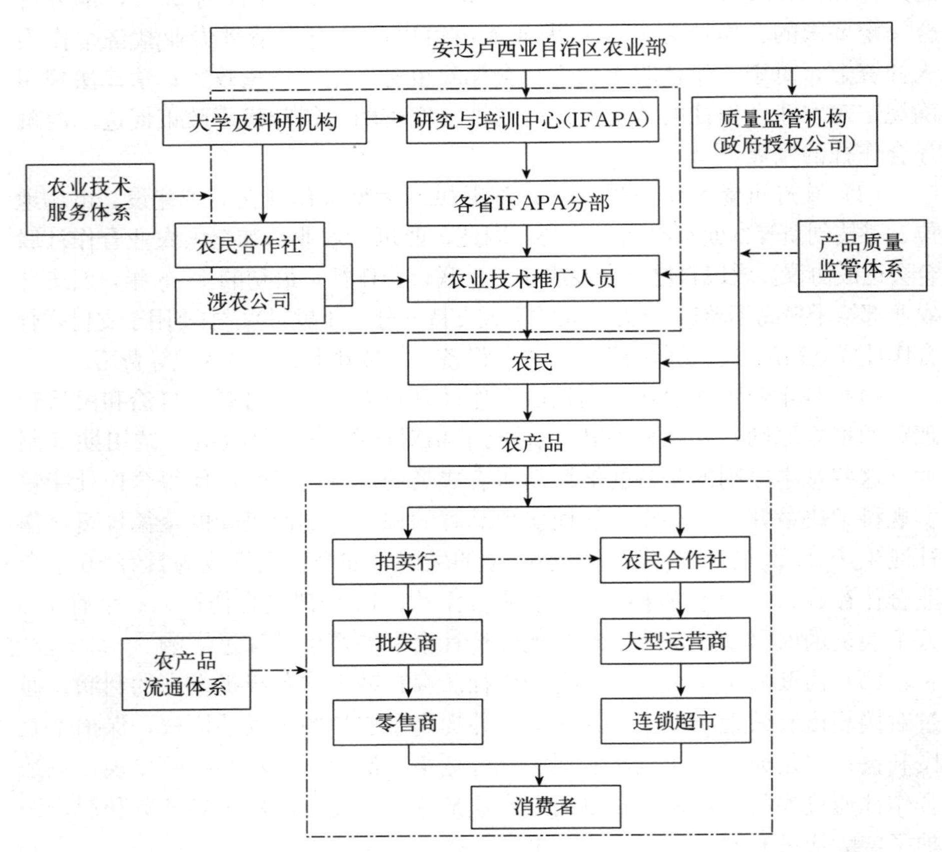

图 8-37 安达卢西亚自治区涉农部门机构

技术服务人员基本摆脱了办公室工作，在绩效考核上以农户对服务的打分作为主要指标，对于每个技术人员划定了固定的服务区域和对象，在工作内容上偏向区域重大病虫害、土壤质量监测等公益性的基础服务，并根据各合作社监测情况，发布区域病虫害预警。除此之外，农技人员均为综合性技术人员，需要全面掌握该地区农业的栽培技术、植保技术、水肥管理技术等综合生产技术，以及法律法规、生产资料、市场销售渠道等上下游信息，为农户提供全方位的信息和服务。

（2）*政府补贴建立高效的半公益性技术人员队伍* 首先，政府要求所有从事综合生产（Integrated Production，简称“IP”）和有机生产（Ecological Production，简称“EP”）的农户必须聘请具有资质的技术服务人员（这类技术人员必须通过农业部门组织的严格的资格准入考试，获得相关的证书）（图 8－38）。同时，技术人员代替政府履行生产监管职能，从而建立了一支市场化的技术人员队伍。为鼓励农户开展 IP 和 EP，政府对前 5 年的技术人员服务费用进行补贴，如技术人员出现重大工作失误或隐瞒违规生产行为，将面临失去工作的风险。

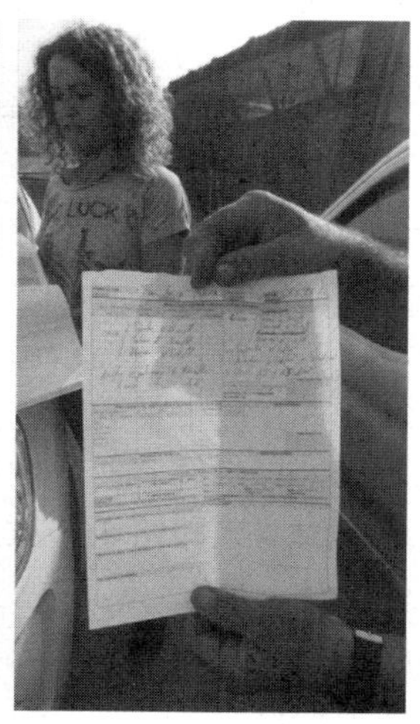

图 8－38 植保社会化服务技术员开展田间诊断

（3）*合作社及相关企业提供给日常技术服务* 西班牙全国有近 4 000 个农业合作社，社员近 100 万。农业合作社在技术推广第一线占有重要地位，因为他们组织纪律性较强，拥有公司式的管理运作及创新模式，通过农业技术人员对其社员进行专门的技术指导和技术咨询。政府规定每个合作社根据成员数量的大小必须设立一定数量的专职农业技术人员，开展巡视、咨询和监测工作，如当地的病虫害监测就由合作社人员负责向农业部门上报。

除合作社外，农业生产资料企业、农机具企业以及以农产品为原料的公司在面向一线农民的技术推广中起着重要作用，他们通过提供服务或解决方案销售产品，与国内大多数单纯销售农资的企业不同，他们通过长期的跟踪服务为农户提供解决方案，并在此过程中根据农户反馈不断改进自身的产品和服务。

4. 严格的农产品质量安全监管体系

作为欧盟最重要的农产品出口国，西班牙的农产品质量完全按照欧盟有关食品安全领域的标准，实施了严格的产前、产中和产后的质量控制措施，建立了全球先进的农产品质量安全追溯体系，以满足欧盟市场近乎苛刻的质量标准。

（1）*先进的追溯体系为产品质量安全奠定了基础* 对于从事 IP（事实上几乎 100%的农户）和 EP 的农户，一是从农田的基本地理信息，到田间育苗的植物检疫证书，到农户生产中的投入品、农事操作，再到流通领域各环节，必须有详细的记录并上传至综合生产统一的网站，各地客户均可公开查询；二是利用先进的数码笔、智能手机等设备，简化了信息上传的程序，在部分环节实现了实时上传，确保顾客和监管部门及时了解最新动态。

（2）*三级监管体系确保生产安全* 一是各类技术服务人员按照相关生产标准（如综合生产 IP、有机生产 EP 等）每周对农户生产进行检查，发现有违规使用投入品的行为将对农户实施严格的惩罚，如未按有关要求上报违规生产行为，技术人员将面临被吊销工作执照的风险，从而失去工作；二是认证公司通过核查有关生产数据进行监管，通常每 2 个月左右进行一次突击式现场抽查；三是自治区农业部门同时对农户生产、认证公司和技术人员进行监管，发现违约情况即给予严厉惩罚，如取消认证公司资质、拒绝授予农户相关产品标准等。

（3）*加强抽检管理，确保流通领域安全* 为切实维护本国农产品质量安全形象，特别是自 2011 年“毒黄瓜”事件以来，西班牙加强了对出口农产品的抽检频率，完善了全程追踪体系。一是每批次农产品出口前将随机抽样检测，如被发现存在质量隐患将被要求中途返回并销毁，从而增加违法的成本，迫使更多的生产和批发商严格按照有关要求操作；二是抽取部分样品在生产地模拟不同流通环节的温度、湿度进行保存，确保出现问题时有章可循、有据可依。

四、初步的思考和启示

1. 通过政府协调与支持，实施大农户、大合作战略

欧盟各国、日本、韩国、澳大利亚等许多发达国家的经验表明，发展各种类型的合作组织，提高农民组织化程度是现代农业的必由之路。特别是在小农户面对全球市场的大背景下，这一做法将简化政府对农业扶持和监管的环节和程序，提高政府农业政策效率，有利于平衡农业和农产品结构，体现农业科技的规模效应，最终将导致农产品质量和产量的持续上升以及市场的稳定供给。

首先，要充分认识合作社的普遍性与特性，合理制定扶持政策。一方面，合作社的本质是企业，具有企业共同的基本特征，但与市场经济中的其他企业相比，其在资金、资产、人才、管理经验、市场营销等方面又普遍存在短缺和不足。因此，对合作社的扶持既要遵循市场规律，在产品认证、技术支撑、品牌打造、信息推送和人员培训五个方面做好服务，提高其市场竞争力，又要充分认识其作为特殊经济体的弱势地位，加大在税收优惠、生产补贴、结构补贴等方面的直接经济扶持力度，使其能够平等参与市场经济竞争，激发内在活力。

在具体策略方面，一是加大对合作社的支持力度，通过开展带头人培训、加强技术对接、加大农超对接力度、提供市场信息服务等渠道，不断提高北京郊区 4 000 多个合作社的“自生能力”，使其真正发挥组织、管理和服务、保护农户的作用；二是在做大做强一批农民专业合作社的同时，通过政府出资或补贴引导成立由同行业合作社成立的二级合作社（合作联社），逐步实现区域农产品的稳定供给和价格的稳定，确保农户利益。

现实意义：一是利于强化政府对农产品质量安全的监管，提高首都农产品市场安全化水平；二是在各产业领域培育一批具有全国影响力、市场话语权、较强带动力的知名品牌和企业，提高农产品附加值；三是简化技术服务模式，提高技术服务的针对性和效果，进而为品牌战略提供强有力的技术支撑；四是转变一批农民身份，使其由原来的普通技术农户转变为技术工人，保障普通农户收入的稳定性，利于实现农业产业化。

2. 加大农民培训力度，大幅提升从业者素质

农民是现代农业的主体，是新农村建设的主力军。随着农业科技的快速发展，京郊多年的传统农业种养殖经验已经不适应现代农业的发展的现实要求。

提高从业者素质，一要继续加大农民培训力度，要针对从业者年龄、文化水平等特征开展针对性强的实用培训，继续做好、做实农民田间学校建设工作；二要加大职业技术教育力度，制定政策引导广大农业院校青年到京郊创业，继续加大农民培训力度。三要建立试点，在涉及农产品质量安全的农药使用等领域逐步探索实行岗前培训与资格准入制度。

3. 完善公益性技术服务体系

(1) *继续深化完善现代农业产业技术体系创新团队建设* 现代农业产业技术体系已取得破题性成果，形成了资源整合、资金聚焦、部门联动的良好开局，下一步应完善机制，逐步消除部门限制，进一步明确、细化团队人员工作任务和考核要求，引导科研、教育、推广部门的广大技术人员建立“联合部队”，实施更加有效的管理体制，切实为京郊优势特色产业发展提供强有力的保障。

(2) *创新机制，充分发挥村级全科农技员的主动作用* 一要充分调动区县部门在村级全科农技员管理方面的积极性，鼓励各区县探索建立有利于发挥职能的服务模式；二要加强对村级全科农技员的培训与技术对接，使村级全科农技员成为真正的全科技术人才，明确产业技术体系和村级全科农技员、农民田间学校在京郊农业技术保障服务之间的定位和相互关系，形成全方位的立体式、多层次服务体系，实现技术人员有事干、产业问题有人管、农业生产有保障的良好局面。

4. 引导发展多种形式的半公益性和非公益性农技服务组织

随着土地流转范围和规模的扩大，京郊各类农业园区建设的加速，以及高端、高效益、高科技的农业新品种的推广应用，农户对专业化技术服务的需求越来越强烈，单纯依靠政府农业技术服务体系很难为农户提供全方位的优质服务。十七届三中全会提出，要构建覆盖全程、综合配套、便捷高效的社会化服务体系。目前来看，虽然取得了一些成绩，部分合作社、农资企业能提供一部分技术服务指导，但由于体制、机制方面的原因，还普遍存在社会化服务水平低、效率低、覆盖少、种类单一等问题。鉴于此，可借鉴阿尔梅里亚管理经验，采取政府认证，实行资格准入和监管，通过前期补贴、市场运作的方式，扶持建立一批真正能扎根田间地头的高效、及时、专业的技术人员队伍，提高技术服务效率。

图书在版编目（CIP）数据

设施蔬菜轻简高效栽培 / 邹国元，杨俊刚，孙焱鑫编著．—北京：中国农业出版社，2019.3
（设施农业与轻简高效系列丛书）
ISBN 978-7-109-23280-8

Ⅰ.①设… Ⅱ.①邹… ②杨… ③孙… Ⅲ.①蔬菜园艺-设施农业 Ⅳ.①S626

中国版本图书馆 CIP 数据核字（2018）第 258705 号

中国农业出版社出版
（北京市朝阳区麦子店街 18 号楼）
（邮政编码 100125）
责任编辑 魏兆猛

北京中兴印刷有限公司印刷 新华书店北京发行所发行
2019 年 3 月第 1 版 2019 年 3 月北京第 1 次印刷

开本：700mm×1000mm 1/16 印张：16.75 插页：4
字数：300 千字
定价：38.00 元